"十三五"国家重点出版物出版规划项目

卓越工程能力培养与工程教育专业认证系列规划教材

（电气工程及其自动化、自动化专业）

电力网继电保护及自动装置原理与实践

高　亮　罗萍萍　江玉蓉　编

机械工业出版社

本书将传统继电保护原理和微机继电保护的实现方法相结合,系统地介绍了电力网继电保护的基本原理、实现技术、分析方法及整定原则。全书共八章。第一章为电力系统继电保护基础,主要介绍继电保护的概念、微机继电保护的硬件构成原理以及基本算法;第二章为输电线路的阶段式电流保护;第三章为高压输电线路距离保护原理;第四章为电力网安全自动装置;第五章为超高压输电线路快速纵联保护;第六章为电力变压器保护;第七章为发电机保护;第八章为其他电气主设备的继电保护。每章后均有小结和复习思考题。

本书可作为高等院校"电气工程及其自动化""电力系统及其自动化"及相关专业本科教材,也可供其他相关专业和工程技术人员参考。

本书配有免费电子课件,选用本书做教材的老师可登录机械工业出版社教材服务网(www.cmpedu.com)注册下载,也可发邮件到 yaxin_w74@126.com 索取。

图书在版编目(CIP)数据

电力网继电保护及自动装置原理与实践/高亮,罗萍萍,江玉蓉编. —北京:机械工业出版社,2019.11(2023.8 重印)

"十三五"国家重点出版物出版规划项目 卓越工程能力培养与工程教育专业认证系列规划教材. 电气工程及其自动化、自动化专业

ISBN 978-7-111-64276-3

Ⅰ.①电… Ⅱ.①高… ②罗… ③江… Ⅲ.①电力系统—继电保护—职业教育—教材 ②电力系统—继电自动装置—高等学校—教材 Ⅳ.①TM77

中国版本图书馆 CIP 数据核字(2019)第 269891 号

机械工业出版社(北京市百万庄大街 22 号 邮政编码 100037)
策划编辑:王雅新 责任编辑:王雅新 王 荣
责任校对:佟瑞鑫 封面设计:鞠 杨
责任印制:李 昂
北京捷迅佳彩印刷有限公司印刷
2023 年 8 月第 1 版第 2 次印刷
184mm×260mm · 16.75 印张 · 413 千字
标准书号:ISBN 978-7-111-64276-3
定价:43.80 元

电话服务 网络服务
客服电话:010-88361066 机 工 官 网:www.cmpbook.com
          010-88379833 机 工 官 博:weibo.com/cmp1952
          010-68326294 金 书 网:www.golden-book.com
封底无防伪标均为盗版 机工教育服务网:www.cmpedu.com

"十三五"国家重点出版物出版规划项目

卓越工程能力培养与工程教育专业认证系列规划教材
（电气工程及其自动化、自动化专业）
编审委员会

主任委员

郑南宁　中国工程院 院士，西安交通大学 教授，中国工程教育专业认证协会电子信息与电气工程类专业认证分委员会 主任委员

副主任委员

汪槱生　中国工程院 院士，浙江大学 教授

胡敏强　东南大学 教授，教育部高等学校电气类专业教学指导委员会 主任委员

周东华　清华大学 教授，教育部高等学校自动化类专业教学指导委员会 主任委员

赵光宙　浙江大学 教授，中国机械工业教育协会自动化学科教学委员会 主任委员

章　兢　湖南大学 教授，中国工程教育专业认证协会电子信息与电气工程类专业认证分委员会 副主任委员

刘进军　西安交通大学 教授，教育部高等学校电气类专业教学指导委员会 副主任委员

戈宝军　哈尔滨理工大学 教授，教育部高等学校电气类专业教学指导委员会 副主任委员

吴晓蓓　南京理工大学 教授，教育部高等学校自动化类专业教学指导委员会 副主任委员

刘　丁　西安理工大学 教授，教育部高等学校自动化类专业教学指导委员会 副主任委员

廖瑞金　重庆大学 教授，教育部高等学校电气类专业教学指导委员会 副主任委员

尹项根　华中科技大学 教授，教育部高等学校电气类专业教学指导委员会 副主任委员

李少远　上海交通大学 教授，教育部高等学校自动化类专业教学指导委员会 副主任委员

林　松　机械工业出版社 编审 副社长

委员（按姓氏笔画排序）

于海生	青岛大学 教授	王　平	重庆邮电大学 教授
王　超	天津大学 教授	王再英	西安科技大学 教授
王志华	中国电工技术学会 教授级高级工程师	王明彦	哈尔滨工业大学 教授
		王保家	机械工业出版社 编审
王美玲	北京理工大学 教授	韦　钢	上海电力学院 教授
艾　欣	华北电力大学 教授	李　炜	兰州理工大学 教授
吴在军	东南大学 教授	吴成东	东北大学 教授
吴美平	国防科技大学 教授	谷　宇	北京科技大学 教授
汪贵平	长安大学 教授	宋建成	太原理工大学 教授
张　涛	清华大学 教授	张卫平	北方工业大学 教授
张恒旭	山东大学 教授	张晓华	大连理工大学 教授
黄云志	合肥工业大学 教授	蔡述庭	广东工业大学 教授
穆　钢	东北电力大学 教授	鞠　平	河海大学 教授

序

工程教育在我国高等教育中占有重要地位，高素质工程科技人才是支撑产业转型升级、实施国家重大发展战略的重要保障。当前，世界范围内新一轮科技革命和产业变革加速进行，以新技术、新业态、新产业、新模式为特点的新经济蓬勃发展，迫切需要培养、造就一大批多样化、创新型卓越工程科技人才。目前，我国高等工程教育规模世界第一。我国工科本科在校生约占我国本科在校生总数的1/3。近年来我国每年工科本科毕业生占世界总数的1/3以上。如何保证和提高高等工程教育质量，如何适应国家战略需求和企业需要，一直受到教育界、工程界和社会各方面的关注。多年以来，我国一直致力于提高高等教育的质量，组织并实施了多项重大工程，包括卓越工程师教育培养计划（以下简称卓越计划）、工程教育专业认证和新工科建设等。

卓越计划的主要任务是探索建立高校与行业企业联合培养人才的新机制，创新工程教育人才培养模式，建设高水平工程教育教师队伍，扩大工程教育的对外开放。计划实施以来，各相关部门建立了协同育人机制。卓越计划要求试点专业要大力改革课程体系和教学形式，依据卓越计划培养标准，遵循工程的集成与创新特征，以强化工程实践能力、工程设计能力与工程创新能力为核心，重构课程体系和教学内容，加强跨专业、跨学科的复合型人才培养，着力推动基于问题的学习、基于项目的学习、基于案例的学习等多种研究性学习方法，加强学生创新能力训练，"真刀真枪"做毕业设计。卓越计划实施以来，培养了一批获得行业认可、具备很好的国际视野和创新能力、适应经济社会发展需要的各类型高质量人才，教育培养模式改革创新取得突破，教师队伍建设初见成效，为卓越计划的后续实施和最终目标的达成奠定了坚实基础。各高校以卓越计划为突破口，逐渐形成各具特色的人才培养模式。

2016年6月2日，我国正式成为工程教育"华盛顿协议"第18个成员，标志着我国工程教育真正融入世界工程教育，人才培养质量开始与其他成员达到了实质等效，同时，也为以后我国参加国际工程师认证奠定了基础，为我国工程师走向世界创造了条件。专业认证把以学生为中心、以产出为导向和持续改进作为三大基本理念，与传统的内容驱动、重视投入的教育形成了鲜明对比，是一种教育范式的革新。通过专业认证，把先进的教育理念引入我国工程教育，有力地推动了我国工程教育专业教学改革，逐步引导我国高等工程教育实现从以教师为中心向以学生为中心转变、从以课程为导向向以产出为导向转变、从质量监控向持续改进转变。

在实施卓越计划和开展工程教育专业认证的过程中，许多高校的电气工程及其自动化、自动化专业结合自身的办学特色，引入先进的教育理念，在专业建设、人才培养模式、教学内容、教学方法、课程建设等方面积极开展教学改革，取得了较好的效果，建设了一大批优质课程。为了将这些优秀的教学改革经验和教学内容推广给广大高校，中国工程教育专业认证协会电子信息与电气工程类专业认证分委员会、教育部高等学校电气类专业教学指导委员会、教育部高等学校自动化类专业教学指导委员会、中国机械工业教育协会自动化学科教学委员会、中国机械工业教育协会电气工程及其自动化学科教学委员会联合组织规划了"卓越工程能力培养与工程教育专业认证系列规划教材（电气工程及其自动化、自动化专业）"。本套教材通过国家新闻出版广电总局的评审，入选了"十三五"国家重点图书。本套教材密切联系行业和市场需求，以学生工程能力培养为主线，以教育培养优秀工程师为目标，突出学生工程理念、工程思维和工程能力的培养。本套教材在广泛吸纳相关学校在"卓越工程师教育培养计划"实施和工程教育专业认证过程中的经验和成果的基础上，针对目前同类教材存在的内容滞后、与工程脱节等问题，紧密结合工程应用和行业企业需求，突出实际工程案例，强化学生工程能力的教育培养，积极进行教材内容、结构、体系和展现形式的改革。

经过全体教材编审委员会委员和编者的努力，本套教材陆续跟读者见面了。由于时间紧迫，各校相关专业教学改革推进的程度不同，本套教材还存在许多问题。希望各位老师对本套教材多提宝贵意见，以使教材内容不断完善提高。也希望通过本套教材在高校的推广使用，促进我国高等工程教育教学质量的提高，为实现高等教育的内涵式发展贡献一份力量。

卓越工程能力培养与工程教育专业认证系列规划教材
（电气工程及其自动化、自动化专业）
编审委员会

前　言

本书为"十三五"国家重点出版物出版规划项目、卓越工程能力培养与工程教育专业认证系列规划教材之一。为适应新形势下卓越工程能力培养与工程教育专业认证的教学需求，编者在多年教学和工程实践的基础上编写了本书。

在编写过程中，围绕工程教育人才培养的核心理念，以培养"电气工程及其自动化专业"学生的工程能力为目标，将传统继电保护原理与微机继电保护的实现方法有机结合，较传统教材增加了电网常用安全自动装置的内容，特别是在多个章节增加了继电保护工程应用实例及分析的内容，以强化学生设计及分析、解决工程问题能力的培养。

随着计算机技术、通信技术的发展，电力系统继电保护技术得到快速发展，目前中高压及以上电压等级的继电保护设备几乎均使用微机保护产品，甚至在配电系统中也较多地应用了微机保护，微机继电保护已得到普遍应用。因此，本书以微机保护为例，重点介绍继电保护基本原理。保护原理多以功能框图描述，注重基本原理的介绍，力求从基本概念上阐明问题。本书内容理论联系实际，由浅入深逐步展开，重点体现继电保护的技术性和工程应用，具有内容新颖、实用性强的特点。

全书共分为八章。第一章为继电保护基础，包括继电保护的概念和基本要求、微机继电保护的硬件构成原理以及微机继电保护的基本算法；第二章为输电线路的阶段式电流保护，包括阶段式电流保护原理及电流保护应用实例；第三章为高压输电线路距离保护原理，包括阶段式距离保护原理及距离保护应用实例；第四章为电力网安全自动装置，包括自动重合闸、备用电源自动投入等；第五章为超高压输电线路快速纵联保护，包括纵联电流差动保护和方向纵联保护；第六章为电力变压器保护，包括变压器纵联差动保护、后备电流保护及变压器保护应用实例；第七章为发电机保护，包括发电机定子相间故障保护、接地故障保护、后备过电流保护等；第八章为其他电气主设备的继电保护，包括电动机保护、电力电容器保护、母线保护。

本书由高亮、罗萍萍和江玉蓉共同编写，其中第二章第一、二节由罗萍萍编写，第六章第一~四节由江玉蓉编写，其余章节由高亮编写。全书由高亮统稿。本书可作为高等院校"电气工程及其自动化""电力系统及其自动化"及相关专业"继电保护原理"课程的教材，也可供其他相关专业和工程技术人员参考。应用本书应具有"电力系统分析""电气主系统"等相关课程的基础。

本书在编写过程中，参阅了一些正式出版的优秀教材和相关单位的技术资料，在此谨向各位作者表示真诚的感谢。西南交通大学何正友教授审阅了全稿，并提出了宝贵的意见和建议，在此表示由衷的感谢。

由于编者水平有限，书中难免存在不当和疏漏之处，恳切希望广大读者批评指正。

编　者

目　录

第一章

电力系统继电保护基础

第一节 电力系统继电保护的作用及要求

一、电力系统运行、故障及其危害

电力系统是电能生产、变换、输送、分配和使用的各种电力设备按照一定的技术与经济要求有机组成的联合系统。一般将电能通过的设备称为电力系统的一次设备，如发电机、变压器、断路器、母线、输电线路、补偿电容器、电动机及其他用电设备等。对一次设备的运行状态进行监视、测量、控制和保护的设备，称为电力系统的二次设备。当前电能一般还不能大容量地存储，生产、输送和消费是在同一时间完成的。因此，电能的生产量应每时每刻与电能的消耗量保持平衡，并满足质量要求。由于一年内夏、冬季的负荷较春、秋季的大，一星期内工作日的负荷较休息日的大，一天内的负荷也有高峰与低谷之分，电力系统中的某些设备，随时都有可能因绝缘材料的老化、制造中的缺陷、自然灾害等原因出现故障而退出运行。为满足时刻变化的负荷用电需求和电力设备安全运行的要求，致使电力系统的运行状态随时都在变化。

电力系统运行状态指电力系统在不同运行条件（如负荷水平、出力配置、系统接线、故障等）下系统与设备的工作状况。根据不同的运行条件，从电路的角度分析，可以将电力系统的运行状态分为正常运行状态、不正常运行状态和故障状态，如图 1-1 所示。

当电力系统处于正常运行状态时，电力系统中各电气设备中的电流在设定的路径中流动；电力系统中所有电气设备的电气参数都在规定范围内；电力系统的电能质量符合规定要求。上述三条是电力系统正常运行的基本特征，对于更高要求的电力系统还应具备以下特征：电力系统结构有较高的可靠性；电力系统可以实现经济运行。

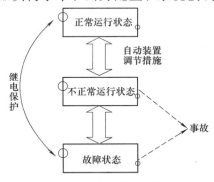

图 1-1 电力系统的运行与
继电保护的关系

电力系统各电气设备中的电流在设定的路径中流动，但电力系统中某些电气设备的一些运行参数偏离规定范围，称为不正常运行状态。例如：①用电设备增加，使供电设备的负荷超过额定值（过负荷）；②系统的电能储备不足，系统的负荷量过大，造成系统频率低于正常值（低频率）；③无功分布不合理而造成的过电压等（过电压）。由于供电设备和用电设备在设计时都考虑了一定的安全系数，这些设备处于不正常运行状态时不会马上损坏。但是，如果电气设备长期工作在不正常运行状态，设备长期处在危险的边界，随着时间的积累将缩短设备的使用寿命，或者发展成故障状态直接损坏设备。

电力系统或电气设备中的电流没有按设定的路径流动，电气设备的运行参数异常，称为故障状态。发生了绝缘破坏而造成的意外的电流流通路径称为短路，设定的电流路径发生开断，称为断线，短路与断线都是故障。最严重和最常见的电气设备故障是各种短路故障，主要的短路形式有三相短路、两相短路、两相短路接地、单相接地短路四类共 10 种。故障或不正常运行、处理不当等均有可能引起事故。事故指系统或其中一部分的正常工作遭到破坏，造成对用户少送电或电能质量变坏到不能允许的程度，甚至造成人身伤亡和电气设备的损坏。

充分认识短路对电气设备和电力系统的危害，对继电保护工作是十分必要的。当电气设备发生短路时，可能产生以下后果：

1）短路电流流过故障点，引燃电弧，使故障设备烧毁。

2）强大的短路电流不论流过故障还是非故障的电气设备时，都将引起发热现象，使电气设备过热损坏。任何一台电气设备都有电阻存在，即使具有良好导电特性的铜导线也不例外。当电流流过电阻 R 时，将做功产生热量 $W=I^2Rt$（单位为 J）。短路电流很大，经过一段时间，电气设备将因为温度的升高而损坏或缩短使用寿命。

3）强大的短路电流流过故障和非故障的电气设备时，电动力可能使电气设备产生机械变形而损坏。根据电磁场理论，通电导体的周围将产生磁场，磁场的强弱与通电导体流过的电流成正比。当磁场中有另一通电导体存在时，两通电导体将产生相互作用力，作用力的大小与通电导体的电流大小成正比，与磁场强度成正比。可见，强大的短路电流将在通电导体之间产生强大的机械力，使电气设备机械受损，扭曲变形。

4）造成电能质量严重恶化，影响电力用户的正常生产，损害用户的产品质量。电能质量包含电压质量、频率质量和波形质量三个方面。发生短路时，短路点周围地区的电网电压严重低于正常值，将引起电动机转速的下降甚至停止，致使用户动力设备功率不足，不能正常工作，直接造成用户产品的损坏。

5）破坏电力系统的稳定性，引起发电机失步，甚至造成整个电力系统瓦解。由于目前电能还不能大量储存，必须保持电能生产、输送、消费之间的平衡和连续。电力系统发生短路，就打破了这种平衡。局部地区的功率过剩，另一局部地区的功率不足，功率过剩地区的发电机转子将加速，功率不足地区的发电机转子将减速，引起发电机失步，处理不快速将造成整个电力系统的瓦解。

电力系统运行控制的目的就是通过自动的和人工的控制，使电力系统尽快摆脱不正常状态和故障状态，能够长时间在正常状态下运行。

二、电力系统继电保护的作用

随着自动化技术的发展，电力系统的正常运行、故障期间以及故障后的恢复过程中，许多控制操作日趋高度自动化。这些控制操作的技术与装备大致可分为两大类：其一是为保证电力系统正常运行的经济性和电能质量的自动化技术与装备，主要进行电能生产过程的连续自动调节，动作速度相对迟缓，调节稳定性高，把整个电力系统或其中的一部分作为调节对象，这就是通常理解的"电力系统自动化（控制）"；其二是当电网或电力设备发生故障，或出现影响安全运行的异常情况时，自动切除故障设备和消除异常情况的技术与装备，其特点是动作速度快，其性质是非调节性的，这就是通常理解的"电力系统继电保护与安全自动装置"。

为了在故障后迅速恢复电力系统的正常运行，或尽快消除运行中的异常情况，以防止大面积的停电和保证对重要用户的连续供电，常采用以下的自动化措施：如输电线路自动重合闸、备用电源自动投入、欠电压切负荷、按频率自动减负荷、电气制动、振荡解列以及为维持系统的暂态稳定而配备的稳定性紧急控制系统，完成这些任务的自动装置统称为电网安全自动装置。

电力系统继电保护作用于电力系统各个运行状态之中，它也是为电力系统安全稳定服务的，与其他带有调节性质的自动装置（如电压调节、频率调节）作用不同，继电保护的主要作用是自动将故障元件从系统中切除（跳开断路器）或发出告警信号，其特点是动作速度快。继电保护的跳闸行为，相当于对电力系统实施"外科切除手术"，目的是保证系统无故障部分的运行。

当电力系统发生故障时，继电保护能够正确动作，快速切除系统中的故障部分，可使电力系统立即恢复安全稳定的运行状态。当电力系统进入不正常工作状态（过负荷、低频率、过电压、欠电压等）时，继电保护装置应发出告警信号或经延时动作于跳闸，以便有时间通过调节恢复正常运行状态。综上所述，继电保护的基本任务是：

1）切除故障元件：自动、迅速、有选择性地将故障元件从电力系统中切除，使故障元件免于继续遭到破坏，保证其他无故障部分迅速恢复正常运行。

2）反映不正常运行状态：反映电气元件的不正常工作状态，并根据运行维护的条件而动作于发出信号或跳闸，此时一般不要求迅速动作，而是根据对电力系统及其元件的危害程度规定一定的延时，以免不必要的动作和由于干扰而引起的误动作。

实现上述任务的措施和装置统称为继电保护。电力系统继电保护还可通俗地表述为：用具有继电特性的自动化装置与相应的措施对电力系统中的各种电气设备实施保护。

电力系统继电保护（Power System Protection）一词泛指继电保护技术和由各种继电保护装置组成的继电保护系统，包括继电保护的原理设计、配置、整定、调试等技术，也包括获取电量信息的电压、电流互感器二次回路，经过继电保护装置到断路器跳闸线圈的一整套具体设备，如果需要利用通信手段传送信息，还包括通信设备。继电保护装置（Relay Protection）是指能反映电力系统中电气设备发生故障或不正常运行状态，并动作于断路器跳闸或发出信号的一种自动装置。继电保护技术是一个庞大的体系，其中，从电力系统电气量中获取故障信息并做出相应判断是最基础的工作，因此，电力系统故障分析和继电保护原理是继电保护的理论基础。

三、对继电保护的基本要求

动作于跳闸的继电保护，在技术上一般应满足四个基本要求，即可靠性（安全性和信赖性）、选择性、速动性和灵敏性。这四"性"之间，紧密联系，既矛盾又统一，必须根据具体电力系统运行的主要矛盾和矛盾的主要方面，配置、配合、整定每个电力元件的继电保护，充分发挥和利用继电保护的科学性、工程技术性，使继电保护为提高电力系统运行的安全性、稳定性和经济性发挥最大效能。

1. 可靠性（Reliability）

可靠性包括安全性和信赖性，是对继电保护性能的最根本要求。所谓安全性，是要求继电保护在不需要它动作时可靠不动作，即不出现错误动作现象（不误动）。所谓信赖性，是要求继电保护在规定的保护范围内发生了应该动作的故障时可靠动作，即不出现拒绝动作现象（不拒动）。

安全性和信赖性主要取决于保护装置本身的制造质量、保护回路的连接和运行维护的水平。一般而言，保护装置的组成元件质量越高、回路接线越简单，保护的工作就越可靠。同时，正确地调试、整定，良好地运行维护以及丰富的运行经验，对于提高保护的可靠性具有重要作用。

继电保护的误动作和拒动作都会给电力系统造成严重危害。然而，提高不误动的安全性措施与提高不拒动的信赖性措施往往是矛盾的。由于不同的电力系统结构不同，电力元件在电力系统中的位置不同，误动和拒动的危害程度不同，因而提高保护安全性和信赖性的侧重点在不同情况下有所不同。例如，对 220kV 及以上电压的超高压电网，由于电网联系比较紧密，联络线较多，系统备用容量较多，如果保护装置误动，使某条线路、某台发电机或变压器误切除，给整个电力系统造成直接经济损失较小。但如果保护装置拒动，将会造成电力元件的损坏或者引起系统稳定的破坏，造成大面积的停电事故。在这种情况下，一般应该更强调保护不拒动的信赖性，目前要求每回 220kV 及以上电压输电线路都装设两套工作原理不同、工作回路完全独立的快速保护，采取各自独立跳闸的方式，提高不拒动的信赖性。而对于母线保护，由于它的误动将会给电力系统带来严重后果，则更强调不误动的安全性，一般采用两套保护出口触点串联后驱动跳闸的方式。

即使对于相同的电力元件，随着电网的发展，保护不误动和不拒动对系统的影响也会发生变化。例如，一个更高一级电压网络建设初期或大型电厂投产初期，由于联络线较少，输送容量较大，切除一个元件就会对系统产生很大影响，防止误动是最重要的；随着电网建设的发展，联络线越来越多，联系越来越紧密，防止拒动可能就变成最重要的了。在说明防止误动更重要的时候，并不是说拒动不重要，而是说，在保证防止误动的同时，要充分防止拒动；反之亦然。

2. 选择性（Selectivity）

继电保护的选择性是指保护装置动作时，在可能最小的区间内将故障从电力系统中断开，最大限度地保证系统中无故障部分仍能继续安全运行。它包含两种意思：其一是只应由装在故障元件上的保护装置动作切除故障；其二是要力争相邻元件的保护装置对它起后备保护的作用。

为了确保故障元件能够从电力系统中被切除，一般每个重要的电力元件配备两套保护，一套称为主保护，一套称为后备保护。主保护是满足系统稳定和设备安全要求，能以最快速度有选择地切除被保护设备和线路故障的保护。后备保护是主保护或断路器拒动时，用以切除故障的保护。实践证明，保护装置拒动、保护回路中的其他环节损坏、断路器拒动、工作电源不正常乃至消失等时有发生，造成主保护不能快速切除故障，这时需要后备保护来切除故障。

后备保护分为近后备与远后备。一般下级电力元件的后备保护安装在上级（近电源侧）元件的断路器处，称为远后备保护。当多个电源向该电力元件供电时，需要在所有电源侧的上级元件处配置远后备保护。远后备保护动作将切除所有上级电源侧的断路器，造成事故扩大。同时，远后备保护的保护范围覆盖所有下级电力元件的主保护范围，它能解决远后备保护范围内所有故障元件任何原因造成的不能切除问题。在高压电网中采用近后备附加断路器失灵保护的方案，近后备保护与主保护安装在同一断路器处，当主保护拒动时，由后备保护启动断路器跳闸；当断路器失灵时，由失灵保护启动跳开所有与故障元件相连的电源侧断路器。

由后备保护动作切除故障，一般会扩大故障造成的影响。为了最大限度地缩小故障对电力系统正常运行产生的影响，应保证由主保护快速切除任何类型的故障，一般后备保护都延时动作，等待主保护确实不动作后才动作。因此，主保护与后备保护之间存在动作时间和动作灵敏度的配合。

在图 1-2 所示的网络中，当线路 AB 上 k1 点短路时，应由线路 AB 的保护动作跳开断路器 QF1 和 QF2，故障被切除。而在线路 CD 上 k3 点短路时，由线路 CD 的保护动作跳开断路器 QF6，只有变电站

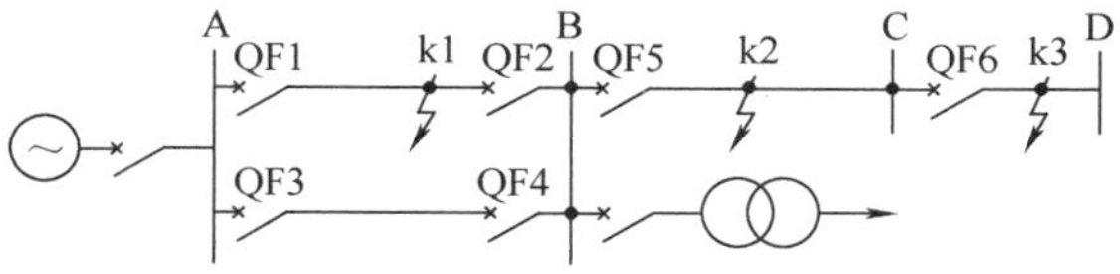

图 1-2　保护选择性说明图

D 停电。故障元件上的保护装置如此有选择性地切除故障，可以使停电的范围最小，甚至不停电。如果 k3 点故障时，由于种种原因造成断路器 QF6 跳不开，相邻线路 BC 的保护动作跳开断路器 QF5，相对的停电范围也是较小的，相邻线路的保护对它起到了远后备作用，这种保护的动作也是有选择性的。若线路 BC 的保护本来能够动作跳开断路器 QF5，而线路 AB 的保护抢先跳开了断路器 QF1 和 QF3，则该保护动作是无选择性的。

这种选择性的保证，除利用一定的延时使本线路的后备保护与主保护正确配合外，还必须注意相邻元件后备保护之间的正确配合：一是上级元件后备保护的灵敏度要低于下级元件后备保护的灵敏度；二是上级元件后备保护的动作时间要大于下级元件后备保护的动作时间。在短路电流水平较低、保护处于动作边缘的情况下，这两个条件缺一不可。

3. 速动性（Speed）

继电保护的速动性是指尽可能快地切除故障，以减少设备及用户在大短路电流、欠电压下运行的时间，降低设备的损坏程度，提高电力系统并列运行的稳定性。动作迅速而又能满足选择性要求的保护装置，一般结构都比较复杂，价格比较昂贵，对大量的中、低压电力元件，不一定都采用高速动作的保护。对保护速动性的要求应根据电力系统的接线和被保护元件的具体情况，经技术经济比较后确定。一些必须快速切除的故障有：

1）使发电厂或重要用户的母线电压低于允许值（一般为 70%额定电压）。

2）大容量的发电机、变压器和电动机内部发生的故障。

3）中、低压线路导线截面积过小，为避免过热不允许延时切除的故障。

4）可能危及人身安全、对通信系统或铁路信号系统有强烈干扰的故障。

在高压电网中，维持电力系统的暂态稳定性往往成为继电保护快速性要求的决定性因素，故障切除越快，暂态稳定极限（维持故障切除后系统的稳定性所允许的故障前输送功率）越高，越能发挥电网的输电效能。

故障发生至故障切除所需要的时间，包括继电保护装置动作所需要的时间和断路器跳闸所需要的时间。继电保护装置动作所需要的时间，是指继电保护装置从接收到故障量至发出

跳闸（动作）指令所需要的时间，即所谓继电保护动作时间。适当的继电保护装置动作延时是需要的，以利于继电保护装置排除各种可能的干扰，做出正确的判断，以提高继电保护的动作可靠性。适当的继电保护装置动作延时，也是为了保护之间的逻辑配合。

一般的快速保护动作时间为 $0.06\sim0.12s$，最快的可达 $0.01\sim0.04s$，一般断路器的动作时间为 $0.06\sim0.15s$，最快的可达 $0.02\sim0.05s$。

4. 灵敏性（Sensitivity）

继电保护的灵敏性，是指对于其保护范围内发生故障或不正常运行状态的反应能力。满足灵敏性要求的保护装置应该是在规定的保护范围内部故障时，在系统任意的运行条件下，无论短路点的位置、短路的类型如何，以及短路点是否有过渡电阻，当发生短路时都能敏锐感觉、正确反应。灵敏性通常用灵敏度来衡量，增大灵敏度，增加了保护动作的信赖性，但有时与安全性相矛盾。在 GB/T 14285—2006《继电保护和安全自动装置技术规程》中，对各类保护的灵敏度的要求都做了具体的规定，一般要求灵敏度在 $1.2\sim2$ 之间。

除了上述四个方面的基本要求之外，在选用继电保护装置时，还必须注意经济性。在保证电力系统安全运行的前提下，应采用投资少、维护费用较低的保护装置。以上四个基本要求是评价和研究继电保护性能的基础，在它们之间，既有矛盾的一面，又要根据被保护元件在电力系统中的作用，使以上四个基本要求在所配置的保护中得到统一。继电保护的科学研究、设计、制造和运行的大部分工作也是围绕如何处理好这四者的辩证统一关系进行的。相同原理的保护装置在电力系统的不同位置的元件上如何配置和配合，以及相同的电力元件在电力系统不同位置安装时如何配置相应的继电保护，才能最大限度地发挥被保护电力系统的运行效能，都充分体现着继电保护工作的科学性和继电保护工程实践的技术性。

四、继电保护发展简史

继电保护科学和技术是随电力系统的发展而发展起来的。电力系统发生短路是不可避免的，伴随着短路，电流增大。为避免发电机被烧坏，最早采用熔断器串联于供电线路中，当发生短路时，短路电流首先熔断熔断器，断开短路的设备，保护发电机。这种保护方式简单，仍广泛应用于低压线路和用电设备。由于电力系统的发展，用电设备的功率、发电机的容量增大，电力网的接线日益复杂，熔断器已不能满足选择性和快速性的要求，于 1890 年后出现了直接装于断路器上反映一次电流的电磁型过电流继电器。19 世纪初，继电器才广泛用于电力系统的保护，被认为是继电保护技术发展的开端。

1901 年出现了感应型过电流继电器。1908 年提出了比较被保护元件两端电流的电流差动保护原理。1910 年方向性电流保护开始应用，并出现了将电流与电压相比较的保护原理，导致了 1920 年后距离保护装置的出现。随着电力线载波技术的发展，在 1927 年前后，出现了利用高压输电线载波传送输电线两端功率方向或电流相位的高频保护装置。在 1950 年后，有人提出了利用故障点产生的行波实现快速保护的设想，在 1975 年前后诞生了行波保护装置。1980 年前后反映工频故障分量（或称工频突变量）原理的保护被大量研究，1990 年后该原理的保护装置被广泛应用。

与此同时，随着材料、器件、制造技术等相关学科的发展，继电保护装置的结构、型式和制造工艺也发生着巨大的变化，经历了机电式保护装置、静态继电保护装置和数字式继电保护装置三个发展阶段。

机电式保护装置由具有机械转动部件带动触点开、合的机电式继电器，如电磁型、感应型和电动型继电器所组成，由于其工作比较可靠不需要外加工作电源，抗干扰性能好，使用了相当长的时间，特别是单个继电器目前仍在电力系统中广泛使用。但这种保护装置体积大、动作速度慢、触点易磨损和粘连，难以满足超高压、大容量电力系统的需要。

20世纪50年代，随着晶体管的发展，出现了晶体管式继电保护装置。这种保护装置体积小、动作速度快、无机械转动部分、无触点。经过20余年的研究与实践，晶体管式保护装置的抗干扰问题从理论和实践上得到满意的解决。20世纪70年代，晶体管式保护在我国被大量采用。集成电路技术的发展，可以将众多的晶体管集成在一块芯片上，从而出现了体积更小、工作更可靠的集成电路保护。20世纪80年代后期，静态继电保护装置由晶体管式向集成电路式过渡，成为静态继电保护的主要形式。

20世纪60年代末，已有了用小型计算机实现继电保护的设想，但由于小型计算机当时价格昂贵，难于实际采用。由此开始了对继电保护计算机算法的大量研究，为后来微型计算机式保护的发展奠定了理论基础。随着微处理器技术的快速发展和价格的急剧下降，在20世纪70年代后期，出现了性能比较完善的微机保护样机并投入系统试运行。80年代微机保护在硬件结构和软件技术方面已趋成熟，进入90年代，微机保护已在我国大量应用，主运算器由8位机、16位机，发展到目前的32位机、64位机；数据转换与处理器件由模-数（A-D）转换器、电压/频率变换器（VFC），发展到数字信号处理器（DSP）。这种由计算机技术构成的继电保护称为数字式继电保护。这种保护可用相同的硬件实现不同原理的保护，使制造大为简化，生产标准化、批量化，硬件可靠性高；具有强大的存储、记忆和运算能力，可以实现复杂原理的保护，为新原理保护的发展提供了实现条件；除了实现保护功能外，还可兼有故障录波、故障测距、事件顺序记录和保护管理中心计算机以及调度自动化系统通信等功能，这对于保护的运行管理、电网事故分析以及事故后的处理等有重要意义。另外，它可以不断地对本身的硬件和软件自检，发现装置的异常情况并通知运行维护中心，工作的可靠性很高。

20世纪90年代后期，在数字式继电保护技术和调度自动化技术的支撑下，变电站自动化技术和无人值守运行模式得到迅速发展，融测量、控制、保护和数据通信为一体的变电站综合自动化装备，已成为目前我国绝大部分新建变电站的二次装备，继电保护技术与其他学科的交叉、渗透日益深入。

第二节　继电保护的基本原理及其组成

一、继电保护的基本原理

从继电保护的基本任务可知，继电保护就是要从电力系统的电气量中分辨出电力系统处于下列状态中的哪一种：①正常运行状态；②不正常运行状态；③故障状态，即要甄别出发生故障和出现异常的元件。而要进行区分和甄别，必须寻找电力元件在这三种运行状态下的可测参量（继电保护主要测电气量）的"差异"，提取和利用这些可测参量的"差异"，实现对正常、不正常工作和故障元件的快速"区分"。依据可测电气量的不同差异，可以构成不同原理的继电保护。

在正常运行时，电网中线路流过负荷电流。对简单的供电网络，越靠近电源端，负荷电流越大。假定在线路某点发生三相短路时，从电源到短路点之间将流过很大的短路电流，利用流过被保护元件中电流幅值的增大，可以构成最简单的过电流保护。

正常运行时，各变电所母线上的电压一般都在额定电压的 $\pm 5\% \sim \pm 10\%$ 范围内变化，且靠近电源端母线上的电压略高。短路后，各变电所母线电压有不同程度的降低，离短路点越近，电压降得越低，短路点的相间或对地电压降低到零。利用短路时电压幅值的降低，可以构成欠电压保护。

同样，在正常运行时，线路始端的电压与电流之比反映的是该线路与供电负荷的等效阻抗及负荷阻抗角（功率因数角），其数值一般较大，阻抗角较小。短路后，线路始端的电压与电流之比反映的是该测量点到短路点之间线路段的阻抗，其值较小，如不考虑分布电容时一般正比于该线路段的距离（长度），阻抗角为线路阻抗角，其值较大。利用测量阻抗幅值的降低和阻抗角的变大，可以构成距离（低阻抗）保护。

如果发生的不是三相对称短路，而是不对称短路，则在供电网络中会出现某些不对称分量，如负序或零序电流和电压等，并且其幅值较大。而在正常运行时系统对称，负序和零序分量不会出现。利用这些序分量构成的保护，一般都具有良好的选择性和灵敏性，获得了广泛的应用。

短路点到电源之间的所有元件中诸如以上的电气量，在正常运行与短路时都有相同规律的差异。利用这些差异构成的保护装置，短路时都有可能做出反应，但还需要甄别出哪一个是发生短路的元件。若是发生短路的元件，则保护动作跳开该元件，切除故障；若是短路点到电源之间的非故障元件，则保护可靠不动作。常用的方法是预先给定各电力元件的保护范围，求出保护范围末端发生短路时的电气量，考虑适当的可靠性裕度后作为保护装置的动作整定值，短路时测得的电气量与之进行比较，做出是否本元件短路的判别。但当故障发生在本线路末端与下级线路的首端出口处时，在本线路首端测得的电气量差别不大，为了保证本线路短路被快速切除而下级线路短路时不动作，快速动作的保护只能保护本线路的一部分。对末端部分的短路，则采用慢速的保护，当下级线路快速保护不动作时才切除本级线路。这种利用单端电气量的保护，需要上、下级保护（离电源的近、远）动作整定值和动作时间的配合，才能完成切除任意点短路的保护任务，被称为阶段式保护特性。

利用每个电力元件在内部与外部短路时两侧电流相量的差别可以构成电流差动保护，利用某种通信通道同时比较被保护元件两侧正常运行与故障时电气量差异的保护，称为纵联保护。它们只在被保护元件内部故障时动作，可以快速切除被保护元件内部任意点的故障，被认为具有绝对的选择性，常被用作 220kV 及以上输电网络和较大容量发电机、变压器、电动机等电力元件的主保护。

电压等级较低的线路，对电力系统全局影响较小，可选用信息量较少的电流保护；电压等级高一点的线路，对电力系统影响稍大，选用稍复杂一点的距离保护；超高压线路，对电力系统稳定性影响大，就要采用反映双端电气量的纵联保护。

二、继电保护装置的构成

习惯上把继电保护装置分为三部分，即测量部分、逻辑部分、执行部分，如图 1-3 所示。

1. 测量比较元件

测量比较元件测量通过被保护的电力元件的物理参量，并与给定的值进行比较，根据比较的结果，给出"是""非"或"0""1"性质的一组逻辑信

图 1-3　继电保护装置的组成框图

号，从而判断保护装置是否应该启动。根据需要，继电保护装置往往有一个或多个测量比较元件。常用的测量比较元件有：被测电气量超过给定值动作的过量元件（继电器），如过电流、过电压、高频率等；被测电气量低于给定值动作的欠量元件（继电器），如欠电压、低阻抗、低频率等；被测电压、电流之间相位角满足一定值而动作的功率方向元件（继电器）。

继电保护测量元件的输出只有动作和不动作两种状态。例如，区内短路时距离保护动作，区外短路时阻抗测量元件不动作；正方向短路时方向判别元件动作，反方向短路时方向判别元件不动作。因此，继电保护测量元件需要给予动作判断所需的电力系统电气量特征范围。当输入测量元件的电气量落在该范围时，测量元件发出动作信号；否则，测量元件不动作。也就是说，电力系统电气量的动作信息特征与不动作的信息特征要有差异，有差异才能分辨，才能做出正确判断。为了保证测量元件动作的可靠性，这种差异应尽可能大。

2. 逻辑判断元件

逻辑部分由各种"与""或""非"等逻辑和各种时间元件构成。逻辑判断元件根据测量比较元件输出逻辑信号的性质、先后顺序、持续时间等，使保护装置按一定的逻辑关系判定故障的类型和范围，最后确定是否应该使断路器跳闸、发出信号或不动作，并将对应的指令传给执行输出部分。

3. 执行输出元件

执行输出元件根据逻辑判断部分传来的指令，发出跳开断路器的跳闸脉冲及相应的动作信息、发出警报或不动作。

三、继电保护的分类

按继电保护装置获取信息位置的不同分为反映单端电气量的继电保护、反映两侧电气量的继电保护。从所控制的断路器处获取电压与电流信息，从而判断被保护电气设备是否故障，这种继电保护方式称为反映单端电气量的继电保护。另一种是反映线路两侧电气量，要把对侧断路器处的信息传递过来，与本侧断路器处的信息比较后决定是否发跳闸指令，这种保护称为纵联保护（见第五章）。反映单端电气量的保护实现起来简单、经济，在满足继电保护要求的前提下应首先选用。

按继电保护动作判据的特征，继电保护可分为电流保护、电压保护、距离保护、差动保护、零序电流保护、方向保护等。

按继电保护反映的故障类型，继电保护可分为相间短路保护、接地短路保护、匝间短路保护、失磁保护、过励磁保护等。

按保护的对象，继电保护可分为线路保护、变压器保护、母线保护、发电机保护、电动机保护、电抗器保护等。

按继电保护装置实现技术，继电保护可分为机电型保护（电磁型和感应型）、整流型保护、晶体管型保护、集成电路型保护、微机型保护（数字式保护）。

四、继电保护和一次电力系统的连接

电力系统中电气设备的投入运行与切除由一次设备——断路器执行，所以某台电气设备与邻近的另一电气设备的分界点是断路器。当继电保护装置判断被保护的电气设备发生故障时，发出指令，跳开控制该电气设备的断路器，把故障的电气设备从电力系统中隔离出去。一般情况下，电气设备与电力系统有两种连接方式：①电气设备与电力系统只有一处连接点，如发电机、电动机、馈线等，这类电气设备只要跳开连接点处的断路器即可把故障设备从系统中切除出去；②电气设备与电力系统有两处（或两处以上）连接点，如高压输电线、变压器、母线等，这类电气设备必须跳开电气设备两侧连接点处的断路器才可把故障设备从系统中切除出去。

判断电气设备是否发生故障，一般通过电气设备电压和电流信息的变化特征进行甄别，判断电气设备是否故障的电压、电流信息一般从断路器处获取。高压电气设备电压量的获取，通过电压互感器获得，电压互感器把一次侧高电压降为标准的低电压（100V）供给二次装置，并实现一、二次间的电隔离且二次侧必须接地。电压互感器主要有电磁式电压互感器和电容式电压互感器两种。电磁式电压互感器的工作原理与降压变压器相似，一次绕组匝数多，二次绕组匝数少。电压互感器二次侧的负载阻抗比较大，二次侧不允许短路，如果二次侧短路，将产生短路电流，因此电压互感器二次侧均装有熔断器。反映一次电压的二次电压存在幅值误差与相位误差，误差大小与负载（阻抗）大小有关。作为继电保护用途的电压互感器准确度等级为 3P、6P，其中 3P 表示额定负荷、额定电压条件下的综合误差为 3%。

高压设备电流量通过电流互感器获得，电流互感器把一次侧大电流降为标准的小电流（5A 或 1A）供给二次装置，实现电隔离且二次侧也必须接地。目前，电力系统广泛采用的是铁心不带气隙的电磁式电流互感器。电磁式电流互感器的工作原理与升压变压器相似，其特点是一次绕组直接串接在电力系统一次回路中，一次绕组匝数很少（1 匝或 2 匝）；二次绕组匝数很多；二次侧的负荷阻抗很小，近乎直接短路。在运行中，二次侧不允许开路。如果二次侧开路，会产生很高电压，引起设备损坏和人员伤害。电流互感器有规定的标准系列，如300/5、600/5 等，其误差大小与负荷大小关系紧密，作为继电保护用途的电流互感器准确度等级为 5P、10P，如 5P20 表示额定负荷、20 倍额定一次电流条件下的综合误差为5%。电力系统短路时，短路电流往往是额定电流的许多倍，继电保护要求在最大短路电流条件下，电流互感器的幅值误差不超过±10%，角度误差不超过±7°，10%误差特性曲线可给出一定短路电流倍数所对应的允许二次负荷阻抗值。

电力系统一次设备的投入与切除由断路器控制。一次电气设备的电流信息，从断路器处的电流互感器获取，三相断路器一般都有各自的电流互感器，以便测量流过各自断路器的电流。电流互感器如果不能安装在断路器的内部结构中，则独立的电流互感器必须紧靠着断路器安装，将断路器与电流互感器视为一个整体。一般情况下，电流互感器连接在断路器的负荷侧，这样，断路器跳闸后，电流互感器与负载一起不带电；当断路器与电流互感器两侧的隔离开关断开时，应该能够把断路器与电流互感器一起同时与系统隔离，以便检修断路器和电流互感器。电流互感器的电流参考方向为电流互感器指向被保护设备。当被保护设备发生短路时，继电保护装置判断为正方向，作为继电保护跳闸的条件之一；继电保护判断为反方向的短路情况，继电保护不动作。实际上，继电保护的保护区是以电流互感器作为分界点

的。这样，断路器至电流互感器的这一小段区域的保护由谁承担，必须明确。

第三节　微机继电保护装置硬件原理

基于数字计算机和实时数字信号处理技术实现的电力系统继电保护称为数字式继电保护。在电力系统继电保护的学术界和工程技术界，数字式继电保护又常简称为微机保护。

微机保护装置不仅能够实现其他类型保护装置难以实现的复杂保护原理、提高继电保护的性能，而且能提供诸如简化调试及整定、自身工作状态监视、事故记录及分析等高级辅助功能，还可以完成电力系统自动化要求的各种智能化测量、控制、通信及管理等任务，同时也具有优良的性价比，因此得到广泛的应用。

一、微机继电保护装置硬件系统的构成

微机继电保护装置硬件主要包括数据采集部分（包括电流、电压等模拟量输入变换、低通滤波回路、模-数转换等）；数据处理、逻辑判断及保护算法的数字核心部件（包括CPU、存储器、实时时钟、Watchdog等）；开关量输入/输出通道以及人机接口（键盘、液晶显示器）。从功能上可分为6个组成部分：数据采集系统（也称模拟量输入系统）；数字处理系统（CPU主系统）；开关量输入/输出回路；人机接口；通信接口；电源回路。典型微机继电保护装置的硬件系统结构如图1-4所示。

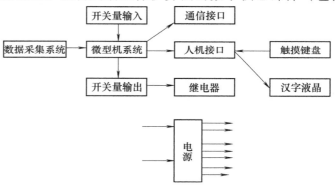

图1-4　微机继电保护装置的硬件系统结构

1. 数据采集系统

微机继电保护数据采集系统包括隔离与电压形成部分、低通滤波回路、多路开关及模-数转换部分。主要功能是采集由被保护设备的电流、电压互感器输入的模拟信号，并将此信号经过适当的预处理，然后转换为所需的数字量。

根据模-数转换的原理不同，微机保护装置中模拟量输入回路有两种方式：一是基于逐次逼近型A-D转换的方式；二是利用电压/频率变换（VFC）原理进行A-D转换的方式。前者包括电压形成回路、模拟低通滤波器（ALF）、采样保持回路（S/H）、多路转换开关（MPX）及模-数转换回路（A-D）等功能块；后者主要包括电压形成、VFC回路、计数器等环节。模拟量输入回路框图如图1-5所示。

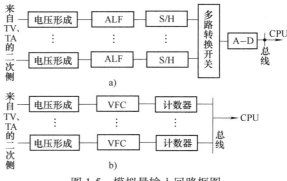

图1-5　模拟量输入回路框图

a）逐次逼近A-D转换方式　b）VFC原理的A-D转换方式

2. 数字处理系统（CPU 主系统）

微机保护装置是以中央处理器（CPU）为核心，根据数据采集系统采集到的电力系统的实时数据，按照给定算法来检测电力系统是否发生故障以及故障性质、范围等，并由此做出是否需要跳闸或报警等判断的一种自动装置。微机保护原理是由计算程序来实现的，CPU是计算机系统自动工作的指挥中枢，计算机程序的运行依赖于 CPU 来实现。因此，CPU 的性能好坏在很大程度上决定了计算机系统性能的优劣。

1）微处理器 CPU。采用数据总线为 8 位、16 位、32 位等的单片机、工控机以及 DSP 系统。单片机通过大规模集成电路技术将 CPU、ROM、RAM 和 I/O 接口电路封装在一块芯片中，因此具有可靠性高、接口设计简易、运行速度快、功耗低、性价比高的优点。使用单片机的微机保护具有较强的针对性，系统结构紧凑，整体性能和可靠性高，但通用性、可扩展性相对较差。DSP 的突出特点是计算能力强、精度高、总线速度快、吞吐量大，尤其是采用专用硬件实现定点和浮点加乘（矩阵）运算，速度非常快。将 DSP 应用于微机继电保护，极大地缩短了数字滤波、滤序和傅里叶变换算法的计算时间，不但可以完成数据采集、信号处理的功能，还可以完成以往主要由 CPU 完成的运算功能，甚至完成独立的继电保护功能。

2）存储器。它包括电擦除可编程只读存储器（EEPROM）、紫外线擦除可编程只读存储器（EPROM）、非易失性随机存储器（NVRAM）、静态存储器（SRAM）、闪速存储器（FLASH）等。其中 EEPROM 存放定值，EPROM、FLASH 存放程序，NVRAM 存放故障报文、采样数据，计算过程中的中间结果、各种报告存放于 SRAM 中。

3. 开关量输入/输出回路

开关量输入/输出回路一般由固态继电器、光隔离器、PHTOMOS 继电器等器件组成，以完成各种保护的出口跳闸、信号报警及外部触点输入等工作，实现与 5V 系统接口。一般而言，柜内开关量输入信号采用 24V 电源，柜间开关量输入信号采用 220V 或 110V 电源。计算机系统输出回路经光隔离器件，转换为 24V 信号，驱动继电器实现操作。国外也有通过 5V 电源驱动继电器的。

4. 人机接口

人机交互系统包括显示、键盘、各种面板开关、实时时钟、打印电路等，其主要功能用于人机对话，如调试、定值调整及对机器工作状态的干预等。现在一般采用液晶显示器和流行的 6 键操作键。人机交互面板一般应包括：

1）可以由用户自定义画面的大液晶屏人机界面。

2）可以由用户自定义的告警信号显示灯 LED。

3）可以由用户自定义用途的 F 功能键。

4）光隔离的串行接口。

5）就地、远方选择按钮。

6）就地操作键。

5. 通信接口

微机继电保护装置的通信接口包括维护口、监控系统接口、录波系统接口等。一般可采用 RS485 总线、PROFIBUS 网、CAN 网、LON 网、以太网及双网光纤通信模式，以满足各种变电站对通信的要求。通信接口满足各种通信规约，如 IEC61870-5-103、PROFIBUS-FMS/

DP、MODBUS RTU、DNP 3.0、IEC61850 以太网等。

微机继电保护对通信系统的要求是快速、支持点对点平等通信、突发方式的信息传输，物理结构采用星形、环网、总线网，支持多主机等。

6. 电源回路

可以采用开关稳压电源或 DC/DC 电源模块。提供数字系统 5V、24V、±15V 电源。也有的系统采用多组 24V 电源。5V 电源用于计算机系统主控电源；±15V 电源用于数据采集系统、通信系统；24V 电源用于开关量输入、输出、继电器逻辑电源。

二、微机保护装置的几种典型结构

在实际应用中，微机保护装置分为单 CPU 和多 CPU 的结构方式。在中、低压保护中多采用单 CPU 结构，而高压及超高压复杂保护装置广泛采用多 CPU 的结构方式。

1. 单 CPU 微机保护装置的结构

单 CPU 的微机保护装置是指整套微机保护共用一个单片微机，数据采集、开关量采集、出口信号及通信等均由一个单片微机控制。但目前人机接口一般另外采用独立的 CPU。模拟量输入回路、单片微机系统（包括 CPU、EPROM、RAM、EEPROM 等）、开关量输入/输出各部分均通过总线（BUS）联系在一起，由 CPU 通过 BUS 实现信息数据传输和控制。

单 CPU 结构的微机保护虽然结构简单，但其容错能力不高，一旦 CPU 或其中某个插件工作不正常就影响到整套保护装置。由于后备保护与主保护共用同一个 CPU，因此主保护不能正常工作时往往也影响到后备保护，其可靠性必然下降。

2. 多 CPU 微机保护装置的结构

为了提高微机保护的可靠性，高压及超高压变电站微机保护都已采用多 CPU 的结构方式。所谓多 CPU 的结构方式就是在一套微机保护装置中，按功能配置有多个 CPU 模块，分别完成不同保护原理的多重主保护和后备保护及人机接口等功能。显然这种多 CPU 结构方式的保护装置中，如有任何一个模块损坏，均不影响其他模块保护的正常工作，有效地提高了保护装置的容错水平，防止了一般性硬件损坏而闭锁整套保护。

多 CPU 结构的保护装置还提供了采用三取二保护启动方式的可能性，大大提高了保护装置启动的可靠性。多 CPU 结构的微机保护装置硬件框图如图 1-6 所示，这是我国 11 型微机保护装置的典型结构框图。

该保护装置由 4 个硬件完全相同的保护 CPU 模块构成，分别完成高频保护、距离保护、零序电流保护以及综合重合闸等功能。另外还配置了一块带 CPU 的接口模板（MONITOR），完成对保护 CPU 模块巡检、人机对话和与监控系统通信联络等功能。由图 1-6 可见，整套保护装置仍然由模拟量输入、单片微机系统、人机接口及开入/开出回路、电源等组成。模拟量输入回路由交流输入、模-数转换 1、模-数转换 2 组成；单片微机系统即保护 CPU 模块由高频、距离、零序电流、综合重合闸等保护组成；人机接口模块由带 CPU 的接口模板和打印机等构成；开关量输入/输出通道包括逻辑、跳闸、信号、告警电路。此外还有逆变电源部分。

单片微机保护部分由 4 个独立的保护 CPU 模块组成，其中高频保护和综合重合闸共用一块模-数转换插件，距离保护和零序电流保护共用另一块模-数转换插件。这样的接线方式增加了保护的冗余量，从而进一步提高了保护的可靠性，但相对增加了保护的复杂性。

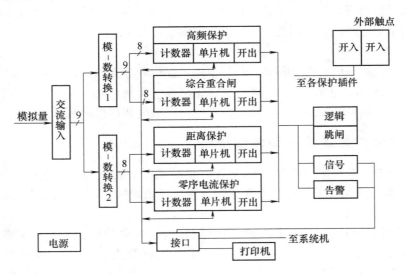

图 1-6　多 CPU 结构的微机保护装置硬件框图

多 CPU 结构的保护装置中，每个保护 CPU 插件都可以独立工作。各保护之间不存在依赖关系。例如，高频保护由高频距离和高频零序方向两个主保护组成，其中距离元件和零序方向元件都是独立的，不依赖于距离保护 CPU 和零序保护 CPU 插件中的距离元件及零序方向元件。保护 CPU 的完整性和独立性又大大提高了保护可靠性。

多 CPU 结构的保护装置，实质上是主从分布式的微机工控系统，人机接口部分是主机，完成集中管理及人机对话的任务；而单片机保护部分是 4 个从机，它们分别独立完成各种保护任务。4 种保护综合完成一条高压输电线路的全部保护，即输电线路各类相间和接地故障的主保护和后备保护，并能完成综合重合闸功能。

3. 采用 DSP 的微机保护装置的结构

数字信号处理器（Digital Signal Processor，DSP）是进行数字信号处理的专用芯片，它是微电子学、数字信号处理技术、计算技术综合的新器件。由于它特殊的设计，可以把数字信号处理中的一些理论和算法予以实时实现，并逐步进入控制器领域，因而在计算机应用领域中得到广泛的使用。

大多数的 DSP 采用了哈佛结构，将存储器空间划分成两个，分别存储程序和数据。它们由两组总线连接到处理器核，允许同时对它们进行访问。这种安排将处理器和存储器的带宽加倍，更重要的是同时为处理器核提供数据与指令。在这种布局下，DSP 得以实现单周期的 MAC 指令。DSP 速度的最佳化是通过硬件功能予以实现的，速度可达 10MIPS 以上（即每秒能够执行一千万条以上的指令）；同时，采用循环寻址方式，实现了零开销的循环，大大增进了如卷积、相关、矩阵运算、FIR 等算法的实现速度。另外，DSP 指令集能够使处理器在每个指令周期内完成多个操作，从而提高每个指令周期的计算效率。

由于 DSP 技术有着强大、快速的数据处理能力和定点、浮点的运算功能，因此将 DSP 技术融合到微机保护的硬件设计中，将极大地提高微机保护对原始采样数据的预处理和计算的能力，提高运算速度，更容易做到实时测量和计算。例如，在保护中可以由 DSP 在每个采样间隔内完成全部的相间和接地阻抗计算，完成电压、电流测量值的计算，并进行相应的滤波处理。

采用 DSP 的微机保护装置硬件框图如图 1-7 所示。采用单片机加 DSP 的结构，将主、后备保护集成在一块 CPU 板上，DSP 和单片机各自独立采样，由 DSP 完成所有的数字滤波、保护算法和出口逻辑，由 CPU 完成装置的总启动和人机界面、后台通信及打印功能。图中，QDJ 为保护装置的启动继电器。人机接口显示面板单设一个单片机（图中未画出），专门负责汉字液晶显示、键盘处理，显示面板通过串口与主 CPU 交换数据。显示面板还提供一个与 PC 通信的接口。

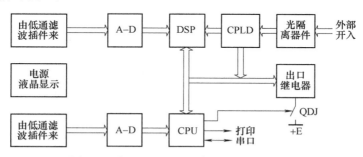

图 1-7 采用 DSP 的微机保护装置硬件框图

整个保护装置由多个插件模块组成，包括电源插件（DC）、交流插件（AC）、低通滤波插件（LFP）、CPU 插件（CPU）、通信插件（COM）、24V 光电耦合器插件（OPT1）、高压光电耦合器插件（OPT2）、信号插件（SIG）、跳闸出口插件（OUT1、OUT2）、显示面板（LCD）。

其中 CPU 插件是装置的核心部分。装置采样率为每周波 24 点，在每个采样间隔内对所有保护算法和逻辑运算进行实时计算，使得装置具有很高的可靠性及安全性。

启动 CPU 内设总启动元件，启动后开放出口继电器的正电源，同时完成事件记录及打印、保护部分的后台通信及与面板通信；另外还具有完整的故障录波功能，录波格式与COMTRADE 格式兼容，录波数据可单独从串口输出或打印输出。

交流输入变换插件（AC）用于三相电流和零序电流 I_A、I_B、I_C、I_0，三相电压 U_A、U_B、U_C 及线路抽取电压 U_x 的输入。通信插件的功能是完成与监控计算机或 RTU 的通信连接，有RS485、光纤和以太网接口可供选择。

4. 网络化微机保护装置的结构

网络化的微机保护装置典型硬件框图如图 1-8 所示，与保护功能和逻辑有关的标准模块插件仅有三种，即 CPU 插件、开入（DI）插件和开出（DO）插件。在图 1-8 中，CPU 插件包含了微机主系统和大部分的数据采集系统电路；开入（DI）、开出（DO）插件设计了CPU，使之构成了智能化 I/O 插件；通信网络采用 CAN 总线方式，利用 CAN 总线的可靠性和非破坏性总线仲裁等技术，合理安排传输信号的优先级，完全可以保证硬件电路和跳闸命令、开入信号传输的可靠性、及时性。另外，已有许多 CPU 中都集成了 CAN 总线的接口电路，使得网络化的成本较低。

由于将网络作为各模块间的连接纽带，所以，每个模块仅相当于网络中的一个结点，不仅可以很方便地实现模块的增加或减少，满足各种各样的功能配置要求，构成积木式结构，而且每个模块可以分别升级。无论模块升级与否，对于网络来说，模块仍然为网络的一个结点，唯一要遵循的是要求采用同一个规约。网络化后，用 CAN 网络代替一对一的物理导线连接，各插件之间的连接只有两条网络导线和相应的电源线，极大地简化了 CPU 与开入、开出之间的连线。当然，如果需要的话，也可以采用双 CAN 网络的方式。

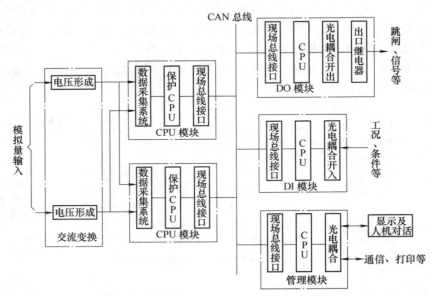

图 1-8　网络化的微机保护装置典型硬件框图

现场总线接口部分，对于编程来说，操作过程相当于对串行接口的操作，至于传输协议、仲裁、检测、重发等功能和机制均集成在接口电路内。其余的电路构成、工作原理等均与单 CPU 是一样的，如 DO 模块是由 CPU、光电耦合开出、出口继电器三部分组成的电路。但为了提高可靠性，DO 模块中的启动继电器应由保护或启动 CPU 模块来控制。网络化硬件结构的优点如下：

1）模块之间的连接简单、方便。仅通过一对双绞线，就可完成一条现场总线的连接，既可以传递信息，又可以发送控制命令，还避免了插件端子数量的限制。

2）可靠性高、抗干扰能力强。CAN 总线的特点是高可靠性和高抗干扰能力，同时，CAN 总线设置于装置内部，又极大地减少了受干扰的次数和程度。

3）扩展性好。由于每个模块接入网络时，仅相当于接入一个结点，所以方便了各种模块的组合，实现积木式的结构，即插即用，满足不同硬件配置的要求。如一个 DO 模块不够用时，可以在不改变装置内部电路和结构的情况下加入另一个 DO 模块即可。

4）升级方便。如微型机模块升级，只改变了结点内部的电路和结构，对 CAN 总线而言，升级后的微型机模块仍然是总线上的一个结点，因此，开入、开出模块可以保持不变，保护对外的接口、连接电缆基本不用更改。

5）便于实现出口逻辑的灵活配置。在变压器、发电机保护中，根据不同容量、不同主接线等情况，保护的一个动作逻辑有可能组合成多个出口对象，因此，出口逻辑的灵活配置完全满足了这种要求。由于每个模块均设置了微型机或微控制器，所以有两种方式可以实现出口逻辑的灵活配置：①在 DO 模块中实现出口逻辑的灵活配置；②在保护 CPU 模块中实现出口逻辑的灵活配置。从出口功能来看，后一种方式中的 DO 模块仅仅执行命令，更适合于 DO 模块的通用化，适应不同保护的需要。

6）降低了对微型机或微控制器并行口的数量要求。对于非网络化硬件结构，因为出口继电器由并行口控制，所以不同出口对象的继电器数量完全取决于并行口的数量。

三、微机保护数据采集系统

1. 逐次逼近式 A-D 芯片构成的数据采集系统

逐次逼近式 A-D 转换器在许多保护特别是元件保护中得到了广泛的应用。在要求真实反映输入信号中的高频分量的场合下，逐次逼近式 A-D 器件应该是首选。当今各种逐次逼近式的 A-D 器件不断推出，且价格适中，如带有同步采样器，具有并行/串行输出接口的快速的 14 位、16 位的 A-D 器件，它们可以满足各种保护装置的要求，是今后的发展趋势。

电力系统中的电量信号都是在时间和数值上连续变化的信号，因此，都属于模拟信号。而微机型继电保护装置是对数字信号进行处理的，所以必须把模拟信号转变为计算机能够处理的数字信号。

数字信号是在时间上离散、在数值上量化的一种信号，为了把模拟信号转换为数字信号，首先要对模拟信号进行预处理。这包括信号幅度的变换、利用模拟低通滤波器滤除信号中频率大于采样频率一半的信号、采样/保持等环节。经过预处理的信号才可以输入到 A-D 转换芯片进行模拟信号到数字信号的转换。对于一个采用逐次逼近式 A-D 芯片构成的典型数据采集系统，其框图如图 1-9 所示。它包括电压形成回路、模拟滤波器（ALF）、采样保持（S/H）电路、多路开关（MPX）及 A-D 转换五部分，现分别介绍其基本工作原理及作用。

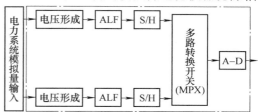

图 1-9　逐次逼近式 A-D 数据
采集系统构成框图

（1）电压形成回路

同传统保护一样，微机保护的输入信号来自被保护线路或设备的电流互感器、电压互感器的二次侧。这些互感器的二次电流或电压一般数值较大，变化范围也较大，不适应 A-D 转换器的工作要求，故需对它进行变换。一般采用各种中间变换器来实现这种变换，如电流变换器（TA_m）、电压变换器（TV_m）和电抗变换器（TX_m）等。输入变换及电压形成回路的原理图如图 1-10 所示。将电流互感器（TA）、电压互感器（TV）的二次电流、电压输出转化为计算机能够识别的弱电信号，一般输出信号为 ±5V 或 ±10V，具体决定于 A-D 芯片的型号，由此可以决定上述各种中间变换器的变比。对于电流的变换一般采用电流变换器并在其二次侧并接电阻以取得所需电压，改变电阻值可以改变输出范围的大小；也可以采用电抗变换器，二者各有优缺点。电抗变换器的优点是由于铁心带气隙而不易饱和，线性范围大，同时有移相作用；其缺点是会抑制直流分量，放大高频分量。因此当一次侧流过非正弦电流时，其二次电压波形将发生畸变。电抗变换器抑制非周期分量的作用在某些应用场合也可能成为优点。电流变换器的最大优点是，只要铁心不饱和，其二次电流及并联电阻上电压的波形基本保持与一次电流波形相同且同相，即它的变换可使原信息不失真。但是，电流变换器在非周期分量的作用下容易饱和，线性度较差，动态范围小。

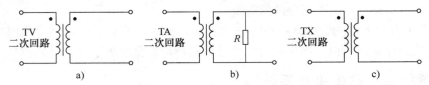

图 1-10　输入变换及电压形成回路的原理图

a）电压输入变换　b）电流变换器形成电压　c）电抗变换器形成电压

电压形成回路除了上面所述的电量变换作用外，还起着屏蔽和隔离的作用，使得微机电路在电气上与强电部分隔离，从而阻止来自强电系统的干扰。在设计辅助变换器时可在一次、二次绕组之间加入屏蔽层并可靠接地。

图 1-11 为微机保护中典型的电压形成回路接线。用于三相电流和零序电流 I_A、I_B、I_C、I_0，三相电压 U_A、U_B、U_C 及线路电压 U_L 的输入。需要说明的是，虽然保护中零序方向、零序过电流元件均采用自产的零序电流计算，但是零序电流启动元件仍由外部的输入零序电流计算，因此如果零序电流不接，则所有与零序电流相关的保护均不能动作，如纵联零序方向、零序过电流等。输入电流变换器的线性工作范围为 $30I_n$。U_L 为重合闸中检无压、检同期元件用的线路侧电压输入。如重合闸不投或无同期问题时，该电压可以不接。

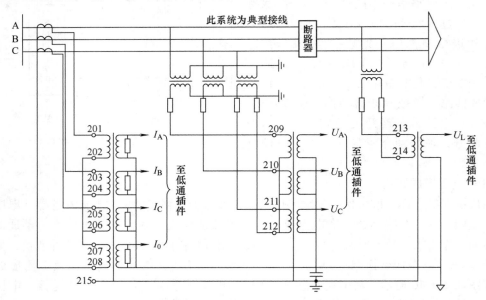

图 1-11　典型的微机保护电压形成回路接线

根据采样回路的精确工作范围及误差要求，中压保护电流、电压回路的精确工作范围达 $(0.08\sim20)I_n$（动态范围为 $0.4\sim100\mathrm{A}$）。高压、超高压回路电流范围更大，如 $(0.05\sim30)I_n$（动态范围为 $0.25\sim150\mathrm{A}$）。采样回路要保证足够的精度。

（2）模拟滤波器

采样频率的选择是微机保护数据采集系统中硬件设计的重要内容，需要综合考虑多种因素。首先，采样频率的选择必须满足采样定理的要求，即采样频率必须大于原始信号中最高频率的两倍，否则将造成频率混叠现象，采样后的信号不能真实代表原始信号。其次，采样频率的高限受到 CPU 的速度、被采集的模拟信号的路数、A-D 转换后的数据与存储器的数据传送方式的制约。如果采样频率太高，而被采集的模拟信号又特别多，则在一个采样间隔内难以完成对所有采样信号的处理，就会造成数据的积压，微机系统无法正常工作。

在电力系统发生故障时，故障初瞬电压、电流中往往含有频率很高的分量，为了防止频率混叠，必须选择很高的采样频率，这就会对硬件提出相当高的要求，而目前绝大多数微机保护的原理都是基于反映工频信号的，因此为了降低采样频率，可在采样之前先用一个模拟低通滤波器将频率高于采样频率一半的信号滤掉。例如选择采样频率为 600Hz，则模拟低通滤波器应将 300Hz 及其以上频率的信号滤除（5 次以上谐波）。

采样频率的选择与保护原理和采用的算法有关。例如在变压器保护中，为防止过励磁时变压器差动保护误动，应采取五次谐波闭锁方式，为此必须能从信号中提取五次谐波，则采样频率至少应大于 500Hz。另外在微机保护中大多采用傅里叶算法，如果选择采样频率为 600Hz，采用傅里叶算法时的滤波系数就变得十分简单。

采用模拟低通滤波器使数据采集系统满足采样定律，限制输入信号中的高频信号进入系统。模拟低通滤波器包括有源滤波和无源滤波两种。无源滤波器一般为一阶或两阶的 RC 阻容滤波器，这种滤波器的频率特性是单调衰减的，它可用于反映基波分量的保护。而对于反映谐波分量的保护，简单 RC 滤波器对本来在数值上就较小的谐波分量衰减过大，将对保护性能产生不良影响。常用的二阶有源低通滤波器是由 RC 网络与运算放大器构成的滤波电路。这种滤波电路具有良好的滤波性能，且阶数越高，它的频率响应就越具有十分平坦的通带和陡峭的过渡带。但会增加装置的复杂性和时延，故滤波器阶数不宜过高。由于电压互感器和电流互感器及电流、电压变换器对高频分量已有相当大的抑制作用，因此往往不要求模拟低通滤波器具有理想的衰减特性，否则高阶的模拟低通滤波器将带来过长的过渡过程，影响保护系统的快速动作。

（3）采样保持电路

微机处理的都是数字信号，要用微机实现保护的功能，必须将输入的模拟信号变成数字信号。为达到这一目的，首先要对模拟量进行采样。采样是将一个连续的时间信号（正弦波信号）变成离散的时间信号（采样信号）。理想采样是抽取模拟信号的瞬时函数值，抽取的时间间隔由采样脉冲来控制。把连续的时间信号变成采样信号的过程称为采样或离散化。采样信号仅对时间是离散的，其幅值依然连续，因此这里的采样信号是离散时间的模拟量，它在各个采样点上（0，T_S，$2T_S$，…）的幅值与输入的连续信号的幅值是相同的，如图 1-12b 所示。在微机保护中采样的间隔是均匀的，我们把采样间隔 T_S 称为采样周期，定义 $f_S = 1/T_S$ 为采样频率，这是采样过程中十分重要的参数。

采样保持电路，又称 S/H（Sample/Hold）电路，其作用是在一个极短的时间内测量模拟输入量在该时刻的瞬时值，并在 A-D 转换器进行转换的期间内保持其输出不变。利用采样保持电路后，可以方便地对多个模拟量实现同时采样。S/H 电路的工作原理可用图 1-12a 来说明，它由一个电子模拟开关 AS、保持电容器 C_h 以及两个阻抗变换器组成。模拟开关 AS 受逻辑输入端的电平控制，该逻辑输入就是采样脉冲信号。

在逻辑输入为高电平时 AS 闭合，此时电路处于采样状态。C_h 迅速充电或放电到 u_{sr} 在采样时刻的电压值。AS 的闭合时间应满足使 C_h 有足够的充电或放电时间即采样时间，显然希望采样时间越短越好。这里，应用阻抗变换器 I 的目的是它在输入端呈现高阻抗，对输入回路的影响很小；而输出阻抗很低，使充放电回路的时间常数很小，保证 C_h 的电压能迅速跟踪到在采样时刻的瞬时值 u_{sr}。

AS 打开时，电容器 C_h 上保持住 AS 闭合时刻的电压，电路处于保持状态。为了提高保持能力，电路中应用了另一个阻抗变换器 II，它在 C_h 侧呈现高阻抗，使 C_h 对应充放电回路的时间常数很大，而输出阻抗很低，以增强带负载能力。阻抗变换器 I 和 II 可由运算放大器构成。

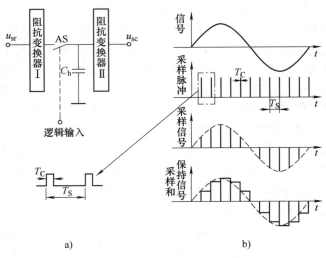

图 1-12 采样保持电路工作原理图及其采样保持过程示意图
a）采样保持电路工作原理图 b）采样保持过程示意图

采样保持的过程如图 1-12b 所示。图中，T_C 称为采样脉冲宽度，T_S 称为采样间隔（或称采样周期）。由微机控制内部的定时器产生一个等间隔的采样脉冲，如图中的"采样脉冲"，用于对"信号"（模拟量）进行定时采样，从而得到反映输入信号在采样时刻的信息，即图中的"采样信号"，随后，在一定时间内保持采样信号处于不变的状态，如图中的"采样和保持信号"，这样，在保持阶段，无论何时进行 A-D 转换，其转换的结果都反映了采样时刻的信息。

（4）多路转换开关

多路转换开关是将多个采样/保持后的信号逐一与 A-D 芯片接通的控制电路。它一般有多个输入端、一个输出端和几个控制信号端。例如，AD7506 有 16 个输入端、1 个输出端和 4 个控制端。根据控制端的二进制编码决定哪一个输入端与输出端接通。在有多个采样保持电路而共用一片 A-D 的系统中必须设有多路开关。

（5）A-D 转换器

在微机保护中，计算机只能对数字量和逻辑量进行处理。因此必须将模拟信号转换成数字信号。A-D 转换器可以认为是一种编码电路。它可以实现将模拟的输入量 U_A 相对于参考电压 U_R 经过一个编码电路转换成数字量 D。用二进制数表示为

$$D = B_1 \times 2^{-1} + B_2 \times 2^{-2} + \cdots + B_n \times 2^{-n}$$

式中　$B_1 \sim B_n$——二进制数的 0 或 1。

D 是一个小于 1 的数。$D = U_A / U_R$。从而，模拟信号可表示为

$$U_A = U_R \times D$$

逐次逼近式 A-D 转换原理框图如图 1-13 所示。其 A-D 转换方法是，转换

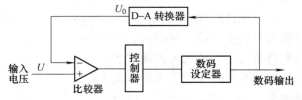

图 1-13 逐次逼近式 A-D 转换原理框图

开始，首先设定一个数字量，这个数字量的最高位设为"1"，其余位设为"0"，将该数字

量经过一个 D-A 转换电路变为与其对应的模拟量 U_0，再将该模拟量与输入的模拟量进行比较，由比较的结果修改设定的数字量。如果设定的数字量经 D-A 转换后的模拟量小于待转换的模拟信号，则保留设定的数字量的最高位的"1"，否则置"0"。再将次高位设为"1"，经 D-A 转换后再与待转换的模拟信号比较，如果设定的数字量经 D-A 转换后的模拟量大于待转换的模拟信号，则将设定的该位数字量置为"0"，否则保留"1"。再将下一位设为"1"，经 D-A 转换后再与待转换的模拟信号比较……重复这一过程直至将数字量的所有位确定下来，转换过程结束。

A-D 转换的芯片有很多种。按输出数据的格式分有并行和串行之分；并行方式下按输出数字量的位数分有 8 位、10 位、12 位、14 位和 16 位等的芯片。由于 A-D 芯片的位数总是有限的，而模拟信号的值是一个无限连续量，因而用有限的数字代表无限连续的模拟信号总会产生误差。数字量的最高位通常用 MSB 表示，最低位用 LSB 表示，在进行 A-D 转换时，比最低位更小的量将被舍去，称为量化误差。若 A-D 转换器的量程（满刻度值）为 FSR，定义基本量化单位为

$$Q = \text{FSR}/2^n$$

式中　n——A-D 转换器的位数，位数也叫作分辨率，量化误差为 $\pm Q/2$。显然，位数越多 Q 越小，量化误差越小，即 A-D 转换器的分辨率越高。

在微机保护装置中，目前大多数产品均选择并行接口的 12 位或 12 位以上的 A-D 芯片。A-D 转换器的量程一般为 10V，当 $n=12$ 时，$Q=10\text{V}/2^n=2.44\text{mV}$，即量化误差为 2.44mV。对交流双极性输入，最高位为符号位，只有 11 位的精度，量化误差为 4.88mV，满量程误差约为 0.05%。考虑保护要求有 100 倍的动态范围，即在最小值时的误差已近 5%。因此，微机继电保护的 A-D 转换器一般不能低于 12 位。除分辨率外，A-D 转换器的另一主要指标是转换速度。它应根据输入路数的多少及采样周期来选择，一般为微秒级。

2. 采用电压/频率变换（VFC）原理的数据采集系统

微机保护装置的 A-D 转换系统一般采用逐次逼近式 A-D 或电压/频率变换（VFC）式两种。由于 VFC 具有抗干扰能力强，同 CPU 接口简单而容易实现多 CPU 共享 VFC 等优点，在我国的微机保护领域得到了广泛应用。VFC 适用于涉及工频量保护原理的保护装置。

一般来说采用逐次逼近式 A-D 方式的变换过程中，CPU 要使 S/H、MPX、A-D 三个芯片之间控制协调好，而且 A-D 芯片结构较复杂，且不适于多 CPU 数据共享。A-D 转换也可以使用 VFC 型的变换方式，VFC 型的 A-D 转换是将电压模拟量变换为一脉冲信号，脉冲信号的频率正比于该模拟信号在一段时间内的面积。然后由计数器对数字脉冲计数，供 CPU 读入。VFC 型数据采集系统示意图如图 1-14 所示。

电压互感器的二次电压或电流互感器的二次电流经变换器隔离变换后输入。经电压-频率变换器，再经光电耦合后进入计数器进行计数。通常在电压-频率变换器前还增设浪涌吸收器来吸收高频干扰信号。电压-频率变换器由电荷平衡式 VFC 芯片实现电压到频率的变换。光电隔离芯片（光电耦合器）实现模拟系统与数字系统的电隔离，具有抗干扰的作用。可编程的计数器芯片完成计数。通常采用 16 位计数器，在单片机的控制下，每次采样中断时，读取计数器的计数值。并将前 m 个采样中断的计数值与当前的计数值相减，其结果与 mT_S 的输入信号的面积对应，也与 mT_S 区间中心处交流信号的瞬时值具有对应关系。

（1）利用 VFC 进行 A-D 转换

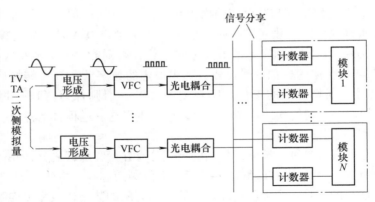

图 1-14　VFC 型数据采集系统示意图

VFC 可采用电压/频率变换芯片 AD654 芯片，计数器可采用 CPU 内部计数器，也可采用可编程计数器 8253。CPU 每隔一个采样间隔时间 T_S，读取计数器的脉冲计数值，并根据比例关系算出输入电压 u_{in} 对应的数字量，从而完成 A-D 转换。

AD654 芯片对 10V 的输入，满刻度输出频率为 500kHz。由于输入信号是最大值为 5V 的交流信号，而 AD654 只能转换单方向的信号，所以必须加入一个偏置信号。根据最大输入信号，加入 $-5V$ 的偏移电压，叠加偏移值后的综合信号为 $-10\sim0V$，电压信号为负端输入方式。由于输入电压与输出频率呈线性关系，故加偏置后的输入 $-5V$ 对应最大输出频率的 $1/2$ 即 250kHz（中心频率），电压为 $-10V$ 对应最大输出频率为 500kHz。脉冲频率输出经光电隔离芯片接可编程计数器的计数脉冲输入端。采用负极性接法的 VFC 电路，设置 $-5V$ 偏置电压。偏置后使输入电压的测量范围控制在 $\pm5V$ 峰值，AD654 芯片的输入波形如图 1-15 所示。

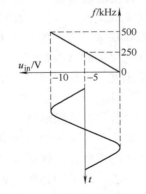

图 1-15　加偏置后的波形

当输入电压 $u_{in}=0$ 时，对应输出信号是频率为 250kHz 的等幅等宽的脉冲波，如图 1-16a 所示。

当输入信号是交变信号时，经 VFC 后输出的信号是被 u_{in} 交变信号调制了的等幅脉冲调频波，如图 1-16b 所示。由于 VFC 的工作频率远远高于工频 50Hz，因此就某一瞬间而言，交流信号频率几乎不变，所以 VFC 在这一瞬间变换输出的波形是一连串频率不变的数字脉冲波，可见 VFC 的功能是将输入电压变换成一连串重复频率正比于输入电压的等幅脉冲波。而且 VFC 芯片的中心频率越高，其转换的精度也就越高。

采样计数器对 VFC 输出的数字脉冲计数值是脉冲计数的累计值，如 CPU 每隔一个采样间隔时间 T_S 读取计数器的计数值，并记作 $R(k-1)$、$R(k)$、$R(k+1)$ …则在 t_k-mT_S 至 t_k 这一段时间内计数器计到的脉冲数为 $D_k=R(k)-R(k-m)$，其值可以代表 t_k 时刻输入模拟量的值，如图 1-16b 所示。如果 K_b 为每个脉冲数对应的电压值（V）（K_b 的值与计数间隔有关），则输入电压 u_{in} 可表示为

$$u_{in} = (D_k - D_0)K_b$$

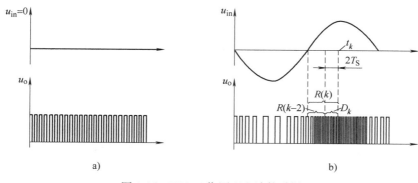

图 1-16　VFC 工作原理和计数采样

a）输入为 0 时　b）输入为交流信号

式中，D_0 为中心频率 250kHz 对应的脉冲常数。可以证明，增大 m 值可以提高分辨率和精度，但也增加了采样时间。微机保护可以根据要求，用软件自动改变 m 值，以兼顾速度和精度。可以证明取 $m=2$ 时可达到 12 位的精度。对于 Ⅰ 段保护，取 $m=2$，以加快保护动作速度为主；对于 Ⅱ、Ⅲ 段保护取 $m=4$，以精度为主。

注意，式中表示的 u_{in} 是在 t_k-2T_S 到 t_k 极短时间内的瞬时值，并不是有效值。如要计算有效值还必须对该交变信号连续采样，然后由软件按一定算法计算。

由于 VFC 方式具有滤除谐波的特点，所以 VFC 方式不适用于不失真地反映输入信号中的高频分量的场合。

（2）VFC 方式的特点

由于经 VFC 变换后是数字脉冲波，因此采用光隔电路容易实现数据采集系统与微机系统的隔离，有利于提高抗干扰水平。

VFC 变换后的数字脉冲信号经 6N137 快速光隔芯片送至计数器计数。6N137 将输入电路的电源与输出电路的电源完全隔离，不共用电源，也不共地，从而将 VFC 的 15V 电源与计数器、CPU 的 5V 电源相隔离，有效地杜绝了电源引起的共模干扰。

VFC 输出的频率信号是数字脉冲量。该数字脉冲输入光隔芯片的快速发光二极管时，对应每一个脉冲发出一个光脉冲，当光脉冲照射在光隔芯片内输出放大器的快速光电晶体管基极时，晶体管的基极电流突然增大，晶体管立即导通，使输出放大器输出一个同相脉冲。由于发光二极管及光电晶体管均具有快速响应特性，因此能适应 VFC 输出的高频脉冲要求。所以光隔芯片的输入与输出波形完全相同，几乎没有相位移动。光电耦合电路在输入与输出电路上既无电的联系，也无磁的联系，起到了极好的抗干扰及隔离作用。

早期的采用 A-D 芯片的微机保护装置中，大多数采用 12 位的 A-D 芯片，近年来微机保护装置中采用了 14 位或 16 位的 A-D 芯片。采用 VFC 芯片构成的微机保护装置中也采用 VFC110 电压-频率变换芯片。该芯片在片上有一个精密的 5V 参考电压，可作为 VFC 时的偏移电压。对 10V 的输入，满刻度输出频率为 4MHz，是 AD654 的 8 倍，从而使数据采集系统的精度大大提高。

VFC 型的 A-D 转换方式及与 CPU 的接口，要比逐次逼近式 A-D 型转换方式简单得多，CPU 几乎不需对 VFC 芯片进行控制。保护装置采用 VFC 型的 A-D 转换，建立了一种新的变换方式，为微机型保护带来了很多好处。两种数据采集系统各有特点，主要表现在以下几方面：

1）采用逐次逼近式 A-D 芯片构成的数据采集系统经 A-D 转换的结果可直接用于微机保护中的数字运算，而采用 VFC 芯片构成的数据采集系统中，由于计数器采用了减法计数器，所以每次采样中断从计数器读出的计数值与模拟信号没有对应关系。必须将相邻几次采样读出的计数值相减后才能用于数字运算。

2）对于逐次逼近式 A-D 型数据采集系统，精度与 A-D 芯片的位数有关，A-D 芯片的位数通常称为分辨率，采用分辨率越高的 A-D 芯片，数据采集的精度越高。但硬件一经选定则分辨率便固定。而对于 VFC 式数据采集系统，数据的计算精度除了与 VFC 芯片的最高转换频率有关外，还与软件中的计算间隔有关。计算间隔越长，分辨率越高。

3）A-D 芯片构成的数据采集系统对瞬时的高频干扰信号敏感，而 VFC 芯片构成的数据采集系统具有平滑高频干扰的作用。采样间隔越大，这种平滑作用越明显。因此，在需要提取谐波时，如果采用 VFC 式数据采集系统，采样频率不应过低。

4）在硬件设计上，VFC 式数据采集系统便于实现模拟系统与数字系统的隔离，便于实现多个单片机共享同一路转换结果。而 A-D 型数据采集系统不便于数据共享和光电隔离。

5）在设计微机保护系统时，采用 A-D 型数据采集系统时，至少应设有两个中断，一个是采样中断，另一个是 A-D 转换结束中断。对于多个模拟信号共用一片 A-D 芯片时，应考虑数据处理占用采样中断的时间。而 VFC 式数据采集系统中可只设一个采样中断（不考虑其他功能时），软件在采样中断中的任务是锁存计数器，并读计数器的值后存到循环存储区。

四、开关量输入及输出回路

1. 开关量输入回路

开关量输入（Digital Input，DI），简称开入，主要用于识别运行方式、运行条件等，以便控制程序的流程，如重合闸方式、同期方式、收讯状态和定值区号等。

这里开关量泛指那些反映"是"或"非"两种状态的逻辑变量，如断路器的"合闸"或"分闸"状态、开关或继电器触点的"通"或"断"状态、控制信号的"有"或"无"状态等。继电保护装置常常需要明确知道相关开关量的状态才能正确地动作，外部设备一般通过其辅助继电器触点的"闭合"与"断开"来提供开关量状态信号。由于开关量状态正好对应二进制数字的"1"或"0"，所以开关量可作为数字量读入（每一路开关量信号占用二进制数字的一位），DI 接口作用是为开关量提供输入通道，并在数字保护装置内外部之间实现电气隔离，以保证内部电子电路的安全和减少外部干扰。

对微机保护装置的开关量输入，即触点状态（接通或断开）的输入可以分成以下两大类。

一类是装在保护装置面板上的触点。这类触点主要是指用于人机对话的键盘以及部分切换装置工作方式用的转换开关等。对于装在装置面板上的触点，可直接接至微机的并行接口，如图 1-17a 所示。只要在初始化时规定图中可编程并行口的 PA0 为输入方式，微机就可以通过软件查询读到外部触点 S 的状态。当 S 闭合时，PA0 = 0；S 断开时，PA0 = 1。

另一类是从装置外部经过端子排引入装置的触点。一种典型的外部 DI 接口电路如图 1-17b 所示（仅绘出一路），它使用光电耦合器件实现电气隔离。当外部继电器触点闭合时，电流经

限流电阻 R_1 流过发光二极管使其发光，光电晶体管受光照射而导通，其输出端呈现低电平
"0"；反之，当外部继电器触点断开时，无电流流过发光二极管，光电晶体管无光照射而截
止，其输出端呈现高电平"1"。该"0""1"状态可作为数字量由 CPU 直接读入，也可控
制中断控制器向 CPU 发出中断请求。利用光电耦合器的性能与特点，既传递了开关的状态
信息，又实现了两侧电气的隔离，大大削弱了干扰的影响，保证微机电路的安全工作。

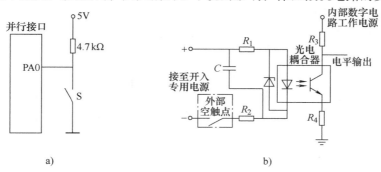

图 1-17　开关量输入电路

a）装置内部触点输入　b）采用光电耦合器的开关量输入接口电路

2. 开关量输出电路

开关量输出（Digital Output，DO），简称开出，主要包括保护的跳闸出口、本地和中央
信号以及通信接口、打印机接口等。

对于通信接口、打印机接口等装置内部数字信号，可以采取图 1-18a 的接法。由于不是
直接控制跳、合闸，实时性和重要性的要求并不是很高，所以可用一个输出逻辑信号控制输
出数字信号。这里光电耦合器的作用是，既实现两侧电气的隔离，提高抗干扰能力，又可以
实现不同逻辑电平的转换。

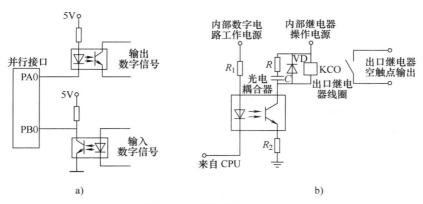

图 1-18　开关量输出电路

a）数字信号输入/输出接口　b）采用光电耦合器的开关量输出控制电路

对于保护的跳闸出口、本地和中央信号等，微机保护装置通过数字量输出的"0"或
"1"状态来控制执行回路（如告警信号或跳闸回路）继电器触点的"通"或"断"。DO 接
口的作用是为正确地发出开关量操作命令提供输出通道，并在数字式保护装置内外部之间实
现电气隔离，以保证内部电子电路的安全和减少外部干扰。一种典型的使用光电耦合器件的

DO 接口电路如图 1-18b 所示（仅绘出一路）。由软件使并行口输出"0"，发光二极管导通，光电晶体管导通，出口继电器 KCO 励磁，提供一副空触点输出。

继电器线圈两端并联的二极管称为续流二极管。它在 CPU 输出由"0"变为"1"，光电晶体管突然由"导通"变为"截止"时，为继电器线圈释放储存的能量提供电流通路，这样一方面加快继电器的返回，另一方面避免电流突变产生较高的反向电压而引起相关元器件的损坏和产生强烈的干扰信号。

为了防止因保护装置上电（合上电源）或工作电源不正常通断在输出回路出现不确定状态时，导致保护装置发生误动，对控制用的光隔导通回路采用异或逻辑控制，其示意图如图 1-19 所示。只要由软件使并行口的 PB0 输出"0"、PB1 输出"1"，便可使与非门输出低电平，光电晶体管导通，继电器 K 被吸合。在初始化和需要继电器 K 返回时，应使 PB0 输出"1"、PB1 输出"0"。设置反相器 B1 及与非门 H1，一方面可以提高负载能力，另一方面采用与非门后，只有 PB0 为

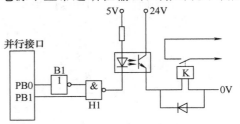

图 1-19　具有异或逻辑的
开关量输出回路

"0"、PB1 为"1"时才能使 K 动作，以解决上述情况下可能的误动，也可防止拉合直流电源的过程中继电器 K 的短时误动。因为在拉合直流电源过程中，当 5V 电源处在中间某一临界电压值时，可能由于逻辑电路的工作紊乱而造成保护误动作，特别是保护装置的电源往往接有大容量的电容器，所以拉合直流电源时，无论是 5V 电源还是驱动继电器 K 用的电源，都可能相当缓慢地上升或下降，从而完全来得及使继电器 K 的触点短时闭合。由于两个相反条件的互相制约，可以可靠地防止误动作。

在实际的微机保护装置输出跳闸回路中，需要对跳闸出口继电器的电源回路采取控制措施，同时对光隔导通回路采用异或逻辑控制。具有电源控制和异或逻辑的跳闸出口继电器输出回路如图 1-20 所示。这样做主要是为了防止因强烈干扰甚至元器件损坏在输出回路出现不正常状态改变时，以及因保护装置上电或工作电源不正常通断在输出回路出现不确定状态时，导致保护装置发生误动。在图中，必须保护的启动元件首先动作，使 KCO1 继电器触点闭合，保护跳闸继电器 KCO2 及 KCO3 才会接通控制电源。当保护选择元器件动作后，对应的输出光电耦合器导通，出口跳闸继电器才能动作。

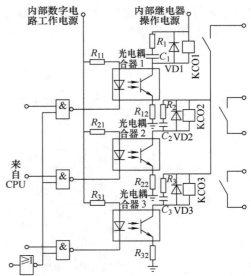

图 1-20　具有电源控制的跳闸
出口继电器输出回路

五、微机继电保护装置的功能编号

国外继电保护的系统图中，一般采用标准的功能号来清晰标示对象。这些编号在 ANSI/IEEE Standard C37.2 中定义了其功能，并给出了标准的功能号，应用于工程图例、流程图、操作过程及其他应用书籍中。采用标准功能编

号，每个继电器或继电保护装置可细分为一系列功能，方便设计、制造、运行维护等各个环节，简洁易懂。国外各种类型的继电保护装置广泛采用了这种功能编号标准。一些常用的继电保护功能的编号及说明见表1-1。

表 1-1 常用继电保护功能的编号及说明

故 障 类 型	IEEE 代码	IEC 符号	保 护 功 能
短路故障	51	$3I>$	三相无方向过电流，低定值段
	50/51/51B	$3I>>$	三相无方向过电流，高定值段/可闭锁
	50/51B	$3I>>>$	三相无方向过电流，瞬时段/可闭锁
	67	$3I>\rightarrow$	三相方向过电流，低定值段
	67	$3I>>\rightarrow$	三相方向过电流，高定值段
	67	$3I>>>\rightarrow$	三相方向过电流，瞬时段
	87T	I_{diff}	变压器差动保护
	87N	I_{diff}	零差保护，低或高阻抗形式
接地故障	51N	$I_0>$/SEF	无方向接地故障，低定值段 （或 SEF = 灵敏接地故障保护）
	50N/51N	$I_0>>$	无方向接地故障，高定值段
	50N	$I_0>>>$	无方向接地故障，瞬时段
	67N/51N	$I_0>\rightarrow$/SEF	方向性接地故障，低定值段 （或 SEF = 灵敏接地故障保护）
	67N	$I_0>>\rightarrow$	方向接地故障，高定值段
	67N	$I_0>>>\rightarrow$	方向接地故障，瞬时段
	59N	$U_0>$	零序过电压，低定值段
	59N	$U_0>>$	零序过电压，高定值段
	59N	$U_0>>>$	零序过电压，瞬时段
过负荷/ 不平衡	49F	3	电缆三相热过负荷保护
	49M/49G/49T	3	三相热过负荷保护（电动机、发电机和变压器）
过电压/ 欠电压	59	$3U>$	三相过电压，低定值段
	59	$3U>>$	三相过电压，高定值段
	27	$3U<$	三相欠电压，低定值段
	27	$3U<<$	三相欠电压，高定值段
	27，47，59	$U_1<$，$U_2>$，$U_1>$	序分量（复合）电压保护，段 1
	27，47，59	$U_1<$，$U_2>$，$U_1>$	序分量（复合）电压保护，段 2
低频率/ 高频率	81U/81O	$f</f>$，df/dt	低频率或高频率，段 1（包括频率变化率）
	81U/81O	$f</f>$，df/dt	低频率或高频率，段 2（包括频率变化率）
	81U/81O	$f</f>$，df/dt	低频率或高频率，段 3（包括频率变化率）
	81U/81O	$f</f>$，df/dt	低频率或高频率，段 4（包括频率变化率）
	81U/81O	$f</f>$，df/dt	低频率或高频率，段 5（包括频率变化率）

（续）

故 障 类 型	IEEE 代码	IEC 符号	保 护 功 能
电动机保护	48，14，66	I_{s2t}，$n<$	电动机三相起动监视 （包括 I_{s2t} 和速度模式以及起动计数器）
电容器组保护	51C，37C，68C	$3I>$，$3I<$	并联电容器组的三相过负荷保护
	51NC	$\Delta I>$	并联电容器组的不平衡电流保护
重合闸及其他功能	79	O→I	多重自动重合闸
	25	SYNC	同期检查/电压检查，段 1
	25	SYNC	同期检查/电压检查，段 2
	68	$3I_{2f}>$	基于相电流二次谐波分量的启动监测
	46	$\Delta I>$	断相保护
	62BF	CBFP	断路器失灵

第四节　微机继电保护装置的软件算法

一、微机继电保护的程序结构

微机继电保护软件是微机保护装置的主要组成部分，它涉及继电保护原理、算法、数字滤波以及计算机程序结构。典型的微机继电保护程序框图如图 1-21 所示。

主程序按固定的采样周期接收采样中断进入采样程序，在采样程序中进行模拟量采集与滤波、开关量的采集、交流电流断线和启动判据的计算，根据是否满足启动条件而进入正常运行程序或故障计算程序。主程序还要进行装置硬件自检，内容包括 RAM、EEPROM、跳闸出口晶体管等。

正常运行程序中进行采样值自动零漂调整及运行状态检查。运行状态检查包括交流电压断线、检查开关位

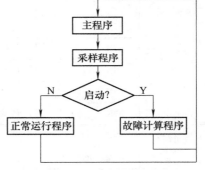

图 1-21　典型保护程序结构框图

置状态、重合闸充电等，不正常时发出告警信号。告警信号分两种：一种是运行异常告警信号，这时不闭锁保护装置，提醒运行人员进行相应处理；另一种为闭锁告警信号，告警的同时将保护装置闭锁，保护退出。故障计算程序中进行各种保护的算法计算、跳闸逻辑判断以及事件报告、故障报告及波形的整理。系统管理程序如下：

1. 通信管理程序

通信管理程序包括保护模件与 MMI 模件的通信程序、MMI 与监控系统的通信程序以及保护装置与 PC 的通信程序。

变电站自动化系统内传送的信息种类有：测量及状态信息（部分实时信息），包括各种模拟量、脉冲量、状态量数据等；操作信息，即操作人员在远端或当地后台监控机中经通信网络对断路器、隔离开关的装置开合操作的信息，属于实时信息；参数信息，如保护及自动

装置的设备号、额定参数及整定值等，属于非实时信息。此外还有文件传输、同步时钟传输等。

按照响应的速度，这些信息流又可分两类：一类是要求实时响应较高的信息，如事故检出、告警、事件顺序记录信息和用于反映保护动作的信息，对传送速率有要求（如为毫秒级）；另一类是不要求时间响应的信息，如用于录波、记录及故障分析的信息，可允许较长的传送时间。

通信规约可采用 IEC 61870—5—103、PROFIBUS—FMS/DP、MODBUS RTU、DNP 3.0、IEC 61850（以太网）。通信的总线采用 RS485 总线、CAN 网、LON 网、光纤网等。其中基于 IEC 61870—5—103 规约的通信体系最为流行。

2. 自检、互检程序

由于现在微机继电保护装置都是采用"多 CPU"方案，完善的自检、互检对提高装置的抗干扰及可靠性意义很大。

3. 提高微机保护装置可靠性的编程技术

为了提高微机保护装置的可靠性，通常采用以下编程技术。

（1）输入数据确认

对于模拟量，可设置一个门限值，以此排除超过该限值的输入数据。

（2）数据和存储器的保护

随机存取存储器（RAM）对各种形式的干扰都很敏感。对于重要的数据可以采用正、反码存放，并经常自检。使用这些数据之前，首先进行比较，经校核数据正确无误后才能使用。如果必要，可对于比较重要的数据增加冗余位，延长数据代码长度以增加检错及纠错能力。

（3）未使用程序存储器

将所有未使用程序存储器填充单字节 NOP（无操作）指令，ROM 的最后几个单元可以填入 JMP RESET 指令。当处理器受到干扰并进入到未使用的存储空间时，它会遇到一串 NOP 指令，并执行这些指令直至遇到 JMP RESET，这时系统会重新启动，以防止程序出格。

（4）端口重新初始化

注意保护 I/O 端口或 UART 等可编程器件内部控制、方式及方向寄存器的状态。大量经验表明，在干扰的作用下，这些寄存器的内容也会发生变化，可能造成 CPU 出错。最安全的方法是周期性地对这些关键寄存器进行初始化（刷新），一般在主程序的循环内完成端口的刷新。

（5）主动初始化

在上电或复位后，CPU 就对各种器件的功能、端口、方式、状态等进行永久性或临时性的设置，在使用某种功能前，再对相应的控制寄存器重新设定工作模式。实践证明，该措施可以大大地提高系统对于入侵干扰的自恢复能力。

（6）重复执行

程序指令在执行过程中或者保持（锁存）之后，都有可能被噪声修改而导致控制失败，乃至引发故障，为此应尽量增加重要指令的执行次数以纠正干扰造成的错误。例如，对于一些开关量输出，如果长时间保持某个状态，就有必要周期性重写输出端口的寄存器。

（7）I/O 设备管理

编写专门的数据保护子程序，将系统的重要数据、状态、信息存储在可靠性较高的片内 RAM 中。设置"热启动"→"上电复位启动"工作方式。考虑到上电复位后，I/O 端口和特殊寄存器（SFR）的内容为芯片出厂时的设定值，"上电复位启动"时首先对 I/O 端口和特殊寄存器（SFR）的内容进行初始化。当某种原因使系统复位（工作电源没有退出），即"热启动"时，首先执行数据恢复程序，使系统的重要数据、状态、信息得到恢复还原。

（8）微处理器的 Watchdog 功能

"看门狗"（Watchdog）技术虽然不能真正改进抗干扰水平，但却是提高微机保护装置可靠性的最经济、最有效的方法。它提供了一种使程序能够自动恢复的方法。"看门狗"是一个计数器，这个计数器定期被 CPU 刷新。当 CPU 不能刷新"看门狗"计数器时，将使CPU 复位。此外，还可以借用"看门狗"概念，设置几个"软计数器"，自动检查一些重要的程序、重要的 I/O 端口。如果出现异常，则"软计数器"不能够被刷新，直接跳转至软件复位程序，使系统复位。

4. 人机交互程序

现代微机继电保护装置均可由 MMI 插件的人机交互程序实现人机对话，并可通过装置的串行口由 PC 上的管理程序以及后台分析软件对装置进行调试。它们给用户提供了良好的交互手段，使装置维护、运行、测试工作大大减少，使微机保护装置更加人性化。

人机交互程序主要是处理键盘及显示，通过菜单实施。图 1-22 所示为一个典型保护装置的人机对话的菜单内容。这些菜单包括如下信息：

1）数据分析：包括 A-D 测试结果分析、采样值分析。实时数据包括遥测、遥信、电能、保护状态等。

2）参数设置：包括各种系统参数及保护装置本身需设置的参数。

3）系统信息：版本号、CRC 码、版本时间、开关次数、开关遮断容量。

4）定值操作：包括定值查询、定值下传、确认修改、取消修改、定值投入、定值保存命令项。显示区显示定值区号并按列显示定值序号、定值名称、名称说明、定值、定值单位及定值范围。

5）保护配置：控制各种保护功能的投退。

6）故障分析：报告查询、扰动数据。

7）各种 SOE 信息。控制操作包括传动操作，根据传动序号、传动名称、传动时间，选中要传动的项目，即执行该项传动操作；遥控操作，后台通过通信通道实施控制操作。

5. 软件的其他功能

另外，微机继电保护装置软件系统除实现

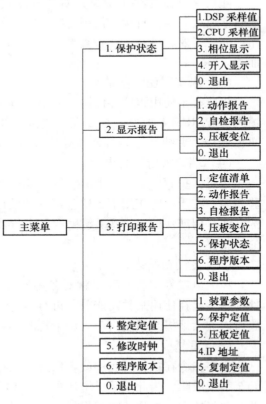

图 1-22 微机保护装置典型人机对话菜单

各种继电保护功能以外，还具有其他功能，这些功能包括：

1）测量功能：包括相电流、零序电流、线电压、相电压、零序电压、频率、有功和无功测量以及电能和功率因数测量。

2）控制功能：包括断路器和隔离开关的"就地"和"远方"控制，一次设备的分合控制，可调节设备的状态控制，自动重合闸功能等。

3）状态监测：包括操作计数、气体压力监测、断路器跳合闸、电气老化监测、断路器运行时间记录、辅助电压监视等。

4）功能模块：功能模块具有独立的输入、输出接口。在参数化时，采用图形化方式进行，简单有效；具有强大的 PLC 功能；可简化接线要求是高效的编程工具。

5）事件记录：包括独立的事件生成、用户定义事件、具有事件过滤功能、事件分辨率为毫秒级，可以记录最近多个事件。

6）故障录波：采集故障前、故障时刻及跳闸后相关的电流、电压，相关的开关量信号、事件等信息，供继电保护装置事故分析。

7）通信功能：前面板串行通信口（维护口）用于定值整定及参数设置，背板通信口用于与上位机系统通信。

二、微机继电保护的算法

传统的继电保护是直接或经过电压形成回路把被测信号引入保护继电器，继电器按照电磁感应、比幅、比相等原理做出动作与否的判断。而微机保护是把经过数据采集系统量化的数字信号经过数字滤波处理后，通过数学运算、逻辑运算，并进行分析、判断，决定是否发出跳闸命令或信号，以实现各种继电保护功能。这种对数据进行处理、分析、判断以实现保护功能的方法称为微机保护算法。

目前，在微机保护装置中采用的算法基本上可分为两类。一类是直接由采样值经过某种运算，求出被测信号的实际值再与定值比较。例如，在距离保护装置中，利用故障后电压和电流的采样值直接求出测量阻抗或求出故障后保护安装处到故障点的 R、X，然后与定值进行比较；在电流、电压保护中，则直接求出电压、电流的有效值与保护的整定值比较。另一类算法是依据继电器的动作方程，将采样值代入动作方程，转换为运算式的判断。同样对于距离保护，这种算法不需要求出测量阻抗，而只是用故障后的采样值代入动作方程进行判断。

分析和评价各种不同的算法优劣的标准是准确度和速度。速度又包括两个方面：一是算法所要求的采样点数（或称数据窗长度）；二是算法的运算工作量。所谓算法的计算准确度是指用离散的采样点计算出的结果与信号的实际值的逼近程度。如果准确度低，则说明计算结果的准确度差，这将直接影响保护的正确判断。算法所用的数据窗直接影响保护的动作速度。因为电力系统继电保护应在故障后迅速做出动作与否的判断，而要做出正确的判断必须用故障后的数据计算。一个算法采用故障后的多少采样点才能计算出正确的结果，这就是算法的数据窗。例如全周傅里叶算法需要的数据窗为一个周波（20ms），半周傅里叶算法需要的数据窗为半个周波（10ms）。显然，半周傅里叶算法的数据窗短，保护的动作速度快。但是，半周傅里叶算法不能滤除偶次谐波和恒稳直流分量，在信号中存在非周期分量和偶次谐波的情况下，其精度低于全周傅里叶算法。而全周傅里叶算法的数据窗要长，保护的动作速度慢。显然准确度和数据窗之间存在矛盾。一般地，算法用的数据窗越长，计算精度越高，而保护动作相对较慢，反之，计算准确度越低，但保护的动作速度相对较快。

继电保护特别是快速动作的保护对计算速度的要求较高。由于反映工频电气量的保护设有滤波环节，前置模拟滤波系统中也有延时，各种保护的算法都需要时间，因此在其他条件相同的情况下，尽量提高算法的计算速度，缩短响应时间，可以提高保护的动作速度。在满足准确度的条件下，在算法中通常采用缩短数据窗、简化算法以减小计算工作量，或采用兼有多种功能（例如滤波功能）的算法以节省时间等措施来缩短响应时间，提高速度。

计算准确度是保护测量元件的一个重要指标，高准确度与快速动作之间存在着矛盾，一般要根据实际需要进行协调以得到最合理的结果。在选用准确的数学模型及合理的数据窗长度的前提下，计算准确度与有限字长有关，其误差表现为量化误差和舍入误差两个方面。为了减小量化误差，在保护中通常采用的 A-D 芯片至少是 12 位的，而减小舍入误差则要增加字长。

在一套具体的微机保护装置中，采用何种算法，应视保护的原理以及对计算准确度和动作快速性的要求合理选择。例如，在微机距离保护装置中，对距离保护的第 I 段，针对近处故障强调快速性，此时可采用短数据窗算法，而计算准确度可适当低一些，而靠近保护范围末端故障，则应强调准确性，要求计算准确度高，动作速度可稍慢一些。

微机保护的算法往往和数字滤波器联系在一起。整个保护系统的模拟滤波器、数字滤波器完善的程度不同，所选用的算法也因之而异。有些算法本身都具有滤波功能，有些算法必须配一定的数字滤波算法一起工作。数字滤波器具有滤波准确度高、可靠性高、灵活性高，以及便于时分复用等优点，在微机保护装置中得到了广泛采用。

继电保护的种类很多，不管哪一类保护的算法，其核心问题归根结底不外乎是算出可表征被保护对象运行特点的物理量，如电压、电流等的有效值和相位以及阻抗等，或者算出它们的序分量、基波分量、某次谐波分量的大小和相位等。有了这些基本电气量的计算值，就可以很容易地构成各种不同原理的保护。可以说，只要找出任何能够区分正常与短路的特征量，微机保护就可以予以实现。以下具体介绍常用的一些微机继电保护算法。

1. 正弦函数的半周绝对值积分算法

假设输入信号均是纯正弦信号，既不包括非周期分量也不含高频信号。这样利用正弦函数的一些特性，从采样值中计算出电压、电流的幅值、相位以及功率和测量阻抗值。正弦函数算法包括：最大值算法、半周积分算法、一阶导数算法、二阶导数算法、采样值积分算法（两采样值积分算法、三采样值积分算法）等。这些算法在微机保护发展初期大量采用，其特点是：计算量小、数据窗短、准确度不是很高，且信号必须为正弦信号。这里介绍广泛应用的半周积分算法。

对于正弦函数模型的算法来说，无论采用何种计算形式，都是利用正弦函数的某些性质进行参数计算。为了保证故障时参数计算的正确性，必须配备完善的数字滤波器，即数字滤波算法与参数计算相结合。为实现正弦函数模型算法，先将输入电流、电压经 50Hz 带通滤波器使它们变为正弦函数。但需要特别注意的是在滤波器设计时应降低高频信号分量。

半周积分是通过对正弦函数在半个工频周期内进行积分运算，由积分值来确定有关参数。由于半周积分计算量小、速度快，在中低压保护中应用较多。

该算法的依据是一个正弦信号在任意半周期内，其绝对值积分（求面积）为一常数 S，即

$$S = \int_0^{\frac{T}{2}} \sqrt{2} I \mid \sin(\omega t + \alpha) \mid \mathrm{d}t = \int_0^{\frac{T}{2}} \sqrt{2} I \sin \omega t \mathrm{d}t = \frac{2\sqrt{2}}{\omega} I \qquad (1-1)$$

积分值 S 与积分起始点的初相角 α 无关，因为画有断面线的两块面积显然是相等的，如图 1-23 所示。式（1-1）的积分可以用梯形法则近似求出（见图 1-24），即

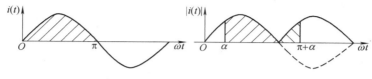

图 1-23　半周积分算法原理示意图

$$S \approx \left[\frac{1}{2} \mid i_0 \mid + \sum_{k=1}^{\frac{N}{2}-1} \mid i_k \mid + \frac{1}{2} \mid i_{\frac{N}{2}} \mid \right] T_S \qquad (1-2)$$

式中　S——半周内 k 个采样值的总和；

　　　i_k——第 k 次采样值；

　　　N——工频每周的采样点数；

　　　i_0——$k = 0$ 时的采样值；

　　　$i_{\frac{N}{2}}$——$k = \frac{N}{2}$ 时的采样值；

　　　T_S——采样间隔。

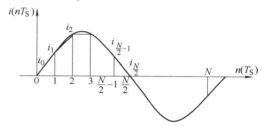

图 1-24　用梯形法近似计算面积

只要采样率足够高，用梯形法近似计算积分的误差就可以做到很小。

因为 S 正比于信号的有效值，求出 S 后即可计算出正弦波的有效值 $I = S \times \dfrac{\omega}{2\sqrt{2}}$。

设采样频率为 600Hz，在半周内分为 6 块面积。正弦信号在任意半周内的面积 S 可由这 6 块面积相加求出。即注意到在实际的微机保护中，由于采样时刻的随机性，对每个采样值应先取绝对值。对于一个纯正弦信号，取绝对值后必有 $\mid i_0 \mid = \mid i_6 \mid$，即 $\mid i_0 \mid = \mid i_{\frac{N}{2}} \mid$。

叠加在基频成分上的幅度不大的高频分量，在半个周期积分中其对称的正负部分可以互相抵消，剩余的未被抵消的部分所占比例就减小了，但它不能抑制直流分量。另外，由于这种算法运算量极小，可以用非常简单的硬件实现。因此对于一些要求不高的电流、电压保护可以采用这种算法，必要时可另配一个简单的差分滤波器来抑制电流中的非周期分量。

该算法的数据窗为半个周期。误差由两方面产生，一是由于用梯形面积代替正弦函数面积产生的误差。用绝对值求和来代替绝对值积分必然会带来误差，但只要采样频率足够高，T_S 足够小，误差就可以做到足够小。二是由于采样时刻与信号过零时刻的不同相角产生的误差。第一个采样数据对应的正弦量的相角 α 不同，误差也不同，即用梯形法计算积分时起始点对误差有一定影响。

半周积分法的特点如下：

1）数据窗长度为半个周期，对 50Hz 的工频正弦量而言，延时为 10ms。

2）由于进行的是积分运算，故具有滤波功能，对高频分量有抑制作用，但不能抑制直

流分量。

3）本算法的准确度与采样频率有关，采样频率越高，其准确度越高，误差越小，误差还与 α 有关。

4）由于只有加法运算，计算工作量很小。

2. 周期函数的傅里叶级数算法

数学中，一个周期函数，若满足狄里赫利条件，则可以将这个周期函数分解为一个级数。最为常用的级数是傅里叶级数。它假定被采样信号是一个周期性时间函数，除基波外还含有不衰减的直流分量和各整数次谐波。设该周期信号为 $x(t)$，它可表示为直流分量、基波分量和各整倍数的谐波分量之和。

在微机保护中，我们得到的是经过采样、A-D 转换后的离散数字信号。这就要应用离散傅里叶变换的方法。傅里叶算法可用于求出各谐波分量的幅值和相角，所以它在微机保护中作为计算信号幅值的算法被广泛采用。

（1）全周波傅里叶算法

全周波傅里叶算法是用连续一个周期的采样值求出信号幅值的方法。在微机保护中，输入的信号是经过数据采集系统转换为离散的数字信号的序列，用 x_k 来表示。用梯形法积分求得

$$a_1 = \frac{1}{N}\left[2\sum_{k=1}^{N-1} x_k \sin\left(k\,\frac{2\pi}{N}\right) \right] \tag{1-3}$$

$$b_1 = \frac{1}{N}\left[x_0 + 2\sum_{k=1}^{N-1} x_k \cos\left(k\,\frac{2\pi}{N}\right) + x_N \right] \tag{1-4}$$

式中　　N——基波信号一个周期采样点数；

$\qquad x_k$——第 k 个采样值；

x_0、x_N——$k=0$ 和 $k=N$ 时的采样值。

求出基波分量的实部和虚部 a_1、b_1，即可求出信号的幅值，用复数表示为

$$\dot{X}_1 = \frac{1}{\sqrt{2}}(a_1 + \mathrm{j}b_1) \tag{1-5}$$

也可求出有效值和相位角。

实际上，傅里叶方法也是一种滤波方法。分析可知，全周波傅里叶方法可有效滤除恒定直流分量和各整次谐波分量。

在微机保护装置中，傅里叶算法是一个被广泛应用的算法，这是因为傅里叶算法用于提取基波分量或提取某次谐波分量（例如二次谐波、三次谐波）十分方便，当采样频率为 600Hz 时，傅里叶算法的计算也非常简单。用汇编语言编程也十分方便。

当取 $\omega_1 T_S = 30°$（$N=12$）时，基波正弦和余弦的系数见表 1-2。

表 1-2　$N=12$ 时正弦和余弦的系数

k	0	1	2	3	4	5	6	7	8	9	10	11	12
$\sin\left(k\,\dfrac{2\pi}{N}\right)$	0	$\dfrac{1}{2}$	$\dfrac{\sqrt{3}}{2}$	1	$\dfrac{\sqrt{3}}{2}$	$\dfrac{1}{2}$	0	$-\dfrac{1}{2}$	$-\dfrac{\sqrt{3}}{2}$	-1	$-\dfrac{\sqrt{3}}{2}$	$-\dfrac{1}{2}$	0
$\cos\left(k\,\dfrac{2\pi}{N}\right)$	1	$\dfrac{\sqrt{3}}{2}$	$\dfrac{1}{2}$	0	$-\dfrac{1}{2}$	$-\dfrac{\sqrt{3}}{2}$	-1	$-\dfrac{\sqrt{3}}{2}$	$-\dfrac{1}{2}$	0	$\dfrac{1}{2}$	$\dfrac{\sqrt{3}}{2}$	1

于是，可以得到式（1-3）和式（1-4）的采样值计算公式为

$$a_1 = \frac{1}{12}\left[2\left(\frac{1}{2}x_1 + \frac{\sqrt{3}}{2}x_2 + x_3 + \frac{\sqrt{3}}{2}x_4 + \frac{1}{2}x_5 - \frac{1}{2}x_7 - \frac{\sqrt{3}}{2}x_8 - x_9 - \frac{\sqrt{3}}{2}x_{10} - \frac{1}{2}x_{11}\right)\right]$$

$$= \frac{1}{12}\left[(x_1 + x_5 - x_7 - x_{11}) + \sqrt{3}(x_2 + x_4 - x_8 - x_{10}) + 2(x_3 - x_9)\right] \tag{1-6}$$

$$b_1 = \frac{1}{12}\left[x_0 + 2\left(\frac{\sqrt{3}}{2}x_1 + \frac{1}{2}x_2 - \frac{1}{2}x_4 - \frac{\sqrt{3}}{2}x_5 - x_6 - \frac{\sqrt{3}}{2}x_7 - \frac{1}{2}x_8 + \frac{1}{2}x_{10} + \frac{\sqrt{3}}{2}x_{11}\right) + x_{12}\right]$$

$$= \frac{1}{12}\left[(x_0 + x_2 - x_4 - x_8 + x_{10} + x_{12}) + \sqrt{3}(x_1 - x_5 - x_7 + x_{11}) - 2x_6\right] \tag{1-7}$$

式中　x_0，x_1，x_2，$\cdots$，x_{12}——$k = 0$，1，2，$\cdots$，12 时刻的采样值。

同时利用离散傅里叶算法还可求得任意 n 次谐波的振幅和相位，适用于谐波分析。将式（1-3）和式（1-4）改为

$$a_n = \frac{1}{N}\left[2\sum_{k=1}^{N-1}x_k\sin\left(kn\frac{2\pi}{N}\right)\right] \tag{1-8}$$

$$b_n = \frac{1}{N}\left[x_0 + 2\sum_{k=1}^{N-1}x_k\cos\left(kn\frac{2\pi}{N}\right) + x_N\right] \tag{1-9}$$

式中　n——谐波次数。

a_n 和 b_n 已经消除了恒定直流分量、基波和 n 次以外的整次谐波分量的影响。

另外在分别求得 X_{1A}、X_{1B}、X_{1C} 三相基波的实部和虚部参数后，还可以求得基波的对称分量，从而实现对称分量滤过器的功能。求基波对称分量的傅里叶级数计算式为

$$\dot{F}_{1A} = \frac{1}{3}(\dot{X}_{1A} + a\dot{X}_{1B} + a^2\dot{X}_{1C}) \tag{1-10}$$

$$\dot{F}_{2A} = \frac{1}{3}(\dot{X}_{1A} + a^2\dot{X}_{1B} + a\dot{X}_{1C}) \tag{1-11}$$

$$\dot{F}_{0A} = \frac{1}{3}(\dot{X}_{1A} + \dot{X}_{1B} + \dot{X}_{1C}) \tag{1-12}$$

式中　$\dot{F}_{1A}$、$\dot{F}_{2A}$、$\dot{F}_{0A}$——A 相正序、负序和零序的对称分量；

$\dot{X}_{1A}$、$\dot{X}_{1B}$、$\dot{X}_{1C}$——A、B、C 三相基波分量；

$a = 1\angle 120°$。

傅里叶算法原理简单、计算准确度高。应当说明的是，为了求出正确的故障参数，必须用故障后的采样值。因此，全周波傅里叶算法所需的数据窗为一个周波。即必须在故障后 20ms 数据齐全，方可采用全周波傅里叶算法。为提高微机保护的动作速度，还可以采用半周傅里叶算法。

（2）半周波傅里叶算法

半周波傅里叶算法是仅用半周波的数据计算信号的幅值和相角。针对基波分量，具体计算方法如下：

$$a_1 = \frac{4}{N}\left[\sum_{k=1}^{\frac{N}{2}-1}x_k\sin\left(k\frac{2\pi}{N}\right)\right] \tag{1-13}$$

$$b_1 = \frac{4}{N}\left[\frac{x_0}{2} + \sum_{k=1}^{\frac{N}{2}-1} x_k\cos\left(k\frac{2\pi}{N}\right) + \frac{x_{\frac{N}{2}}}{2}\right] \tag{1-14}$$

同样，求出 a_1、b_1 后，即可求出信号的有效值和相位角。

半周傅里叶算法在故障后 10ms 即可进行计算，因而使保护的动作速度减少了半个周期。但是，半周傅里叶算法不能滤除恒定直流分量和偶次谐波分量，而故障后的信号中往往含有衰减的直流分量，因此，半周傅里叶算法的计算误差较大。为改善计算的准确度，而又不增加计算的复杂程度，可在应用半周傅里叶算法之前，先做一次差分运算。这就是一阶差分后半周波傅里叶算法。

从滤波效果来看，全周傅里叶算法不仅能完全滤除各次谐波分量和稳定的直流分量，而且能较好地滤除线路分布电容引起的高频分量，对随机干扰信号的反应也较小，而对畸变波形中的基频分量可平稳和精确地做出响应。图 1-25 是采样频率为 600Hz 时的全周傅里叶算法和半周傅里叶算法的幅频特性。半周傅里叶算法的滤波效果不如全周算法，它不能滤去直流分量和偶次谐波，适合于只含基波及奇次谐波的情况。二者都对按指数衰减的非周期分量呈现了很宽的连续频谱，因此傅里叶算法在衰减的非周期分量的影响下，计算误差较大。

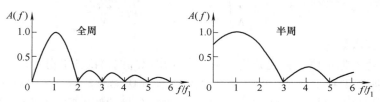

图 1-25　全周及半周傅里叶算法的幅频特性（$f_\mathrm{S} = 600\mathrm{Hz}$）

从准确度来看，由于半周傅里叶算法的数据窗只有半个周期，其准确度要比全周傅里叶算法差。当故障发生半周后，半周算法即可计算出真值，但准确度差；全周算法在故障发生一个周期后才能计算出真值，准确度较半周算法好。在保护装置中可采用变动数据窗的方法来协调响应速度和准确度的关系。其做法是在启动元件启动之后，先调用半波傅里叶算法程序。由于计算误差较大，为防止保护误动，可将保护范围减小 10%。若故障不在该保护范围内，则调用全周傅里叶算法程序，这时保护范围复原。这样，当故障在保护范围的 0~90% 以内时，用半周算法计算很快就趋于真值，准确度虽然不高，但足以正确判断是区内故障；当故障在保护范围的 90% 以外时，仍以全波傅里叶算法的计算结果为准，保证准确度。

（3）线路阻抗的傅里叶算法

傅里叶算法可以完全滤去整数次谐波，对非整数次谐波也有较好的滤波效果。因此，电压和电流采样值 u_m、i_m 经傅里叶算法后，可认为取出了工频分量的实部和虚部。令

$$a_{\mathrm{U}1} = \frac{2}{N}\sum_{k=1}^{N} u_\mathrm{m}(k)\sin\left(k\frac{2\pi}{N}\right) \tag{1-15}$$

$$b_{\mathrm{U}1} = \frac{2}{N}\sum_{k=1}^{N} u_\mathrm{m}(k)\cos\left(k\frac{2\pi}{N}\right) \tag{1-16}$$

$$a_{\mathrm{I}1} = \frac{2}{N}\sum_{k=1}^{N} i_\mathrm{m}(k)\sin\left(k\frac{2\pi}{N}\right) \tag{1-17}$$

$$b_{\mathrm{I1}} = \frac{2}{N} \sum_{k=1}^{N} i_{\mathrm{m}}(k) \cos\left(k\frac{2\pi}{N}\right) \tag{1-18}$$

于是测量阻抗 Z_{m} 表示为

$$Z_{\mathrm{m}} = \frac{a_{\mathrm{U1}} + \mathrm{j}b_{\mathrm{U1}}}{a_{\mathrm{I1}} + \mathrm{j}b_{\mathrm{I1}}} \tag{1-19}$$

将实部、虚部分开，即得到 R_{m}、X_{m}，表达式为

$$R_{\mathrm{m}} = \frac{a_{\mathrm{U1}}a_{\mathrm{I1}} + b_{\mathrm{U1}}b_{\mathrm{I1}}}{a_{\mathrm{I1}}^2 + b_{\mathrm{I1}}^2} \tag{1-20}$$

$$X_{\mathrm{m}} = \frac{b_{\mathrm{U1}}a_{\mathrm{I1}} - a_{\mathrm{U1}}b_{\mathrm{I1}}}{a_{\mathrm{I1}}^2 + b_{\mathrm{I1}}^2} \tag{1-21}$$

当要求保护动作迅速时，可采用半周傅里叶算法。当然滤波效果要差一些，准确度也不如全周傅里叶算法。考虑到傅里叶算法对非周期分量的抑制能力不理想，为提高傅里叶算法对阻抗测量的准确度，可采用差分算法抑制，而且方法简单，效果也好。此外，为防止频率偏差带来的计算误差，可采取采样频率自动跟踪措施。

3. 输电线路 R-L 模型算法

R-L 算法是以输电线路的简化模型为基础的，该算法仅能计算阻抗，用于距离保护。由于忽略了输电线路分布电容的作用，由此带来一定的计算误差，特别是对于高频分量，分布电容的容抗较小，误差更大。

算法是根据简化的 R-L 线路模型建立微分方程进而求解。当忽略线路的分布电容后，从故障点到保护安装处的线路段可用一电阻和电感串联电路表示，如图 1-26 所示。在短路时，母线电压 u 和流过保护的电流 i 与线路的正序电阻 R_1 和电感 L_1 之间可以用微分方程表示为

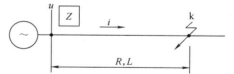

图 1-26　故障线路简化 R-L 模型

$$u(t) = R_1 i(t) + L_1 \frac{\mathrm{d}i(t)}{\mathrm{d}t} \tag{1-22}$$

式中　$u(t)$、$i(t)$——t 时刻保护安装处的电压和电流。下面为了简便起见，省略掉时间符号 (t)；

　　　R_1、L_1——故障点至保护安装处线路段的正序电阻和电感，是待求的未知数。

对相间短路故障的保护采用相间电压和对应相电流差（如 u_{ab} 和 $i_{\mathrm{a}} - i_{\mathrm{b}}$）；对接地短路故障的保护采用相电压和带零序电流补偿的相电流（如 u_{a} 和 $i_{\mathrm{a}} + K \times 3i_0$）。

$$u_{\mathrm{a}} = R_1(i_{\mathrm{a}} + K_{\mathrm{r}} \times 3i_0) + L_1\frac{\mathrm{d}(i_{\mathrm{a}} + K_{\mathrm{x}} \times 3i_0)}{\mathrm{d}t} \tag{1-23}$$

式中　K_{r}、K_{x}——电阻及电感分量的零序补偿系数，$K_{\mathrm{r}} = \dfrac{r_0 - r_1}{3r_1}$、$K_{\mathrm{x}} = \dfrac{l_0 - l_1}{3l_1}$；

　　　r_0、r_1、l_0、l_1——输电线路每公里的零序、正序电阻和电感。

显然，仅有一个方程是无法求出两个未知数的。因此，必须建立两个相互独立的方程，联立求解，即可求得 R_1、L_1。

针对两个不同时刻 t_1 和 t_2 分别测量 u、i 和 $\mathrm{d}i/\mathrm{d}t$ 就可建立两个独立方程，即

$$u_1 = R_1 i_1 + L_1 D_1 \tag{1-24}$$

$$u_2 = R_1 i_2 + L_1 D_2 \qquad (1\text{-}25)$$

式中　D——电流的微分 $\dfrac{\mathrm{d}i(t)}{\mathrm{d}t}$，下标 1 和 2 分别表示测量时刻 t_1、t_2。

联立式（1-24）和式（1-25），即可求得两个未知数 R_1、L_1，即

$$L_1 = \frac{u_1 i_2 - u_2 i_1}{i_2 D_1 - i_1 D_2} \qquad (1\text{-}26)$$

$$R_1 = \frac{u_2 D_1 - u_1 D_2}{i_2 D_1 - i_1 D_2} \qquad (1\text{-}27)$$

这样就可以用求解二元一次方程组的方法求出 R_1、L_1 值，故也称为解微分方程算法。该算法不需滤除非周期分量，算法的数据窗较短。不受频率变化的影响，可很好地克服过渡电阻影响，因而在输电线路距离保护中得到广泛应用。但需要配合数字滤波器，抑制低频、高频分量。

在微机保护中如何计算 R_1、L_1 值，有两个问题，其一是 t_1、t_2 两个时刻如何选择；其二是电流的微分如何求出。

（1）短数据窗法计算 R_1、L_1

所谓短数据窗法计算 R、L 的算法，就是选择 t_1、t_2 两个时刻相隔一个采样间隔，算法所用的数据经过的数字滤波器的时延相对较短。为了求出 t_1、t_2 时刻电流的微分，可用差分代替求导数。为此，应选择连续三个时刻的采样值（注意到这三个值是经过数字滤波器后的连续三点），如图 1-27 所示。

设 i_n、i_{n+1}、i_{n+2} 分别为 t_n、t_{n+1}、t_{n+2} 时刻电压信号的采样值，i_n、i_{n+1}、i_{n+2} 分别为 t_n、t_{n+1}、t_{n+2} 时刻电流信号的采样值。如图 1-27 所示，取 t_1 时刻在 t_n、t_{n+1} 的中间，t_2 时刻在 t_{n+1}、t_{n+2} 的中间。t_1、t_2 时刻的间隔为一个采样间隔。那么式（1-23）和式（1-26）中的 u_1、u_2、i_1、i_2 应取相邻采样值插值（取平均值），有

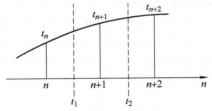

图 1-27　短数据窗算法的采样数据

$$u_1 = \frac{u_n + u_{n+1}}{2}$$

$$u_2 = \frac{u_{n+1} + u_{n+2}}{2}$$

$$i_1 = \frac{i_n + i_{n+1}}{2}$$

$$i_2 = \frac{i_{n+1} + i_{n+2}}{2}$$

电流的导数 D_1、D_2 则由差分近似计算，有

$$D_1 = \frac{i_{n+1} - i_n}{T_S}$$

$$D_2 = \frac{i_{n+2} - i_{n+1}}{T_S}$$

应当指出，*R-L* 模型算法实际上求解的是一组二元一次代数方程，带微分符号的量 D_1 和 D_2 是测量计算得到的已知数。

R-L 模型算法也曾被称为解微分方程法，名称的由来是算法是根据式（1-22）所示的微分方程导出的，并不十分确切。

（2）长数据窗法计算 R_1、L_1

长数据窗法计算 *R*、*L* 的算法与短数据窗算法的区别：一是建立方程组时选择 t_1、t_2 时刻的间隔为两个采样间隔；二是算法所采用的数据经过的数字滤波器的时延也要比短数据窗经过的数字滤波器的时延长。为此，应选择连续的四个采样值作为计算数据。设 u_n、u_{n+1}、u_{n+2}、u_{n+3} 分别为 t_n、t_{n+1}、t_{n+2}、t_{n+3} 时刻电压信号的采样值，i_n、i_{n+1}、i_{n+2}、i_{n+3} 分别为 t_n、t_{n+1}、t_{n+2}、t_{n+3} 时刻电流信号的采样值。如图 1-28 所示，取 t_1 时刻在 t_n、t_{n+1} 的中间，t_2 时刻在 t_{n+2}、t_{n+3} 的中间。t_1、t_2 时刻的间隔为 2 个采样间隔。当 u_1、u_2、i_1、i_2 分别取 t_n、t_{n+1} 和 t_{n+2}、t_{n+3} 时刻采样值的平均值，D_1、D_2 分别取 t_n、t_{n+1} 和 t_{n+2}、t_{n+3} 时刻采样值的差分近似计算时，算式与短数据基本相同。

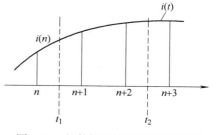

图 1-28　长数据窗算法的采样数据

（3）积分法计算 *R-L*

除了上述直接解法以外，还可以将式（1-22）分别在两个不同的时间段内积分，而得到两个独立的方程，即

$$\int_{t_1}^{t_1+T_0} u \mathrm{d}t = R_1 \int_{t_1}^{t_1+T_0} i \mathrm{d}t + L_1 \int_{t_1}^{t_1+T_0} \frac{\mathrm{d}i}{\mathrm{d}t} \mathrm{d}t \tag{1-28}$$

$$\int_{t_2}^{t_2+T_0} u \mathrm{d}t = R_1 \int_{t_2}^{t_2+T_0} i \mathrm{d}t + L_1 \int_{t_2}^{t_2+T_0} \frac{\mathrm{d}i}{\mathrm{d}t} \mathrm{d}t \tag{1-29}$$

式中　T_0——积分时间长度；

t_1、t_2——两个不同的积分起始时刻。

式（1-28）和式（1-29）中

$$\int_{t_1}^{t_1+T_0} \frac{\mathrm{d}i}{\mathrm{d}t} \mathrm{d}t = i(t_1 + T_0) - i(t_1) \tag{1-30}$$

$$\int_{t_2}^{t_2+T_0} \frac{\mathrm{d}i}{\mathrm{d}t} \mathrm{d}t = i(t_2 + T_0) - i(t_2) \tag{1-31}$$

其余各项积分在用计算机处理时可用梯形法则近似求得。联立解式（1-28）和式（1-29）也可求得两个未知数 R_1 和 L_1。

将式（1-22）积分后再求解和直接求解相比，如果积分区间 T_0 取得足够大，则兼有一定的滤波作用，从而可抑制高频分量，但它所需的数据窗要相应加长。作为一种单独求解的 *R-L* 模型算法，本身兼有滤波作用，应算作它的一个优点。

（4）数据窗对微分方程算法计算阻抗的稳定性影响

注意到用建立微分方程求解 *R*、*X* 的公式中，分子、分母都是两项乘积相减。因此有必要分析在进行减法运算时是否会遇到两项乘积的值十分接近，从而使相减的结果近似为零的情况。尤其是建立微分方程的两个时刻 t_1、t_2 可能处于基波分量的任何相角上。这就有可能出现两个相近的乘积相减，如果计算 R、X 的公式中的分母接近于零，就会由于分母计算的微小误差使 R、X 结果产生很大的误差，如果分子、分母都接近于零，计算会出现不稳定。为了提高分母的数值，以便提高算式的稳定性，可以适当加大模型算法中 t_1 和 t_2 的时间差，如图 1-28 中相差两个采样周期。

$R\text{-}L$ 模型算法不是仅反映基频分量，而是在相当宽的一个频段内都能适用。这就带来了两个突出的优点：

1）它不需要用滤波器滤除非周期分量。因为电流中的非周期分量是符合 $R\text{-}L$ 模型算法所依据的方程的。可见 $R\text{-}L$ 模型算法可以只要求采用低通滤波器，因而这种算法较之要求带通滤波器的其他算法，其总延时可以较短，因为低通滤波器的延时要比带通滤波器短得多。

2）$R\text{-}L$ 模型算法不受电网频率变化的影响。前面介绍过的几种其他算法都要受频率变化的影响。因为这些算法都要求采样间隔（相当于输入信号的基频电角度）为一个确定的数值。采样间隔决定于微机的晶体振荡器，是相当准确和稳定的。电网频率偏离额定值后，这两者之间的关系被破坏了，从而带来计算误差。而 $R\text{-}L$ 模型算法所依据的方程在相当宽的一个频段内都成立，因而可以在很大的频率范围内准确地计算出故障线路段的 R_1 和 L_1。

$R\text{-}L$ 模型算法要用差分求导，带来了两个问题：一是对滤波器抑制高频分量的能力要求较高；二是要求采样率较高，以便减小求导引入的计算误差。$R\text{-}L$ 模型算法只需要求电流的导数，由于输电线感抗分量远大于电阻分量，所以电压中的高频分量通常远大于电流中的高频分量。因而，就抑制高频分量的要求来说，$R\text{-}L$ 模型算法比导数法要低得多。

$R\text{-}L$ 模型算法可以不必滤除非周期分量，因而算法的总时长较短，且不受电网频率变化的影响。这些突出的优点使它在线路距离保护中得到广泛应用。而 $R\text{-}L$ 模型算法允许用短数据窗的低通滤波器，如果也采用一个窄带通滤波器与此配合，$R\text{-}L$ 模型算法也可以得到很高的准确度，同时还保留了不受电网频率变化影响的优点。

4. 突变量电流算法

在模拟保护中常用突变量元件作为启动及振荡闭锁元件，这些突变量元件在微机保护中实现起来特别方便，因为保护装置中的循环寄存区具有一定的记忆容量，可以很方便地取得突变量。以电流为例，其算法如下：

$$\Delta i(n) = |\, i(n) - i(n - N)\,| \tag{1-32}$$

式中　$i(n)$——电流在某一时刻 n 的采样值；

　　　　N——一个工频周期内的采样点数；

　$i(n - N)$——比 $i(n)$ 早一周的采样值；

　$\Delta i(n)$——n 时刻电流的突变量。

将电力系统故障后的状态分解为正常分量和故障分量两部分，如图 1-29 所示。可以看出，当系统正常运行时，负荷电流是稳定的，或者说负荷虽有变化，但不会在一个工频周期这样短的时间内突然发生很大变化，如图 1-30 中 $t-2T$、$t-T$ 时刻。因此这时 $i(n)$ 和 $i(n-N)$ 接近相等，$\Delta i(n)$ 等于或近似等于零。

如果在 t 时刻发生短路，故障相电流突然增大，如图 1-30 中实线所示，将有突变量电流产生。按式（1-32）计算得到的 $\Delta i(n)$ 实质是用叠加原理分析短路电流时的故障分量电流，

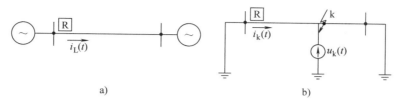

图 1-29　短路故障分解

a）正常运行状态，$i_L(t)$ 为负荷电流　b）故障附加状态，$i_k(t)$ 为故障分量电流

负荷分量在式中被减去了。显然突变量仅在短路发生后的第一个周期内存在，即 $\Delta i(n)$ 的输出在故障后持续一个周期。

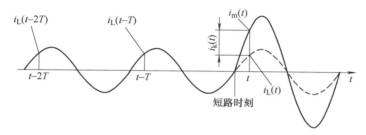

图 1-30　短路故障前后的电流波形示意图

按式（1-32）计算存在不足。系统正常运行时 $\Delta i(n)$ 本应无输出，即 $\Delta i(n)$ 应为 0，但如果电网的频率偏离 50Hz，就会产生不平衡输出，这是因为 $i(n)$ 和 $i(n-N)$ 的采样时刻相差 20ms，这取决于微机的定时器，它是由石英晶体振荡器控制的，十分精确和稳定。电网频率变化后，$i(n)$ 和 $i(n-N)$ 对应电流波形的电角度不再相等，二者具有一定的差值而产生不平衡电流，特别是负荷电流较大时，不平衡电流较大可能引起该元件的误动。为了消除由于电网频率的波动引起不平衡电流，突变量按式（1-33）计算：

$$\Delta i(n)=\parallel|i(n)-i(n-N)|-|i(n-N)-i(n-2N)|\parallel \tag{1-33}$$

正常运行时，如果频率偏离 50Hz 而造成 $i(n)-i(n-N)$ 不为 0，但其输出必然与 $i(n-N)-i(n-2N)$ 的输出相接近，因而式（1-33）右侧的两项几乎可以全部抵消，使 $\Delta i(n)$ 接近为 0，从而有效地防止误动。

用式（1-33）计算突变量不仅可以补偿频率偏离产生的不平衡电流，还可以减弱由于系统静稳定破坏而引起的不平衡电流，只有在振荡周期很小时，才会出现较大的不平衡电流，这就保证了静稳破坏检测元件能可靠地抢先动作。其数据窗为两周，突变量持续的时间不是 20ms 而是 40ms。

（1）相电流突变量元件

当式（1-33）中各电流取相电流时，称为相电流突变量元件。以 A 相为例，计算式（1-33）可写成

$$\Delta i_A(n)=\parallel|i_A(n)-i_A(n-N)|-|i_A(n-N)-i_A(n-2N)|\parallel \tag{1-34}$$

对于 B 相和 C 相，只需将式（1-34）中的 A 换成 B 或 C 即可。该元件在微机保护中常被用作启动元件，三个突变量元件一般构成"或"逻辑。为了防止由于干扰引起的突变量输出而造成误启动，通常在突变量元件连续动作三次才允许启动保护，其逻辑图如图 1-31

所示。

（2）相电流差突变量元件

当式（1-33）中各电流取相电流差时，称为相电流差突变量元件。其计算式（1-33）变为

$$\Delta i_{\varphi\varphi}(n) = \|\, i_{\varphi\varphi}(n) - i_{\varphi\varphi}(n-N)\,| - |\,i_{\varphi\varphi}(n-N) - i_{\varphi\varphi}(n-2N)\,\|\qquad(1\text{-}35)$$

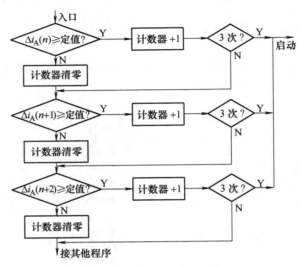

图 1-31　突变量启动元件动作逻辑图

式中下标 $\varphi\varphi$ 分别取 AB、BC、CA。该元件通常用作启动元件和选相元件。用作启动元件时的逻辑关系与相电流突变量相似。作为选相元件时，要求能反映各种故障，不反映振荡，特别是在非全相运行中振荡时不能误动。为了能更有效地躲过系统振荡，可将式（1-35）变为

$$\Delta i_{\varphi\varphi}(n) = \|\, i_{\varphi\varphi}(n) + i_{\varphi\varphi}(n-N/2)\,| - |\,i_{\varphi\varphi}(n-N/2) + i_{\varphi\varphi}(n-N)\,\|\qquad(1\text{-}36)$$

式（1-36）不是相隔 N 点的采样数据相减，而是相隔 $N/2$ 的两个采样值相加，这样一方面缩短了数据窗，另一方面对躲过系统振荡更为有利。相电流差突变量还可用于选相元件。

本 章 小 结

本章介绍了继电保护在电力系统中的作用、继电保护的构成原理及分类、对继电保护的选择性、速动性、灵敏性、可靠性四个基本要求。由于目前微机继电保护装置在实际应用中已占绝对主导地位，后续各章节将以微机保护为基础的原理框图分析方法展开，以达到理论与实际应用的统一。作为继电保护技术的基础，本章对微控制器为核心部件构成的微机继电保护装置的硬件构成和软件算法做了介绍，包括微机继电保护装置硬件基本构成、模拟量输入单元、数据采集原理、开关量输入/输出单元、通信接口和电源模块等硬件的介绍；微机继电保护装置的软件基本构成、微机保护算法基础、半周积分算法、傅里叶算法、输电线路

R-L 微分方程算法、突变量启动算法等微机保护常用基础算法做了介绍，作为本课程后续内容学习的基础。

 复习思考题

1. 继电保护在电力系统中的任务是什么？

2. 什么是主保护、后备保护？什么是近后备保护、远后备保护？在什么情况下依靠近后备保护切除故障？在什么情况下依靠远后备保护切除故障？

3. 什么是过量保护、低量保护？二者灵敏度计算有何不同？

4. 分析继电保护的"四性"要求及其间的矛盾，对可靠性进行讨论。

5. 微机型继电保护装置与模拟式保护装置的主要区别是什么？

6. 微机型继电保护装置的硬件主要由哪几部分组成？各自的功能是什么？

7. 微机型继电保护装置的模拟量输入通道主要由哪几部分构成？

8. 微机型继电保护装置的 A-D 转换器有哪些主要指标？解释其含义。

9. 试比较微机型继电保护装置常用的两种模拟量转换数字量的方式。

10. 简述采样周期、采样频率及每工频周期采样点数的含义及其相互关系。

11. 什么是微机保护算法？包含哪些内容？

12. 什么是全周傅里叶算法、半周傅里叶算法？各有何特点？

13. 什么是数据窗？试分析输电线路 *R-L* 算法的数据窗。

14. 说明微机保护装置中启动元件的作用，说明启动算法的原理。

第二章

输电线路的阶段式电流保护

输电线路是电力系统中最易发生故障的部分，输电线路故障时在线路端测得的电气量要发生各种变化，如电流增大、电压降低、阻抗变小等。如果是不对称故障，会出现较大的负序和零序分量。如果线路的两端均有电源，线路输送功率的方向还有可能改变。为了保证电力系统的安全稳定运行，借助输电线路故障时电气量变化的特征，可以构成各种不同原理的继电保护，判别出故障并通过控制断路器将故障线路切除，保证无故障部分继续运行。输电线路上广泛应用的继电保护方式之一是阶段式继电保护，包括阶段式电流保护、阶段式零序保护、阶段式距离保护几种。

第一节　相间短路的阶段式电流保护

在单侧电源供电的辐射形输电线路，一般采用阶段式电流保护就能满足保护"四性"的要求。在双电源线路上，为满足保护选择性，电流保护中引入方向元件控制，构成方向电流保护。电流保护反映的是相间短路故障，包括两相相间短路故障、两相接地短路故障、三相短路故障和异地不同名相两点接地故障等。

一、继电器

1. 继电器的分类和要求

继电器是一种能自动执行断续控制的部件，当其输入量达到一定值时，能使其输出的被控制量发生预计的状态变化，如触点打开、闭合或电平由高变低、由低变高等，具有对被控电路实现"通""断"控制的作用。

在电力系统继电保护回路中，常用继电器的实现原理随相关技术的发展而变化。目前仍在使用的继电器按照动作原理可分为电磁型、感应型、整流型、电子型和数字型等，按照反映的物理量可分为电流继电器、电压继电器、功率方向继电器、阻抗继电器、周波继电器和气体（瓦斯）继电器等，按照继电器在保护回路中所起的作用可分为启动继电器、量度继电器、时间继电器、中间继电器、信号继电器和出口继电器等。

对继电器的基本要求是工作可靠，动作过程具有"继电特性"。继电器的可靠工作是最重要的，主要通过各部分结构设计合理、制造工艺先进、经过高质量检测等来保证。其次要求继电器动作值误差小、功率损耗小、动作迅速、动稳定和热稳定性好以及抗干扰能力强。另外，还要求继电器安装、整定方便，运行维护少，价格便宜等。

2. 过电流继电器原理

量度继电器是实现保护的关键测量元件，量度继电器中有过量继电器和欠量继电器。过量继电器如过电流继电器、过电压继电器、高周波继电器等；欠量继电器如欠电压继电器、距离继电器、低周波继电器等。过电流继电器是实现电流保护的基本元件，也是反映一个电气量而动作的简单过量继电器的典型。因此，将通过对过电流继电器的构成原理分析来说明一般量度继电器的构成原理。

来自电流互感器 TA 二次侧的电流 I，加入到电流继电器的输入端。根据电流继电器的实现型式，例如电磁型，则不需要经过变换，直接接入过电流继电器的线圈。若是电子型和数字型，由于实现电路是弱电回路，需要线性变换成弱电回路所需的信号电压。根据继电器的安装位置和工作任务给定动作值 I_{op}，为使继电器有普遍的使用价值，动作值 I_{op} 可以调整。当加入继电器的电流 I，大于动作值时，继电器有输出变化。在电磁型继电器中，由于需要靠电磁转矩驱动机械触点的转动、闭合，需要一定的功率和时间，继电器有自身固有动作时间（几毫秒），一般的干扰不会造成误动；对于电子型和数字型继电器，动作速度快、功率小，为提高动作的可靠性，防止干扰信号引起的误动作，故考虑了必须使测量值大于动作值的持续时间不小于 $2\sim3ms$ 时，才能动作于输出。为保证继电器动作后有可靠地输出，防止当输入电流在整定值附近波动时输出不停地跳变，在加入继电器的电流小于返回电流 I_{re} 时，继电器才返回，返回电流 I_{re} 小于动作电流 I_{op}，电流由较小值上升到动作电流及以上，继电器由不动作到动作；电流减小到返回电流 I_{re} 及以下，继电器由动作再到返回，其整个过程中输出应满足"继电特性"的要求。对微机型过电流元件（继电器），即为执行 $I_r \geq I_{op}$ 一个比较指令的时间。

3. 继电器的继电特性

为了保证继电保护可靠工作，对其动作特性有明确的"继电特性"要求。对于过量继电器如过电流继电器，流过正常状态下的电流 I 时是不动作的，输出高电平（或其触点是打开的），只有其流过的电流大于整定的动作电流 I_{op} 时，继电器能够突然迅速地动作、稳定和可靠地输出低电平（或闭合其触点）；在继电器动作以后，只有当电流减小到小于返回电流 I_{re} 以后，继电器又能立即突然地返回到输出高电平（或触点重新打开），图 2-1 给出用输出电平的低、高表示过电流继电器动作与返回的继电特性曲线。无论动作和返回，继电器的动作都是明确干脆的，不可能停留在某一个中间位置，这种特性称为"继电特性"。

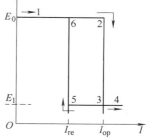

图 2-1　继电特性曲线

返回电流与动作电流的比值称为继电器的返回系数，可表示为

$$K_{re} = \frac{I_{re}}{I_{op}} \tag{2-1}$$

为了保证动作后输出状态的稳定性和可靠性，过电流继电器（以及一切过量动作的继电器）的返回系数恒小于 1。在实际应用中，常常要求过电流继电器有较高的返回系数，如 $0.85\sim0.9$。过电流继电器动作电流的调整，一般利用调整整定环节的设定值来实现。

二、阶段式(三段式)电流保护的构成原理

线路正常运行时流过的是负荷电流，发生故障时，电源向故障点提供比负荷电流大很多

的短路电流，可利用线路短路故障时电流增大的特点，构成阶段式电流保护。当电流超过定值且时间大于整定延时后，保护装置出口跳闸，同时发出动作信号。

电流保护多采用三段式，Ⅰ段为无时限电流速断（又称为瞬时速断）保护，Ⅱ段为带时限电流速断（又称为限时速断）保护，Ⅰ段和Ⅱ段保护作为本线路相间短路的主保护；Ⅲ段为过电流保护，Ⅲ段作为本线路相间故障的近后备保护及相邻线路的远后备保护。但根据被保护线路在电网中的地位，在能满足选择性、灵敏性和速动性的前提下，也可只装设Ⅰ、Ⅱ段，Ⅱ、Ⅲ段或只装设Ⅲ段保护。

三段相比较而言，Ⅰ段动作电流整定值最大，动作时间最短；Ⅲ段动作电流整定值最小，动作时间最长。三段电流保护的定值呈阶梯特性，故称为阶段式电流保护。

设在图 2-2 所示的系统中采用阶段式保护，以断路器 QF1 配置的保护为分析对象，为了满足选择性必须缩短保护范围，其保护范围被限制在被保护线路以内，Ⅰ段保护就不能保护线路的全长。一般要求Ⅰ段保护的保护范围应大于线路全长的 15%。

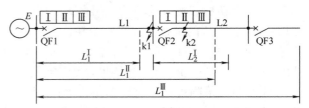

图 2-2　阶段式电流保护范围的配合说明图

注：图中 L_1^I、L_1^{II}、L_1^{III} 分别为线路 L1 的Ⅰ、Ⅱ、Ⅲ段保护范围，L_2^I 为线路 L2 的Ⅰ段保护范围。

Ⅱ段保护的作用是保护Ⅰ段保护不到的部分，即Ⅱ段保护必须保护线路的全长。保护范围必然会延伸到下级线路。

Ⅲ段保护是后备保护，后备分近后备和远后备。近后备是做本断路器上其他保护的后备；远后备是做下级断路器上所有保护的后备和下级断路器的后备，即当下级的保护或断路器由于某种原因拒动时，上级的后备保护动作，将故障切除。Ⅲ段保护由于要做下级的后备保护，因此，它的保护范围应该包括下级线路的全长。阶段式电流保护的构成逻辑框图如图 2-3 所示。

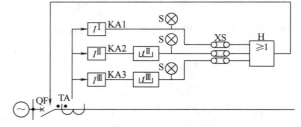

图 2-3　阶段式电流保护的构成逻辑框图

注：图中 KA1、KA2、KA3 分别为Ⅰ、Ⅱ、Ⅲ段保护的测量元件；t^{II}、t^{III} 为Ⅱ、Ⅲ段保护的时间元件；S 为信号元件；H 为出口跳闸元件。

阶段式保护要解决的问题主要是配合问题：其一为保护范围的配合，保护范围实际上是由保护的整定值来决定的，即由整定值的配合来实现；其二为动作时间的配合。以下分别予以说明。

三、电流速断保护（Ⅰ段）

理想情况下保护范围内（区内）故障，保护动作，瞬时切除故障；保护区外故障，保护有选择地不动作。根据选择性的要求，下级线路故障时，应由下级线路的继电保护装置动作将故障切除。若上级线路Ⅰ段保护的保护范围为线路的全长，则在下级线路的首端发生故障时，由于测量误差，上级线路的Ⅰ段保护有可能与下级线路的Ⅰ段保护同时动作，这样，上级线路的Ⅰ段保护就失去了选择性。为了满足选择性，Ⅰ段保护就不能保护线路的全长，即必须缩短保护范围。缩短的保护范围，理论上应该视测量误差的大小而定。在保证选择性的前提下，缩短的保护范围应该越短越好，根据工程统计，缩短的保护范围一般为线路全长的15%，即Ⅰ段保护的保护范围为线路全长的85%就能满足要求。

Ⅰ段动作值按躲过相邻线出口短路时流过保护的最大短路电流整定。如图2-4所示，即保护2的动作电流必须大于B母线最大短路电流。

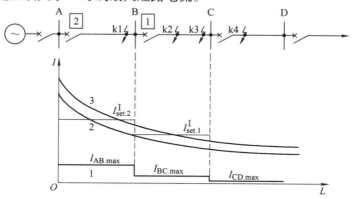

图2-4　无时限电流速断保护整定

图2-4所示为短路电流曲线，表示在一定系统运行方式下短路电流与故障点远近的关系。三相短路时短路电流$I_k^{(3)}$与两相短路电流$I_k^{(2)}$计算公式为

$$I_k^{(3)} = \frac{E_\varphi}{Z_S + z_1 l} \tag{2-2}$$

$$I_k^{(2)} = \frac{E_\varphi}{Z_S + z_1 l} \times \frac{\sqrt{3}}{2} \tag{2-3}$$

式中　E_φ——相电动势；

　　　Z_S——系统（S）电源等效阻抗；

　　　z_1——线路单位长度阻抗（架空线路一般为0.4Ω/km）；

　　　l——故障点到保护安装处的距离（km）。

短路电流大小由以下因素决定：

1）系统运行方式（简称运方），系统电源等效阻抗Z_S与电源投入数量、电网结构变化有关，Z_S最大时短路电流最小，称为最小运方；Z_S最小时短路电流最大，称为最大运方。

2）故障点远近，故障点越近l越小，短路电流越大。

3）短路类型，$I_k^{(3)} > I_k^{(2)}$，一般电流保护用于小电流接地系统，不需要考虑接地短路类型。

图2-4中短路电流曲线3对应最大运方、三相短路情况，曲线2对应最小运方、两相短路情况。

外部故障离保护2最近的地方就是线路的末端B处，因此，外部故障时流过保护2的最大短路电流为B处的三相短路电流最大值，即

$$I_{k.B.max}^{(3)} = \frac{E_\varphi}{Z_{S.min} + z_1 l_{AB}} \tag{2-4}$$

式中　$Z_{S.min}$——最大运方时的系统阻抗；

l_{AB} ——线路 AB 全长。

可见 $I_{k.B.max}^{(3)}$ 为最大运方下本线末端发生三相短路时的短路电流。按照选择性的要求，无时限电流速断保护整定的动作电流 I_{set}^{I}（上标"I"代表 I 段）应满足 $I_{set}^{I} > I_{k.B.max}^{(3)}$。

速断保护整定计算公式为

$$I_{set}^{I} = K_{rel}^{I} I_{k.B.max}^{(3)} \qquad (2-5)$$

式中　　K_{rel}^{I} ——可靠系数，一般取 1.2~1.3。

可靠系数主要考虑短路电流计算误差、电流互感器误差、继电器动作电流误差、短路电流中非周期分量的影响，并留有必要的裕度。

严格讲，"起动"含义是指当电流达到某一预设值时继电器开始动作，而"动作"是指继电器启动后，触点完全闭合（或开启）后，继电器才动作。"整定值"是指对于继电器启动电流的预设值（I_{set}），通常称为动作值不再加以区分。

由图 2-4 可看出，电流保护的保护区是变化的，短路电流水平降低时保护区缩短，最大运方下三相短路保护动作区最大，最小运方下两相短路保护动作区最小。I 段保护不能保护本线全长。降低动作电流可扩大继电保护范围，但保护范围的延长有可能失去选择性。

整定值是保护动作与不动作的分界线（边界）。对简单的电流保护装置，其整定值是一个标量，动作边界表示在直角坐标平面上为一根直线。如果保护的原理是反映测量值增加而动作的，则测量值大于或等于整定值时保护动作，测量值小于整定值时保护不动作。如果保护的原理是反映测量值减小而动作的，则测量值小于或等于整定值时保护动作，测量值大于整定值时保护不动作。由于保护的动作条件包含了整定值，所以，整定值又称为动作值。

而对复杂的保护装置，整定值是一个或几个相量，其动作边界表示在复坐标平面上为直线、圆或其他几何图形，如下一章介绍的距离保护中的阻抗。对于反映测量值增加而动作的保护，边界外为保护的动作区；对于反映测量值减小而动作的保护，边界内为保护的动作值。

电流速断保护的优点是简单可靠、动作快速，因而获得了广泛应用；缺点是不可能保护线路的全长，并且保护范围受运行方式变化的影响。灵敏度也用保护范围表示，I 段保护的最大、最小保护区 l_{max}、l_{min} 可由下式计算：

$$I_{set}^{I} = \frac{E_{\varphi}}{Z_{S.min} + z_1 l_{max}} \qquad (2-6)$$

$$I_{set}^{I} = \frac{E_{\varphi}}{Z_{S.max} + z_1 l_{min}} \times \frac{\sqrt{3}}{2} \qquad (2-7)$$

四、限时电流速断保护（II 段）

II 段保护的作用是保护 I 段保护不到的部分，即 II 段保护必须保护线路的全长。由上述分析，要保护线路的全长，由于测量误差的存在，II 段的保护范围必然会延伸到下级线路。这样，上级线路的 II 段保护就要考虑与下级线路的保护进行配合。首先考虑与下级的 I 段保护配合，即上级 II 段的保护范围不能超过下级 I 段的保护范围。一般在下级 I 段保护范围的基础上再缩短 15%，为了保证选择性，同时 II 段保护还必须带一定时限，如果不带时限，当故障发生在下级线路上时，上级的 II 段就有可能和下级的 I 段同时动作。从快速性的要求出发，保护带的时限应尽可能短，但必须保证在下级 I 段保护范围内发生故障时，下级 I 段保护动作，将故障切除，故障切除后，上级的 II 段有足够的时间返回。本线路末端发生短路时，II 段保护经短延时动作跳闸。

当上级的 II 段保护的保护范围或灵敏度满足不了要求时，可考虑与下级的 II 段配合，即上级 II 段的保护范围不能超过下级 II 段的保护范围；一般在下级 II 段保护范围的基础上再缩短 15%，其动作时间对应再增加一个时限级差。

限时电流速断保护动作特性如图 2-5 所示。

限时电流速断保护整定计算公式为

$$I_{set.1}^{II} = K_{rel}^{II} I_{set.2}^{I} \qquad (2-8)$$

$$t^{II} = t^{I} + \Delta t = \Delta t \qquad (2-9)$$

式中　K_{rel}^{II}——可靠系数，考虑到短路电流中的非周

期分量已衰减，取 1.1～1.2；

$I_{set.2}^{I}$——相邻线路 I 段动作电流；

Δt——动作时限级差。

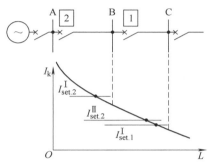

图 2-5　限时电流速断保护动作特性

Δt 应长于 I 段保护动作、断路器跳闸、II 段保护返回时间之和，同时还要考虑误差以及留有一定裕度。Δt 为 0.3～0.5s，一般取 0.5s，时间元件准确度较高时 Δt 可取较小值。

设置限时电流速断保护的目的是保护线路全长，故应校验在本线路发生故障，短路电流最小的情况下保护能否可靠动作。以灵敏度表示保护反应故障的能力。灵敏度校验按最不利情况计算，即在最小运行方式下，被保护线路末端发生两相短路时，本线路内部故障时最小的短路电流校验灵敏度，即

$$K_{sen}^{II} = \frac{I_{k.B.min}^{(2)}}{I_{set}^{II}} \qquad (2-10)$$

考虑 TA、电流继电器误差，当 $K_{sen}^{II} > 1.3 \sim$ 1.5 时才认为电流保护能可靠动作，灵敏度合格，说明 II 段保护有能力保护本线路全长。当灵敏度不能满足要求时，限时电流速断保护可与相邻线路限时电流速断保护配合整定，即动作时限为 $t_2^{II} = t_1^{II} + \Delta t = 2\Delta t$，$I_{set.2}^{II} = K_{rel}^{II} I_{set.1}^{II}$；或使用其他性能更好的保护，如距离保护。

限时电流速断保护的单相原理接线如图 2-6 所示。

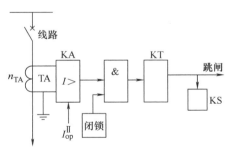

图 2-6　限时电流速断保护的单相原理接线

五、定时限过电流保护（III 段）

III 段保护是后备保护，后备分近后备和远后备。近后备是作本断路器上其他保护的后备；远后备是作下级断路器上所有保护的后备和下级断路器的后备，即当下级的保护或断路器由于某种原因拒动时，上级的后备保护动作，将故障切除。III 段保护由于要做下级的后备

保护，因此，它的保护范围应该包括下级线路的全长。为了满足选择性，Ⅲ段保护一般带有较长的延时。

Ⅰ段、Ⅱ段保护的动作电流都是按某点的短路电流整定的。而定时限过电流保护要求保护区较长，其动作电流按躲过最大负荷电流整定，一般动作电流较小，其保护范围大而灵敏度高。

为保证被保护线路通过最大负荷时不误动作，以及当区外短路故障切除后出现最大自启动电流时应可靠返回，过电流保护应按以下两个条件整定：

1）为保证过电流保护在正常运行时不动作，其动作电流应大于最大负荷电流，即

$$I_{set}^{Ⅲ} = K_{rel}^{Ⅲ} I_{L.max} \tag{2-11}$$

2）保证过电流保护在区外故障切除后可靠返回，其返回电流应大于区外短路故障切除后流过保护的最大自启动电流，即

$$I_{re}^{Ⅲ} = K_{rel}^{Ⅲ} K_{ss} I_{L.max} \ 及 \ I_{set}^{Ⅲ} \geqslant \frac{I_{re}^{Ⅲ}}{K_{re}} \tag{2-12}$$

式中　$K_{rel}^{Ⅲ}$——可靠系数，它是考虑继电器动作电流误差和负荷电流计算不准确等因素而引入的大于 1 的系数，一般取 1.15~1.25；

　　　K_{re}——返回系数，一般取 0.85；

　　　K_{ss}——自启动系数，数值大于 1，它取决于网络接线和负荷性质，一般取 1.5~3。

自启动情况如图 2-7 所示，当故障发生在保护 2 的相邻线路 k1 点时，保护 2 和 4 同时起动，保护 3 动作切除故障后，变电站 B 母线电压恢复时，接于 B 母线上的处于制动状态的电动机 M 要自启动，此时，流过保护 4 的电流不是最大负荷电流而是自启动电流，自启动电流一般大于负荷电流，以 $K_{ss} I_{L.max}$ 表示。

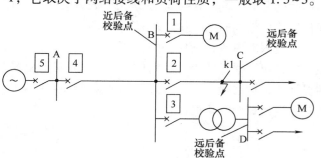

图 2-7　过电流保护整定的网络接线图

整定电流Ⅲ段保护动作电流时应同时满足式（2-11）、式（2-12），应取较大的式（2-12）计算，因此Ⅲ段保护的动作电流为

$$I_{set}^{Ⅲ} = \frac{K_{rel}^{Ⅲ} K_{ss}}{K_{re}} I_{L.max} \tag{2-13}$$

同时，对保护 4 的动作时限应满足

$$t_4^{Ⅲ} = \max\{t_1^{Ⅲ} + \Delta t, t_2^{Ⅲ} + \Delta t, t_3^{Ⅲ} + \Delta t\} \tag{2-14}$$

式中　$t_1^{Ⅲ}$、$t_2^{Ⅲ}$、$t_3^{Ⅲ}$——电动机保护 1、线路 BC 保护 2、变压器保护 3 的动作时间。

过电流保护作为本线路近后备保护，以最小运行方式下本线路末端 B 母线两相金属性短路时的短路电流，校验近后备灵敏度（见图 2-7）；同时作为相邻线路的远后备保护，即以最小运行方式下相邻线路 C 及 D 母线末端两相金属性短路时的短路电流，校验远后备灵敏度（见图 2-7）。

近后备灵敏度要求：

$$K_{\text{sen}}^{\text{III}} = \frac{I_{\text{k. B. min}}^{(2)}}{I_{\text{set}}^{\text{III}}} \geqslant 1.3 \sim 1.5 \qquad (2-15)$$

远后备灵敏度要求：

$$K_{\text{sen}}^{\text{III}} = \frac{I_{\text{k. C. min}}^{(2)}}{I_{\text{set}}^{\text{III}}} \geqslant 1.2 \ \text{及} \ K_{\text{sen}}^{\text{III}} = \frac{I_{\text{k. D. min}}^{(2)}}{I_{\text{set}}^{\text{III}}} \geqslant 1.2 \qquad (2-16)$$

电流Ⅰ段的动作选择性由动作电流保证，电流Ⅱ段的选择性由动作电流与动作时限共同保证，而电流Ⅲ段要靠"阶梯特性"的动作时限来保证。上级Ⅲ段保护动作的时间，总要比下级母线上各被保护设备中最长的Ⅲ段动作时间长，将 t 看成一个阶梯，这种时限特性称为阶梯特性，如图 2-8 所示。

阶梯特性指定的跳闸顺序，距离故障点最近的（也是距离电源最远的）保护先跳闸。阶梯的起点是电网末端，每个阶梯为 Δt，一般为 0.5s。

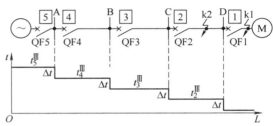

图 2-8 中Ⅲ段保护动作时限整定满足以下关系：$t_4^{\text{III}} > t_3^{\text{III}} > t_2^{\text{III}} > t_1^{\text{III}}$，$t_1^{\text{III}}$ 最短，可取 0s，级差 Δt，一般为 0.5s。图中 k2 点故障时，由于Ⅲ

图 2-8 后备保护的动作时限阶梯特性

段保护动作电流较小，可能保护 2、3、4 的Ⅲ段保护均动作，保护 2 经 t_2^{III} 跳开 QF2 后，故障切除，而保护 3、4 均未达到动作时限而返回。

同时，各保护的Ⅲ段整定值（边界）也应配合，上级保护的整定值必须与下级保护的整定值灵敏度配合，即

$$K_{\text{sen. 4}} \geqslant K_{\text{sen. 3}} \geqslant K_{\text{sen. 2}} \geqslant K_{\text{sen. 1}} \qquad (2-17)$$

配合系数取 1.1~1.2。一般情况下这一要求自然能够得到满足。

六、阶段式电流保护的配合及应用

电流速断保护、限时电流速断保护和过电流保护都是反应于电流升高而动作的保护。它们之间的区别主要在于按照不同的原则来选择动作电流。速断是按照躲开本线路末端的最大短路电流来整定；限时速断是按照躲开下级各相邻元件电流速断保护的最大动作范围来整定；而过电流保护则是按照躲开本元件最大负荷电流来整定。三者组合在一起，构成阶段式电流保护。

现以图 2-9 所示的网络接线为例予以说明。在电网最末端的用户电动机或其他受电设备上，保护 1 采用

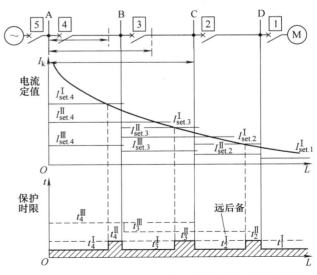

图 2-9 阶段式电流保护的配合和保护动作时间示意图

瞬时动作的过电流保护即可满足要求，其动作电流按躲开电动机起动时的最大电流整定，与电网中其他保护的定值和时限上都没有配合关系。在电网的倒数第二级上，保护 2 应首先考虑采用 0.5s 动作的过电流保护；如果在线路 CD 上的故障没有瞬时切除的要求，则保护 2 只装设一个 0.5s 动作的过电流保护也是完全允许的；而如果要求线路 CD 上的故障必须快速切除，则可增设一个电流速断保护，此时保护 2 就是一个速断保护加过电流保护的两段式保护。继续分析保护 3，其过电流保护由于要和保护 2 配合，因此，动作时限要整定为 1~1.2s，一般在这种情况下，就需要考虑增设电流速断保护或同时装设电流速断保护和限时速断保护，此时保护 3 可能是两段式保护也可能是三段式保护。越靠近电源端，过电流保护的动作时限就越长，因此，一般都需要装设三段式保护。

　　具有上述配合关系的保护装置配置情况，以及各点短路时实际切除故障的时间也相应地表示在图 2-9 上。由图 2-9 可见，当全系统任意点发生短路时，如果不发生保护或断路器拒绝动作的情况，则故障都可以在 0.5s 以内予以切除。

　　具有电流速断保护、限时电流速断保护和过电流保护的单相式原理框图如图 2-10 所示。电流速断部分由电流元件 KA^I 和信号元件 KS^I 组成；限时电流速断部分由电流元件 KA^{II}、时间元件 KT^{II} 和信号元件 KS^{II} 组成；过电流部分则由电流元件 KA^{III}、时间元件 KT^{III} 和信号元件 KS^{III} 组成。由于三段的起动电流和动作时间整定后均不相同，因此必须分别使用三个串联的电流元件和两个不同时限的元件，而信号元件则分别发出 I、II、III 段动作的信号。

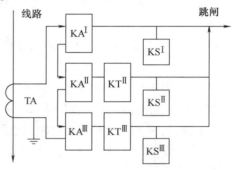

图 2-10　三段式电流保护单相式原理框图

　　使用 I 段、II 段或 III 段组成的阶段式电流保护，其主要的优点就是简单、可靠，并且在一般情况下也能够满足快速切除故障的要求，因此在电网中特别是在 35kV 及以下的较低电压的网络中获得广泛的应用。缺点是它直接受电网的接线以及电力系统的运行方式变化的影响，例如整定值必须按系统最大运行方式来选择，而灵敏性则必须用系统最小运行方式来校验，这就使它往往不能满足灵敏度或保护范围的要求。

七、反时限过电流保护

　　由于定时限过电流保护（III 段）越靠近电源，保护动作时限越长，对切除故障是不利的。为能使 III 段电流保护缩短动作时限，可采用反时限特性。当故障点越靠近电源时，流过保护装置的短路电流越大，动作时间 t 越短。目前中低压微机保护装置都具有反时限电流保护功能，而且应用非常广泛。

　　反时限有三种特性方式，即

（1）标准反时限

$$t = \frac{0.14t_p}{\left(\dfrac{I}{I_p}\right)^{0.02} - 1} \tag{2-18}$$

（2）非常反时限

$$t = \frac{13.5 t_{\mathrm{p}}}{\dfrac{I}{I_{\mathrm{p}}} - 1}$$ （2-19）

（3）极端反时限

$$t = \frac{80 t_{\mathrm{p}}}{\left(\dfrac{I}{I_{\mathrm{p}}}\right)^2 - 1}$$ （2-20）

式中　t_{p}——时间常数，一般取Ⅲ段的时间定值（0.05～1s）；

I_{p}——电流基准值，一般取Ⅲ段的电流定值；

I——通过保护装置的短路电流；

t——反时限特性的动作时间。

对于长时间反时限亦能实现，长时间反时限表达式为

$$t = \frac{120 t_{\mathrm{p}}}{\dfrac{I}{I_{\mathrm{p}}} - 1}$$ （2-21）

通过控制字可以选择其中一种方式。一般的反时限电流保护装置同时含有速断功能，当电流超过速断定值时会瞬时动作。实际上就是包括电流速断和反时限特性过电流的两段式保护，保护性能优于传统的两段式保护。因此，反时限电流保护广泛用于末端馈线中。

反时限过电流保护的起动电流定值按躲过线路最大负荷电流条件整定，本线路末端短路故障时有不小于1.5的灵敏度，相邻线路末端短路故障时最好能有不小于1.2的灵敏度；同时还要校核与相邻上下一级保护的配合情况（电源侧为上一级，负荷侧为下一级）。反时限过电流保护最主要的问题是相互配合，如图2-11所示。

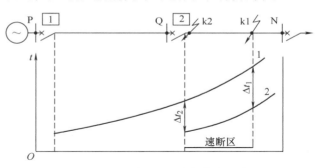

图2-11　反时限过电流保护的配合

八、电流保护的接线方式

上述的电流保护原理，以单相为例，实际的电力系统是三相系统。电流保护接线方式，是指电流保护中电流继电器线圈与电流互感器二次绕组之间的联结方式。对保护接线方式的要求是能反映各种类型故障，且灵敏度尽量一致。

流入电流继电器的电流与电流互感器二次电流的比值称为接线系数，显然，完全星形与不完全星形联结的接线系数均为1；两相电流差接线的接线系数则随短路类型而变化。

完全星形联结和不完全星形联结中流入电流继电器的电流均为相电流，两种联结方式都能反映各种相间短路故障。所不同的是，完全星形联结同时可以反映各种单相接地短路，不完全星形联结不能反映全部的单相接地短路（如B相接地）。

对相间短路的电流保护，根据电流互感器的安装条件，目前广泛使用的是三相星形联结和两相星形联结两种联结方式。三相星形接线如图 2-12 所示。它是将三个电流互感器和三个电流继电器分别按相连接在一起，互感器和继电器均接成星形，在中性线上流回的电流为 $I_a+I_b+I_c$，正常时此电流约为零，在发生接地短路时则为三倍零序电流 $3I_0$；三个继电器的起动跳闸回路是并联的，相当于"或"回路，其中任一输出均可动作于跳闸或起动时间继电器等。由于在每相上均装有电流继电器，因此，它可以反映各种相间短路和中性点直接接地系统中的单相接地短路。

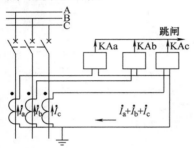

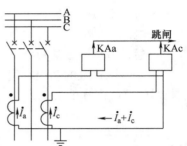

图 2-12　电流保护完全星形联结方式　　　　图 2-13　电流保护不完全星形联结方式

两相星形联结如图 2-13 所示。它用装设在 A、C 相上的两相电流互感器与两个电流继电器分别按相连接在一起。它和三相星形联结的主要区别在于 B 相上不装设电流互感器和相应的继电器，因此不能反映 B 相中所流过的电流。在这种接线中，中性线的流回电流是 I_a+I_c。当采用以上两种联结方式时，流入继电器的电流就是互感器的二次电流 I_2，设电流互感器的电流比为 $n_{TA} = I_1/I_2$，则 $I_2 = I_1/n_{TA}$。因此，当保护装置的一次起动电流整定为 I_{set} 时，则反映到继电器上的动作电流即应为 $I_{op} = I_{set}/n_{TA}$。以下对上述两种联结方式在各种故障时的性能进行分析比较。

1）中性点直接接地系统和不直接接地系统中的各种相间短路。前面所述两种联结方式均能正确反映这些故障，不同之处仅在于动作的继电器数不一样，三相星形联结方式在各种两相短路时，均有两个继电器动作，而两相星形联结方式在 AB 和 BC 相间短路时只有一个继电器动作。

2）中性点不直接接地系统中的两点接地短路。由于中性点不直接接地系统中，单相接地时，流过接地点的仅为零序电容电流，无短路电流。相间电压仍然是对称的，对负荷没有影响。为提高供电可靠性，允许发生一点接地后继续运行一段时间（1～2h），仅由接地保护发告警信号。对于 10～35kV 中性点不直接接地电网，一般采用不完全星形联结，单相接地时希望只切一个故障点。例如，在图 2-14 所示变电所母线上通常引出并联线路的情况下，发生两点接地短路时，希望任意切除一条线路。当保护 1、2 均采用三相星形联结时，两套保护均将动作，如保护 1 和保护 2 的时限整定得相同，即 $t_1 = t_2$，则保护 1、2 将同时动作切除两条线路，因此，不必要的切除两条线路的机会

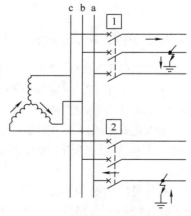

图 2-14　并联出线上发生两点接地

就比较多了。如采用两相星形联结，只要某一条线路上具有 b 相一点接地，由于 b 相未装保护，因此该线路就不被切除。即使是出现 $t_1 = t_2$ 的情况，它也能保证有 2/3 的机会只切除任一条线路。

3）对 Yd11 联结变压器一侧两相短路流过另一侧保护中电流的分析。现以图 2-15a 所示的 Yd11 联结的降压变压器为例，分析三角形（低压）侧发生 A、B 两相短路时在星形（高压）侧的各相电流关系。设变压器电压比为 1，三角形侧的短路电流为

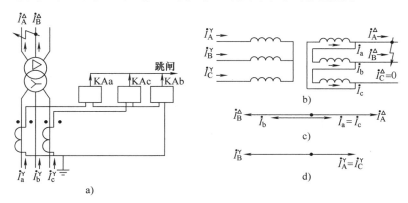

图 2-15　Yd11 联结降压变压器两相短路时的电流分析及电流保护原理接线
a）电流保护原理接线　b）电流分布　c）三角形侧电流相量　d）星形侧电流相量

$$\dot{I}_{Ak}^{\triangle} = -\dot{I}_{Bk}^{\triangle} \text{ 及 } \dot{I}_{Ck}^{\triangle} = 0 \tag{2-22}$$

在三角形绕组内部，有

$$\dot{I}_a = \dot{I}_c = \frac{1}{3}\dot{I}_{Ak} \text{ 及 } \dot{I}_b = -2\dot{I}_a = -\frac{2}{3}\dot{I}_{Ak} \tag{2-23}$$

在星形侧有同样关系，即

$$\dot{I}_A^Y = \dot{I}_C^Y = \frac{1}{\sqrt{3}}\dot{I}_{Ak}^{\triangle} \text{ 及 } \dot{I}_B^Y = -2\dot{I}_A^Y = \frac{2}{\sqrt{3}}\dot{I}_{Ak}^{\triangle} \tag{2-24}$$

同理分析可知，而当 Yd11 联结的升压变压器高压（星形）侧 BC 两相短路时，在低压（三角形）侧各相的电流为

$$\dot{I}_A^{\triangle} = \dot{I}_C^{\triangle} \text{ 及 } \dot{I}_B^{\triangle} = -2\dot{I}_A^{\triangle} \tag{2-25}$$

当过电流保护接于降压变压器的高压侧以作为低压侧线路故障的后备保护时，如果保护采用三相星形联结，则接于 B 相上的继电器由于流有较其他两相大 1 倍的电流，因此灵敏度增大 1 倍，这是十分有利的。如果保护采用的是两相星形联结，则由于 B 相上没有装设继电器，因此灵敏度只能由 A 相和 C 相的电流决定，在同样的情况下，其数值要比采用三相星形联结时降低一半。为了克服这个缺点，可以在两相星形联结的中性线上再接入一个继电器（见图 2-15a），利用这个继电器就能提高灵敏度。

4）两种联结方式的应用。三相星形联结需要三个电流互感器、三个电流继电器和四根二次电缆，相对来讲是复杂和不经济的。三相星形联结广泛用于发电机、变压器等大型贵重电气设备的保护中，因为它能提高保护动作的可靠性和灵敏性。此外，它也可以用在中性点直接接地系统中，作为相间短路和单相接地短路的保护。但实际上，由于单相接地短路照例

都是采用专门的零序电流保护，因此，为了上述目的而采用三相星形联结方式的并不多。

由于两相星形联结（包括图 2-15 情况）较为简单经济，因此在中性点直接接地系统和不直接接地系统中，被广泛作为相间短路的保护。在广大中性点不直接接地的系统，即配电网大多采用图 2-14 的接线，采用两相星形联结就可保证有 2/3 的机会只切除一条线路。当电网中的电流保护采用两相星形联结方式时，应在所有线路上将保护装置安装在相同的两相上（一般都装于 A、C 相上），以保证在不同线路上发生两点及多点接地时，能切除故障。

九、三段式电流保护整定算例

图 2-16 所示 35kV 单侧电源系统，线路 L1 装有三段式电流保护，保护采用两相不完全星形联结，最大负荷 $P_{max} = 9MW$，$\cos\varphi = 0.9$。最低工作电压为 $U_{min} = 0.95U_N$。电流互感器的电流比 $n_{TA} = 300/5$；设 L2 保护也为三段式，过电流保护的动作时限为 1s。变压器装有差动和过电流保护，其中过电流动作时限为 1.5s。L1 长 20km，L2 长 30km，$z_1 = 0.4\Omega/km$；变压器 $Z_T = 30\Omega$，系统 $Z_{max} = 9\Omega$，$Z_{min} = 7\Omega$，系统取 $E = 37kV$。试对 L1 的三段电流保护进行整定计算。

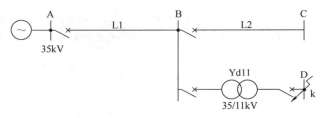

图 2-16 整定计算实例图

计算时，各项系数取：$K^{\mathrm{I}}_{rel} = 1.2$；$K^{\mathrm{II}}_{rel} = 1.1$；$K^{\mathrm{III}}_{rel} = 1.2$；$K_{ss} = 1.3$；$K_{re} = 0.85$。

解：

1. Ⅰ段整定计算

（1）定值

$$I^{\mathrm{I}}_{set} = K^{\mathrm{I}}_{rel}I^{(3)}_{k.B.max} = 1.2 \times 1424A = 1709A \; ；二次值取 28A（300/5）。$$

其中

$$I^{(3)}_{k.B.max} = \frac{E_\varphi}{Z_{S.min} + z_1l_{AB}} = \frac{37 \times 1000}{\sqrt{3} \times (7 + 0.4 \times 20)}A = 1424A$$

（2）灵敏度检验（要求 >15%）

由

$$I^{\mathrm{I}}_{set} = \frac{E_\varphi}{Z_{S.max} + z_1l_{min}} \times \frac{\sqrt{3}}{2} = \frac{37 \times 1000V}{2 \times (9\Omega + 0.4\Omega/km \times l_{min})} = 1709A$$

解得 $l_{min}/l_{AB} = 22.8\%$，满足灵敏度要求。

2. Ⅱ段整定计算

（1）定值

1）与相邻线路Ⅰ段保护配合，有

$$I^{\mathrm{II}}_{set.1} = K^{\mathrm{II}}_{rel}I^{\mathrm{I}}_{set.2} = 1.1 \times 1.2 \times 791A = 1044A$$

其中 $$I_{\mathrm{k.C.max}}^{(3)} = \frac{E_{\varphi}}{Z_{\mathrm{S.min}} + z_1 l_{\mathrm{AC}}} = \frac{37 \times 1000}{\sqrt{3}\,(7 + 0.4 \times 50)}\mathrm{A} = 791\mathrm{A}$$

2）与相邻变压器差动保护配合，有

$$I_{\mathrm{set.1}}^{\mathrm{II}} = K_{\mathrm{rel}}^{\mathrm{II}} I_{\mathrm{k.D.max}}^{\mathrm{II}} = 1.3 \times 475\mathrm{A} = 617\mathrm{A}$$

其中 $$I_{\mathrm{k.D.max}}^{(3)} = \frac{E_{\varphi}}{Z_{\mathrm{S.min}} + (z_1 l_{\mathrm{AB}} + Z_{\mathrm{T}})} = \frac{37 \times 1000}{\sqrt{3}\,[7 + (0.4 \times 20 + 30)]}\mathrm{A} = 475\mathrm{A}$$

二者取较大的值为 1044A；二次值取 10A（300/5）。

（2）校验灵敏度

$$K_{\mathrm{sen}}^{\mathrm{II}} = \frac{I_{\mathrm{k.B.min}}^{(2)}}{I_{\mathrm{set}}^{\mathrm{II}}} = \frac{1088}{1044} = 1.04 < 1.2，灵敏度不满足要求。$$

其中 $$I_{\mathrm{k.B.min}}^{(2)} = \frac{E_{\varphi}}{Z_{\mathrm{S.max}} + z_1 l_{\mathrm{AB}}} \times \frac{\sqrt{3}}{2} = \frac{37 \times 1000}{2 \times (9 + 0.4 \times 20)}\mathrm{A} = 1088\mathrm{A}$$

按满足灵敏度整定

由 $$K_{\mathrm{sen}}^{\mathrm{II}} = \frac{I_{\mathrm{k.B.min}}^{(2)}}{I_{\mathrm{set}}^{\mathrm{II}}} = \frac{1088}{I_{\mathrm{set}}^{\mathrm{II}}} \geqslant 1.3，可得$$

$$I_{\mathrm{set}}^{\mathrm{II}} = \frac{1088}{1.3}\mathrm{A} = 837\mathrm{A}；二次值取 14A。$$

（3）时限

与相邻线路 II 段配合 $t^{\mathrm{II}} = t^{\mathrm{II}} + \Delta t = 1.0\mathrm{s}$。

3. III 段整定计算

（1）定值

$$I_{\mathrm{set}}^{\mathrm{III}} = \frac{K_{\mathrm{rel}}^{\mathrm{III}} K_{\mathrm{ss}}}{K_{\mathrm{re}}} I_{\mathrm{L.max}} = \frac{1.2 \times 1.3}{0.85} \times 174\mathrm{A} = 319\mathrm{A}；二次值取 6A。$$

其中 $$I_{\mathrm{L.max}} = \frac{9 \times 1000}{\sqrt{3} \times 0.95 \times 35 \times 0.9}\mathrm{A} = 174\mathrm{A}$$

（2）时限

$$t_{\mathrm{A}}^{\mathrm{III}} = \max\{t_{\mathrm{B}}^{\mathrm{III}} + \Delta t,\ t_{\mathrm{T}}^{\mathrm{III}} + \Delta t\} = 1.5\mathrm{s} + 0.5\mathrm{s} = 2.0\mathrm{s}$$

（3）灵敏度校验

近后备 $$K_{\mathrm{sen}}^{\mathrm{III}} = \frac{I_{\mathrm{k.B.min}}^{(2)}}{I_{\mathrm{set}}^{\mathrm{III}}} = \frac{1088}{319} = 3.41 \geqslant 1.5；满足要求。$$

L2 远后备 $$K_{\mathrm{sen}}^{\mathrm{III}} = \frac{I_{\mathrm{k.C.min}}^{(2)}}{I_{\mathrm{set}}^{\mathrm{III}}} = \frac{638}{319} = 2.0 > 1.2；满足要求。$$

其中 $$I_{\mathrm{k.C.min}}^{(2)} = \frac{E_{\varphi}}{Z_{\mathrm{S.max}} + z_1 l_{\mathrm{AC}}} \times \frac{\sqrt{3}}{2} = \frac{37 \times 1000}{2 \times (9 + 0.4 \times 50)}\mathrm{A} = 638\mathrm{A}$$

变压器远后备 $$K_{\mathrm{sen}}^{\mathrm{III}} = \frac{I_{\mathrm{k.D.min}}^{(2)}}{I_{\mathrm{set}}^{\mathrm{III}}} = \frac{227}{319} = 0.712 < 1.2；不满足要求。$$

其中 $$I_{\mathrm{k.D.min}}^{(2)} = \frac{E_{\varphi}}{Z_{\mathrm{S.max}} + (z_1 l_{\mathrm{AB}} + Z_{\mathrm{T}})} \times \frac{\sqrt{3}}{2} = \frac{37 \times 1000}{2 \times [9 + (0.4 \times 20 + 30)]} \times \frac{1}{\sqrt{3}}\mathrm{A} = 227\mathrm{A}$$

应改用两相三继电器接线，K_{sen}提高一倍为 1.42，可满足灵敏度要求。

十、传统三段式电流保护的接线图举例

用图 2-17 举例说明传统三段式电流保护的接线。继电保护接线图一般可以用原理接线图和展开图两种形式来表示，此外还有安装图，主要用于安装、配线、调试及试验等。

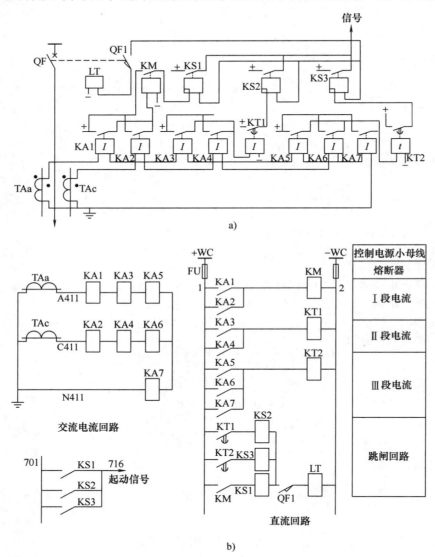

图 2-17 传统三段式电流保护的原理接线图

a）原理接线图 b）原理展开图

（1）原理图

把整个继电器和有关的一、二次元件绘制在一起，能直观而完整地表示它们之间的电气连接及工作原理的接线图，称为原理图。阶段式电流保护的原理图如图 2-17a 所示，图中各元件均以完整的图形符号表示，有交流及直流回路，图中所示的接线是广泛应用于中性点不

直接接地系统输电线路的两相不完全星形联结。接于 A 相的阶段式电流保护由继电器 KA1、KM、KS1 组成Ⅰ段，KA3、KT1、KS2 组成Ⅱ段，KA5、KT2、KS3 组成Ⅲ段。接于 C 相的阶段式电流保护由继电器 KA2、KM、KS1 组成Ⅰ段，KA4、KT1、KS2 组成Ⅱ段，KA6、KT2、KS3 组成Ⅲ段。为使保护接线简单，A 相与 C 相共用其中的中间继电器、信号继电器及时间继电器。

原理图的主要优点是便于阅读，能表示动作原理，有整体概念。但原理图不便于现场查线及调试，接线复杂的保护原理图绘制、阅读比较困难。同时，原理图只能画出继电器各元件的连线，但元件内部接线、引出端子、回路标号等细节不能表示出来，所以还要有展开图和安装图。

（2）展开图

以电气回路为基础，将继电器和各元件的线圈、触点按保护动作顺序，自左而右、自上而下绘制的接线图，称为展开图。图 2-17b 为阶段式电流保护的展开图。展开图的特点是分别绘制保护的交流电流回路、交流电压回路、直流回路及信号回路。各继电器的线圈和触点也分开，分别画在它们各自所属的回路中，并且属于同一个继电器或元件的所有部件都注明同样的符号。所有继电器元件的图形符号按国家标准统一编制。绘制展开图时应遵守下列规则：

1）回路的排列次序，一般先是交流电流、交流电压回路，后是直流回路及信号回路。

2）每个回路内，各行的排列顺序，交流回路是按 a、b、c 相序排列，直流回路按保护的动作顺序自上而下排列。每一行中各元件（继电器的线圈、触点等）按实际顺序绘制。

以图 2-17 为例说明如何由原理接线图绘制成对应展开图。首先画交流电流回路，交流电流从电流互感器 TAa 出来经电流继电器 KA1、KA3、KA5 的线圈流到中性线经 KA7 形成回路。同理从 TAc 流出的交流电流经 KA2、KA4、KA6 流到中性线经 KA7 形成回路。其次，画直流回路，将属于同一回路的各元件的触点、线圈等按直流电流经过的顺序连接起来，如"+"→KA1→KM→"−"等。这样就形成了展开图的各行，各行按动作先后顺序由上而下垂直排列，形成直流回路展开图。为便于阅读，在展开图各回路的右侧还有文字说明表，以说明各行的性质或作用，如"Ⅰ段电流""跳闸回路"等，最后绘制信号回路，过程同上。

阅读展开图时，先交流后直流再信号，从上而下，从左到右，层次分明。展开图对于现场安装、调试、查线都很方便，在生产中应用广泛。

第二节　相间短路的方向电流保护

一、双侧电源网络相间短路的功率方向

1. 双侧电源网络的问题

如图 2-18 所示，在双侧电源网络的线路上，为切除故障元件，应在线路两侧装设断路器和保护装置。当线路发生故障时，线路两侧的保护均应动作，跳开两侧的断路器，这样才能切除故障线路，保证非故障设备继续运行。在这种电网中，如果还采用一般过电流保护作为相间短路保护时，主保护灵敏度可能下降，后备保护无法满足选择性要求。

1）可能使Ⅰ、Ⅱ段灵敏度下降。以保护 3 的Ⅰ段为例，整定电流应躲过本线路末端 C

短路时的最大短路电流，关键是除了躲过 C 母线处短路时 M 侧电源提供的短路电流，还必须躲过 B 母线短路时 N 侧电源提供的短路电流。当两侧电源相差较大且 N 侧电源强于 M 侧电源时，可能使整定电流增

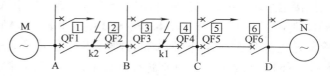

图 2-18　双侧电源供电网络示意图

大，缩短 I 段保护的保护区，严重时可以导致 I 段保护丧失保护区。整定电流保护 II 段时也有类似的问题，除了与保护 5 的 I 段配合，还必须与保护 2 的 I 段配合，可能导致灵敏度下降。

2）无法保证 III 段动作选择性。III 段动作时限采用"阶梯特性"，距电源最远处为起点，动作时限最短。现在有两个电源，无法确定动作时限起点。图 2-18 中，保护 2、3 的 III 段动作时限分别为 t_2、t_3，当 k1 故障时，保护 2、3 的电流 III 段同时动作，按选择性要求应该保护 3 动作，即要求 $t_3 < t_2$；而当 k2 故障时，又希望保护 2 动作，即要求 $t_3 > t_2$，显然无法同时满足两种情况下后备保护的选择性。

2. 方向性保护的概念

造成电流保护在双电源线路上应用困难的原因是需要考虑"反向故障"。以图 2-18 中保护 3 为例，k2 点发生故障时 N 侧电源提供的短路电流流过保护 3，而如果仅存在电源 M，k2 点发生故障时则没有短路电流流过保护 3，不需要考虑。

正方向故障时方向电流保护才可能动作，按正方向分组，图 2-19 中的保护可以分为两组：1、3、5 为一组，整定动作电流时考虑 M 侧电源提供的短路电流；2、4、6 为另一组，整定时考虑 N 侧电源提供的短路电流。

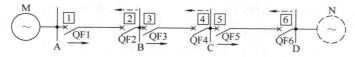

图 2-19　方向电流保护分组

在双侧电源线路上，电流保护应增设方向元件以构成方向电流保护，增设方向元件后，只反映正向短路故障。对电流保护 II 段，装设方向元件后可不与反方向上的保护配合，有时可以提高灵敏度。同时，将欠电压元件引入方向电流保护，可提高方向电流保护的工作可靠性，有时也可提高过电流保护的灵敏度，欠电压闭锁元件的动作电压一般取 60%~70% 的额定电压。

从保护装置安装处看，规定"母线指向线路"方向上发生的故障为正向故障，反之为反向故障。如果用一个方向元件控制电流保护，当 k2 点发生故障时保护 3 反向，闭锁电流保护，就能解决在双电源线路上应用电流保护的问题。方向元件与电流元件结合就构成了方向电流保护，两者的逻辑关系如图 2-20 所示。

传统的 10~35kV 配电网一般均采用单电源辐射形供电，环形网络通常也采用开环运行，保

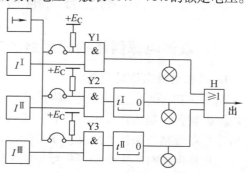

图 2-20　方向电流保护原理框图

护无须考虑方向问题。随着分散的可再生能源发电的发展，分布式电源将在配电网中大量出现，配电网中双电源供电或环网供电的运行方式也将会越来越多，方向问题在配电网中也将会普遍存在。

二、功率方向判别元件

1. 方向元件原理分析

方向元件的作用是判别故障方向，即由母线电压、线路电流判别故障方向。图 2-21 中母线电压参考方向为"母线指向大地"，电流参考方向为"母线指向线路"，依据 $\dot{U}$ 与 $\dot{I}$ 的相位关系即可以判别故障方向。

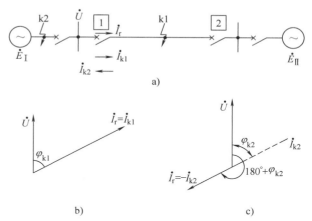

$\varphi = \arg(\dot{U}/\dot{I})$ 表示 $\dot{U}$ 超前 $\dot{I}$ 的角度，电压超前时 $\varphi>0$，反之 $\varphi<0$。在规定的电压、电流参考方向下，有功功率的正、负可以用来判断故障的方向，依

图 2-21　方向元件工作原理的分析
a）网络接线　b）正方向短路相量图　c）反方向短路相量图

此原理构成的方向元件也称为功率方向元件。目前微机型保护应用已极其广泛，数字式方向判别原理的方向元件非常可靠和简单。

可见，对于保护 1，当 k1 点短路时保护为正方向，即 $\varphi = \arg(\dot{U}/\dot{I})$ 从 $0°\sim90°$，$\cos\varphi>0$。当 k2 点短路时保护为反方向，即 $\varphi = \arg(\dot{U}/\dot{I})$ 从 $180°\sim270°$，$\cos\varphi<0$。

2. 90°接线方式

当功率方向元件输入满足其相位要求的电压、电流量时即可动作。传统的功率方向继电器的接线方式是指它与电流互感器和电压互感器之间的连接方式，对于微机型功率方向元件而言，接线方式就是合理选择功率方向元件的输入电压与电流相别，以满足如下要求：

1）必须保证功率方向元件具有良好的方向性，即正向发生任何类型的故障都能动作，而反向故障时则不动作。

2）尽量使功率方向元件在正向故障时具有较高的灵敏度，使 $\cos\varphi$ 接近于 1，此时的 φ 即为灵敏角 φ_{sen}。

为满足上述要求，功率方向元件广泛采用所谓"90°接线"，各相功率方向元件所采用的电流、电压量见表 2-1。保护处于送电侧，系统正常运行情况下，当 $\cos\varphi = 1$ 时，3 个功率方向元件测量的角度均为 90°，如 A 相功率方向元件的电流 $\dot{I}_A$ 超前 BC 线电压 $\dot{U}_{BC}$ 90°。该接线方式因此而得名。

表 2-1　90°接线功率方向元件

接 线 方 式	方向元件电流 $\dot{I}_k$	方向元件电压 $\dot{U}_k$
A 相功率方向元件	$\dot{I}_A$	$\dot{U}_{BC}$
B 相功率方向元件	$\dot{I}_B$	$\dot{U}_{CA}$
C 相功率方向元件	$\dot{I}_C$	$\dot{U}_{AB}$

3. 功率方向元件的动作区域

微机保护中判断方向的元件所采用的电压、电流关系也称为接线方式。为保证各种相间短路时方向元件能可靠灵敏动作，反映相间短路故障的方向元件也多采用 90° 接线。而且，微机保护中方向元件可以由控制字（软压板）选择正、反方向的动作方式。

下面以正方向故障来说明方向元件的原理。

在图 2-22a 中，以 $\dot{U}_k$（如 $\dot{U}_{BC}$）为参考相量，向超前方向（逆时针方向）作 $\dot{U}_k e^{j\alpha}$ 相量，再作垂直于 $\dot{U}_k e^{j\alpha}$ 相量的直线 ab，其阴影线侧即为 $\dot{I}_k$（如 $\dot{I}_A$）的动作区。因此功率方向元件的判据为

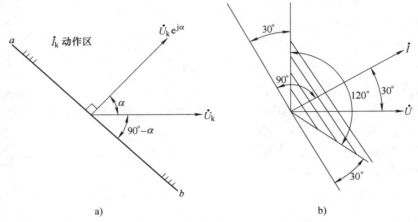

图 2-22　90°接线功率方向元件动作特性

a）动作原理示意图　b）动作范围（120°）

$$-90° < \arg \frac{\dot{I}_k}{\dot{U}_k e^{j\alpha}} < 90° \text{（正向元件）} \tag{2-26}$$

$$90° < \arg \frac{\dot{I}_k}{\dot{U}_k e^{j\alpha}} < 270° \text{（反向元件）} \tag{2-27}$$

满足式（2-26）时，$\dot{I}_k$ 处于动作区内，正方向功率方向元件动作，表示故障点在保护安装处正方向。满足式（2-27）时，$\dot{I}_k$ 处于非动作区内，反方向功率方向元件动作，表示故障点在保护安装处背后。

仍称 α 为功率方向元件的内角（30°或45°），当 $\dot{I}_k$ 超前 $\dot{U}_k$ 的角度正好为 α 时，位于动作区域的中心，正向元件动作最灵敏，最灵敏角为 $-\alpha$。

一般微机保护装置采用动作区域小于 180°，如图 2-22b 所示动作区域为 120°，灵敏角仍为 -30°。动作区域为 -90°~30°。需要注意的是，这个动作区域是针对相间故障的。对于两相式保护，由于 B 相电流由 A、C 两相电流合成，所以在通入 A、C 单相电流做动作区域检查时，所得到的动作区将会有偏移，当然，由于仅在 III 段中计算 B 相电流，因此这个偏移动作区在 III 段方向试验才会出现。

以 A 相方向元件为例，电流 $\dot{I}_r$ 取 $\dot{I}_A$，电压 $\dot{U}_r$ 取 $\dot{U}_{BC}$，方向元件的内角为 α。$\dot{A}$ 相量 $\dot{I}_A e^{-j\alpha}$ 和 $\dot{B}$ 相量 $\dot{U}_{BC}$ 相位的比较可以变为绝对值的比较，即

$$|\dot{A} + \dot{B}| \geqslant |\dot{A} - \dot{B}| \tag{2-28}$$

可见正方向短路时 $|\dot{A} + \dot{B}|$ 具有最大值，$|\dot{A} - \dot{B}|$ 具有最小值。

三、按相启动

因方向元件动作十分灵敏，在负荷电流作用下就能动作，所以线路发生短路故障时，只有故障相的方向元件能正确判别故障方向，而非故障相方向元件受负荷电流（中性点接地电网中非故障相中还有故障分量电流）的作用不能正确判别方向。为此，故障相电流元件应与该相方向元件串联（相"与"）后启动该段时间元件，这就是按相启动。

第三节　中性点直接接地系统中接地短路的零序电流保护

在中性点直接接地电网中，线路正常运行时系统对称，线路首端测得的零序电流约为零；当发生接地故障时，将出现很大的零序电流。我国 110kV 及以上电压等级的电网，中性点均直接接地。统计表明，中性点直接接地电网中接地故障占故障总数的 80% 以上。为保证系统的安全运行，在中性点直接接地电网中，因零序电流保护简单可靠、灵敏度高、保护区较为稳定，所以在输电线路保护中获得了极为广泛的应用。三段式零序电流保护的基本逻辑框图如图 2-23 所示。

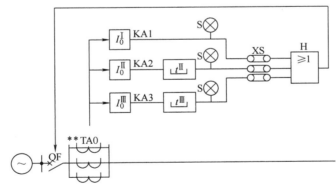

图 2-23　三段式零序电流保护的基本逻辑框图

TA0—零序电流滤过器　KA1、KA2、KA3—Ⅰ、Ⅱ、Ⅲ段零序电流测量元件

零序电流保护由多段组成，并可根据运行需要而设置。单侧电源线路的零序电流保护一般为三段式，终端线路可以采用两段式，双侧电源复杂电网线路零序电流保护一般为四段式。

三段式零序电流保护中，全相时设置三个灵敏段，即Ⅰ段、Ⅱ段、Ⅲ段，非全相运行时可增设两个不灵敏段，即瞬时动作的不灵敏Ⅰ段和带延时的不灵敏Ⅱ段。零序电流可由电流互感器的零序滤过器获得，零序电压可由电压互感器开口三角获得。

一、零序电流、零序电压滤过器

要构成阶段式零序电流保护，需要取出零序电流，零序电流滤过器就是取出零序电流的工具。零序电流滤过器有两种形式：一种是将三相电流互感器二次侧同极性并联，构成零序电流滤过器；另一种是用于电缆引出线路的零序电流互感器。

1. 零序电流滤过器

根据对称分量的表达式，通常采用三相电流互感器按图 2-24 接线，将三相电流互感器二次侧同极性并联，构成零序电流滤过器。此时流入继电器回路中的电流为

$$\dot{I}_k = \dot{I}_a + \dot{I}_b + \dot{I}_c = 3\dot{I}_0 \qquad (2\text{-}29)$$

因为只有接地故障时才产生零序电流，正常运行和相间短路时不产生零序电流，理想情况下 $3\dot{I}_0 = 0$，继电器不会动作。

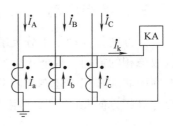

图 2-24 零序电流滤过器

但实际上三相电流互感器励磁特性不一致，继电器中会有不平衡电流流过，设三相电流互感器的励磁电流分别为 $\dot{I}_{\mu A}$、$\dot{I}_{\mu B}$、$\dot{I}_{\mu C}$，三相对称情况下流入继电器的电流为一不平衡电流 $\dot{I}_{unb}$，即

$$\dot{I}_{unb} = -\frac{1}{n_{TA}}(\dot{I}_{\mu A} + \dot{I}_{\mu B} + \dot{I}_{\mu C}) \qquad (2\text{-}30)$$

在正常运行时不平衡电流很小，在相间故障时由于互感器一次电流很大，铁心饱和不平衡电流可能会较大，即为 $\dot{I}_{unb.max}$，接地保护的动作电流应躲过 $\dot{I}_{unb.max}$，以防止误动。

微机保护中根据数据采集系统得到的三相电流值再用软件进行相加得到三倍零序电流 $3\dot{I}_0$，这种方法称为"自产零序电流"。

2. 零序电流互感器

零序电流互感器如图 2-25 所示。零序电流互感器套在电缆的外面，其一次绕组是从铁心窗口穿过的电缆，即互感器一次电流是 $\dot{I}_A + \dot{I}_B + \dot{I}_C = 3\dot{I}_0$，只有在一次侧通过零序电流时，在互感器二次侧才有相应的零序电流输出，故称它为零序电流互感器。它的优点是不平衡电流小、接线简单。

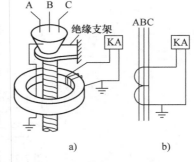

a)   b)

图 2-25 零序电流互感器
a）结构图　b）接线图

发生接地故障时，接地电流不仅可能在地中流动，还可能沿着故障线路电缆的导电外皮或非故障电缆的外皮流动。正常运行时，地中杂散电流也可能在电缆外皮上流过。这些电流可能导致保护装置的误动作、拒绝动作或使其灵敏度降低。为了解决这个问题，在安装零序电流互感器时，电缆头应与支架绝缘，并将电缆头的接地线穿过零序电流互感器的铁心窗口后再接地（见图 2-25）。这样，沿电缆外皮流动的电流来回两次穿过铁心，互相抵消，因而在铁心中不会产生磁通，这就不至于影响保护的正确工作。

3. 零序电压滤过器

为了取得零序电压，通常采用如图 2-26a 所示的三个单相式电压互感器或图 2-26b 所示

的三相式电压互感器，其一次绕组接成星形并将中性点接地，二次绕组接成开口三角形，这样从 m、n 端子得到的输出电压为

$$\dot{U}_{mn} = \dot{U}_{a} + \dot{U}_{b} + \dot{U}_{c} = 3\dot{U}_{0} \tag{2-31}$$

同样，微机保护可根据数据采集系统得到的三相电压值再用软件进行相量相加得到 $3\dot{U}_{0}$ 值，称为"自产零序电压"，如图 2-26d 所示。此外，当发电机的中性点经电压互感器（或消弧线圈）接地时，如图 2-26c 所示从它的二次绕组中也能够取得零序电压。同样，电压滤过器也会有不平衡电压。

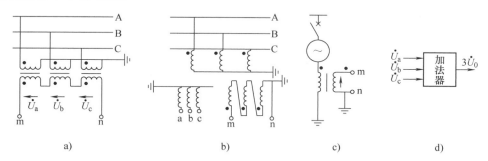

图 2-26　零序电压滤过器接线图

a）三个单相式电压互感器　b）三相五柱式电压互感器　c）发电机中性点电压互感器　d）自产零序电压

在线路保护中，$3\dot{U}_{0}$ 主要用于判别接地故障时的故障方向。目前零序电压的获取大多采用自产零序电压方式，只有在 TV 断线时才改用开口三角处的 $3\dot{U}_{0}$。

二、接地短路时零序电压、电流和功率的分布

电流保护和方向电流保护是利用正常运行与短路状态下电流幅值、功率方向的差异来判别故障。另外，正常运行的电力系统是三相对称的，其零序、负序电流和电压理论上为零。而多数的短路故障是不对称的，其零序、负序电流和电压会很大。利用故障时的不对称特性可以有效地区分正常与故障。利用三相对称性的变化特征，可以构成反映序分量原理的各种保护。

当中性点直接接地系统（又称大接地电流系统）中发生接地短路时，将出现很大的零序电压和电流，利用零序电压、电流来构成接地短路的保护，具有显著的优点，被广泛应用在 110kV 及以上电压等级的电网中。

在电力系统中发生接地短路时，如图 2-27a 所示，可以利用对称分量的方法将电流和电压分解为正序、负序、零序分量，并利用复合序网来表示它们之间的关系。短路计算的零序等效网络如图 2-27b 所示，零序电流是由在故障点施加的零序电压 $\dot{U}_{k0}$ 产生的，经过线路、接地变压器的接地支路（中性点接地）构成回路。零序电流的规定正方向，仍然采用由母线流向线路为正，而对零序电压的正方向，规定线路高于大地的电压为正。由上述等效网络可见，零序分量的参数具有如下特点：

1. 零序电压

由于零序电源在故障点，故障点的零序电压最高，系统中距离故障点越远处的零序电压

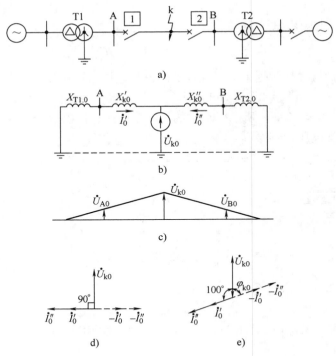

图 2-27　接地短路时的零序等效网络

a）系统接线图　b）零序网络图　c）零序电压的分布图　d）忽略电阻的相量图　e）计及电阻的相量图

越低，其值取决于测量点到大地间阻抗的大小。零序电压的分布如图 2-27c 所示。在电力系统运行方式变化时，如果送电线路和中性点接地变压器位置、数目不变，则零序阻抗和零序等效网络就是不变的。而此时，系统的正序阻抗和负序阻抗要随着运行方式而变化，正、负序阻抗的变化将引起故障点处三序电压之间分配的改变，因而仅间接影响零序分量的大小。

2. 零序电流

由于零序电流是由零序电压 $\dot{U}_{k0}$ 产生的，由故障点经由线路流向大地。当忽略回路的电阻时，按照规定的正方向画出的零序电流、电压的相量图，如图 2-27d 所示，可见，流过故障点两侧线路保护的电流 $\dot{I}'_0$ 和 $\dot{I}''_0$ 将超前 $\dot{U}_{k0}$ 90°。而当计及回路电阻时，例如取零序阻抗角为 80°，电流 $\dot{I}'_0$ 和 $\dot{I}''_0$ 将超前 $\dot{U}_{k0}$ 100°，如图 2-27e 所示。

零序电流的分布主要取决于输电线路的零序阻抗和中性点接地变压器的零序阻抗，而与电源的数目和位置无关，例如在图 2-27a 中，当变压器 T2 的中性点不接地时 $\dot{I}''_0 = 0$。

3. 零序功率及电压、电流的相位关系

对于发生故障的线路，两端零序功率方向与正序功率方向相反，零序功率实际上都是由线路流向母线的。

从任一保护安装处的零序电压和电流之间的关系看，例如保护 1，由于 A 母线上的零序电压 $\dot{U}_{A0}$ 实际上是从该点到零序网络中性点之间零序阻抗上的电压降。

该处零序电流和零序电压之间的相位差也将由 $Z_{T1.0}$ 的阻抗角决定，而与被保护线路的零序阻抗及故障点的位置无关。

大电流接地电网中，中性点接地变压器的数目及分布，决定了零序网络结构，影响着零序电压和零序电流的大小和分布。为了保持零序网络的稳定，有利于继电保护的整定，使接地保护有较稳定的保护区和灵敏性，希望中性点接地变压器的数目及分布基本保持不变；为防止由于失去接地中性点后发生接地故障时引起的过电压，应尽可能地使各个变电所的变压器保持有一台中性点接地；同时为降低零序电流，应减少中性点接地变压器的数目。

三、零序电流速断保护

无时限零序电流速断保护（零序电流Ⅰ段）的工作原理，与反映相间短路故障的无时限电流速断保护相似，所不同的是无时限零序电流速断保护，仅反映电流中的零序分量。当在被保护线路 AB 上发生单相或两相接地短路时，故障点沿线路 AB 移动时，流过 A 处保护的最大零序电流变化曲线，如图 2-28 所示。为保证保护的动作选择性，零序电流Ⅰ段保护区不能超出本线路，其动作电流按下述原则整定：

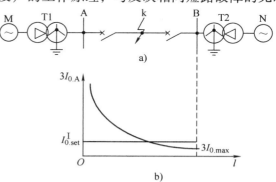

图 2-28　零序电流速断保护的动作电流整定说明图

a）系统图　b）动作电流特性

1）躲过被保护线路末端发生单相或两相接地短路时流过本线路的最大零序电流 $3I_{0.\max}$ ，即

$$I_{0.\text{set}}^{\text{I}} = K_{\text{rel}}^{\text{I}} \cdot 3I_{0.\max} \tag{2-32}$$

式中　$K_{\text{rel}}^{\text{I}}$——可靠系数，一般取 1.2~1.3。

求取 $3I_{0.\max}$ 的故障点应选取线路末端，图 2-28 中 A 处的零序电流Ⅰ段整定时故障点应在 B 处。故障类型应选择使得零序电流最大的一种接地故障。整定时应按照最大运行方式，系统的零序等效阻抗最小来考虑。

2）躲过手动合闸或自动重合闸期间断路器三相触头不同时合闸所出现的最大零序电流 $3I_{0.\text{unb}}$ ，即

$$I_{0.\text{set}}^{\text{I}} = K_{\text{rel}}^{\text{I}} \cdot 3I_{0.\text{unb}} \tag{2-33}$$

$I_{0.\text{unb}}$ 只在断路器三相触头不同时合上时存在，所以持续时间较短，一般小于 100ms。如果在断路器手动合闸或自动重合闸期间，零序电流Ⅰ段保护增加延时 t（一般为 0.1s），用来躲过断路器三相触头不同时合上时的零序电流，则可不考虑这个整定条件。

3）当线路上采用单相自动重合闸时，还应躲过非全相运行期间发生振荡所出现的最大零序电流。

在 220kV 及以上电压等级的输电线路，考虑到单相重合闸所造成的非全相运行状态，需设置零序电流保护不灵敏Ⅰ段和灵敏Ⅰ段。灵敏Ⅰ段在单相重合闸过程中要退出运行，不灵敏Ⅰ段在故障及重合闸过程中都不退出。

一般而言，非全相运行伴随振荡时的最大零序电流是上述三点中最大的。如按条件 3）整定，则定值比较大，保护范围要减小，灵敏性较低。为解决这个问题，可装设两套灵敏性不同的零序电流速断保护，即

①灵敏 I 段：按整定条件 1)、2) 整定（两者中取较大者），或只是按照整定条件 1) 整定，在手动合闸或自动重合闸时增加 0.1s 延时，在非全相运行伴随振荡时灵敏 I 段退出。

②不灵敏 I 段：按整定条件 3) 整定。不灵敏 I 段动作值较高，可作为非全相运行期间灵敏 I 段退出时的零序 I 段保护。

无时限零序电流速断保护的灵敏性要求与相间电流 I 段相同，保护范围要求大于线路全长的 15%～20%。

四、零序限时速断保护

零序限时电流速断保护（零序电流 II 段）动作电流的整定原则与相间短路的限时电流速断保护相同，整定时应注意考虑零序电流的分支系数。动作时限应比下一条线路零序电流 I 段的动作时限大一个时限级差 Δt。对于图 2-29 中保护 A 处，其动作电流按下述原则整定：

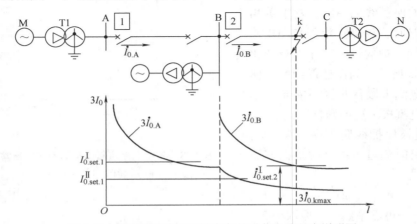

图 2-29 带时限零序电流速断保护动作电流整定说明图

零序电流 II 段保护区不超出相邻线路零序电流 I 段保护区，即躲过相邻线路 I 段末端短路时流过本线路的最大零序电流。如图 2-29 所示，有

$$I_{0.\text{set}.1}^{\text{II}} = K_{\text{rel}}^{\text{II}} \cdot 3I_{0.\text{kmax}} \tag{2-34}$$

式中　$I_{0.\text{kmax}}$——保护 2 零序电流 I 段末端故障时流过 AB 线路的最大零序电流；

$K_{\text{rel}}^{\text{II}}$——可靠系数，一般取 1.1。

零序电流 II 段灵敏性，应按被保护线路末端发生接地短路时的最小零序电流来校验，要求 $K_{\text{sen}} \geqslant 1.3 \sim 1.5$，即

$$K_{\text{sen}} = \frac{3I_{0.\text{Bmin}}}{I_{0.\text{set}.1}^{\text{II}}} \tag{2-35}$$

应该指出的是，对于零序电流保护 II 段，一般来说定值躲不过本线路非全相运行产生的零序电流，而 II 段时限小于非全相运行时间，因此零序电流保护 II 段在单相重合闸时应退出运行。设置零序不灵敏 II 段是为了在单相重合闸周期内使其与相邻线路保护配合，以改善相邻线路后备段的整定配合条件。

当灵敏度不能满足要求时，可与相邻线路零序 II 段配合整定，其动作时限应较相邻线路零序 II 段时限长一个时间级差 Δt。

五、零序过电流保护

零序过电流保护（零序电流Ⅲ段）在正常时不应动作，故障切除后应当返回，为保证选择性，动作时间应当与相邻线路Ⅲ段按照阶梯原则配合。零序电流Ⅲ段保护范围较长，对于本线路和相邻线路的接地故障，零序过电流保护都应能够反应。

零序电流Ⅲ段的动作电流应躲过下一线路始端（本线路末端）三相短路时流过本保护的最大不平衡电流 $I_{\text{unb. max}}$ ，即

$$I_{0.\,\text{set}}^{\text{Ⅲ}} = K_{\text{rel}}^{\text{Ⅲ}} I_{\text{unb. max}} \tag{2-36}$$

式中 $K_{\text{rel}}^{\text{Ⅲ}}$——可靠系数，一般取 1.2~1.3。

最大不平衡电流为

$$I_{\text{unb. max}} = K_{\text{ap}} K_{\text{ss}} K_{\text{er}} I_{\text{kmax}}^{(3)} \tag{2-37}$$

式中 K_{ap}——非周期分量系数，当 $t=0\text{s}$ 时取 1.5~2，当 $t=0.5\text{s}$ 时取 1；

   K_{ss}——TA 同型系数，TA 型号相同时取 0.5，型号不同时取 1；

   K_{er}——TA 误差，取 0.1；

   $I_{\text{kmax}}^{(3)}$——本线路末端三相短路时流过本保护的最大短路电流。

作为本线路近后备的零序Ⅲ段，其灵敏度应按本线路末端接地短路时流过本保护的最小零序电流校验，要求灵敏度大于 1.3~1.5。当作为相邻线路的远后备保护时，应按相邻线路末端接地短路时流过本保护的最小零序电流校验，要求灵敏度大于 1.2。

动作时间与相间电流保护Ⅲ段的整定原则相同，如图 2-30 所示。由图可见，在同一线路上零序过电流保护与相间过电流保护相比，将具有较小的时限，这也是它的一个优点。

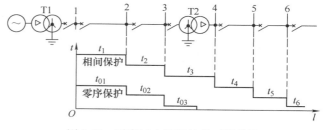

图 2-30　零序过电流保护的时限特性

零序电流Ⅲ段动作时间较长，一般大于单相重合闸时间（重合闸周期），非全相运行时无须退出。另外，类似于相间短路的电流保护，也可采用零序反时限电流保护。

六、零序方向电流保护

1. 零序方向元件

当保护方向上有中性点接地变压器时，无论被保护线路对侧有无电源，保护反方向发生接地故障，就有零序电流通过本保护，如图 2-31 所示。因此，当零序电流Ⅰ段不能躲过反向接地流过本保护的最大零序电流，或零序过电流保护时限不配合时，应配置零序方向元件以保证保护的选择性。图 2-31 中，k 点接地短路时零序方向元件 1、2 为正方向，3 为反方向。

作为零序电流保护，动作概率较高，为提高动作可靠性，应使保护尽量简化。为此，凡不用零序方向元件控制就能获得零序电流保护选择性的，则不应采用零序方向元件，除非采用零序方向元件后，保护的性能得到显著改善。一般情况下，起后备作用的最末一段（包

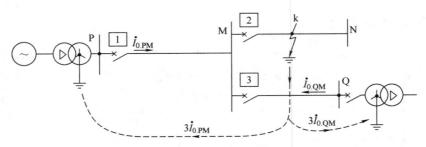

图 2-31　零序电流保护采用方向元件的说明

括非全相运行线路"不灵敏Ⅰ段")不经方向元件控制,其他各段根据实际选用的整定值,能保证选择性和一定灵敏度时,也不宜经方向元件控制。如在图 2-31 中,保护 3 的零序电流Ⅰ段整定值,若能躲过 MN 线路出口接地短路故障流过保护 3 的最大零序电流,则保护 3 的零序电流Ⅰ段可不必经方向元件控制。

2. 零序电压与零序电流的相位关系

保护安装处的零序电流以母线流向被保护线路为正向,正方向发生接地故障时的零序网络如图 2-32a 所示。保护安装处的零序电压是零序电流在该处背后零序阻抗上电压降的负值,与故障点到保护安装处的阻抗无关。相量图如图 2-32b 所示,$\dot{I}_{ka}$ 表示 A 相的短路电流,$\dot{E}_a$ 表示 A 相电动势,$\dot{U}_{kb}$、$\dot{U}_{kc}$ 分别表示 A 相接地故障时 B、C 两相的电压。

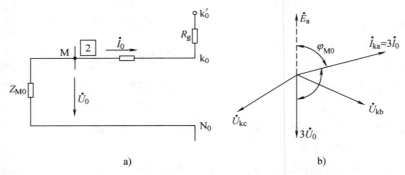

a)   b)

图 2-32　正方向接地故障时的零序网络及零序电压、电流的相位关系

a) 零序网络图　b) 零序电压、电流相位

零序电流是由故障点的零序电压产生的。零序电流的大小取决于接地的中性点数目及电流通路中的零序阻抗值。零序电流的实际方向是由线路指向母线,即实际方向与规定正方向相反。当被保护线路上发生接地故障时,零序功率的方向是由线路经保护安装处流向母线的。

图 2-32a 中,Z_{M0} 为保护 2 安装处背后的零序阻抗。由图 2-32a 可得

$$3\dot{U}_0 = -3\dot{I}_0 Z_{M0} \tag{2-38}$$

$$\arg\frac{3\dot{U}_0}{3\dot{I}_0} = \arg(-Z_{M0}) = (180° - \varphi_{M0}) \tag{2-39}$$

式中　φ_{M0}——保护安装处背后的零序阻抗 Z_{M0} 的阻抗角,一般为 70°~85°。

由此可见，保护正方向发生故障时，$3\dot{U}_0$ 滞后 $3\dot{I}_0$ 的相位角为 $95°\sim110°$；而且不受过渡电阻 R_g 的影响。图 2-33a 中给出了反方向故障时的零序网络，相量图如图 2-33b 所示。

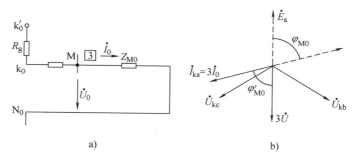

图 2-33　反方向接地故障时的零序网络及零序电压、电流的相位关系
a）零序网络图　b）零序电压、电流相位

其中 Z'_{M0} 为保护 3 安装处正方向的等效零序阻抗。由图可得

$$3\dot{U}_0 = 3\dot{I}_0 Z'_{M0} \tag{2-40}$$

$$\arg\frac{3\dot{U}_0}{3\dot{I}_0} = \arg Z'_{M0} = \varphi'_{M0} \tag{2-41}$$

式中　φ'_{M0}——Z'_{M0} 的阻抗角，一般为 $70°\sim85°$。

可见，保护反方向上发生接地故障时，$3\dot{U}_0$ 超前 $3\dot{I}_0$ 的相位角为 $70°\sim80°$。同样 $3\dot{U}_0$ 与 $3\dot{I}_0$ 的相位关系不受过渡电阻 R_g 的影响。

七、对零序电流保护的评价

1. 优点

在中性点直接接地系统中，针对接地短路采用专门的零序电流保护，与利用三相星形接线的电流保护相比较，具有一系列优点：

1）相间短路的过电流保护是按躲开最大负荷电流整定的，二次起动电流一般为 $5\sim7A$；而零序过电流保护则按躲开不平衡电流整定，其值一般为 $2\sim3A$。由于发生单相接地短路时，故障相的接地电流与零序电流 $3I_0$ 相等，因此，零序过电流保护有较高的灵敏度。而且零序过电流保护的动作时限一般也比相间保护短。尤其是对于两侧电源的线路，当线路内部靠近任一侧发生接地短路时，本侧零序Ⅰ段动作跳闸后，对侧零序电流增大可使对侧零序Ⅰ段也相继动作跳闸，因而使总的故障切除时间更加缩短。

2）相间短路的电流速断和限时电流速断保护直接受系统运行方式变化的影响很大，而零序电流保护受系统运行方式变化的影响要小得多。而且，由于线路零序阻抗远比正序阻抗要大（$X_0 = 2X_1\sim3.5X_1$），故线路始端与末端接地短路时，零序电流变化显著，曲线较陡，因此零序Ⅰ段的保护范围较大，也较稳定，零序Ⅱ段的灵敏度也易于满足要求。

3）当系统中发生某些不正常运行状态时，如系统振荡、短时过负荷等，三相是对称的，相间短路的电流保护均受它们的影响而可能误动作，需要采取必要的措施予以防止，而零序电流保护则不受它们的影响（非全相振荡除外）。

4）在110kV及以上的高压和超高压系统中，单相接地故障占全部故障的70%～90%，而且其他故障也往往是由单相接地故障发展起来的，因此，采用专门的零序保护具有显著的优越性。

2. 缺点

零序电流保护的缺点是：

1）对于短线路或运行方式变化很大的情况，零序电流保护往往不能满足系统运行所提出的要求。由于零序电流保护受中性点接地数目和分布的影响，因此电力系统实际运行时，要保证零序网络结构的相对稳定。

2）随着单相重合闸的广泛应用，在重合闸动作的过程中将出现非全相运行状态，如果此时再发生系统振荡，则可能出现较大的零序电流，因而影响零序电流保护的正确工作。此时应从整定值上予以考虑，或在单相重合闸动作过程中使保护装置短时退出运行。

3）当采用自耦变压器联系两个不同电压等级的网络时（例如110kV和220kV电网），则任一网络的接地短路都将在另一网络中产生零序电流，这将使零序保护的整定配合复杂化，并将增大零序Ⅲ段保护的动作时限。

现代电网越来越大，网络结构日趋复杂，相邻线路间的零序互感不能忽略。相近线路的运行状态严重影响本线路的零序电流。因此，在零序电流保护的整定中必须计及此种影响，使整定计算工作非常复杂，要使可能出现的运行状态下都能满足选择性和灵敏性的要求往往非常困难。遇到新建线路或改变网络结构时，又需大量的复杂计算，因此在超高压系统中，已出现减少依靠零序电流保护的趋势，改用接地距离保护代替。

在中性点直接接地的简单电网中，由于零序电流保护简单、经济、可靠，因而获得了广泛的应用。

第四节　中性点不直接接地系统中单相接地故障的保护

一、中性点接地方式

电力系统中按照中性点与大地的连接关系可以分为直接接地和非直接接地两类；按照发生了单相接地故障后接地电流大小分为有效接地系统和非有效接地系统两种，习惯称大电流接地系统和小电流接地系统。中性点不接地、中性点经消弧线圈接地、中性点经高电阻接地等统称为中性点非直接接地系统。中性点采用何种接地方式主要取决于供电可靠性和限制过电压两个因素。

对于中性点直接接地系统，接地点与大地、中性点、相导线形成短路通路，因此故障相将有大短路电流流过。为了保证故障设备不损坏，断路器必须动作切除故障线路。结合单相接地故障发生的概率，这种直接接地方式对于用户供电的可靠性是最低的；另外，这种中性点接地系统发生单相接地故障时，接地相电压降低，非接地相电压几乎不变，而接地相电流增大、非接地相电流几乎不变。因此这种接地方式可以不考虑过电压问题，但故障必须立即排除。

对于中性点不接地系统，单相接地故障发生后，由于中性点不接地，所以没有形成短路电流通路。三相之间的线电压仍然保持对称，对负荷的供电没有影响，因此，在一般情况下允许再继续运行 1~2h。这段时间可以用于查明故障原因并排除故障，或者进行倒负荷操作，因此该中性点接地方式对于用户的供电可靠性高。但是接地相电压将降低，非接地相电压将升高为 $\sqrt{3}$ 倍至线电压，对于电气设备绝缘造成威胁，单相接地发生后不能长期运行，应及时发出信号，以便运行人员查找发生接地的线路，采取措施予以消除。事实上，对于中性点不接地系统，由于线路分布电容（电容数值不大，但容抗很大）的存在，接地故障点和导线对地电容还是能够形成电流通路，从而有数值不大的电容性电流在导线和大地之间流通。一般情况下，这个容性电流在接地故障点将以电弧形式存在，电弧高温会损毁设备，引起附近建筑物燃烧起火，不稳定的电弧燃烧还会引起弧光过电压，造成非接地相绝缘击穿，进而发展成为相间故障并导致断路器动作跳闸，中断对用户的供电。

对于中性点经消弧线圈接地系统，正常运行时，接于中性点与大地之间的消弧线圈无电流流过，消弧线圈不起作用。当接地故障发生后，中性点将出现零序电压，在这个零序电压的作用下，将有感性电流流过消弧线圈并注入发生了接地的电力系统，从而抵消在接地点流过的容性接地电流，消除或者减轻接地电弧电流的危害。需要说明的是，经消弧线圈补偿后，接地点将不再有容性电弧电流或者只有很小的容性电流流过，但是接地确实发生了，接地故障依然存在，接地相电压降低而非接地相电压依然很高，长期接地运行依然是不允许的。

实际上，接地故障点也将影响接地电流的大小和性质。接地故障点形态可能是金属性接地，也可能是非金属性接地，一般非金属性接地包括经电弧接地，经树枝、杆塔接地或它们的组合。经非金属介质接地常常又被称为高阻接地，主要特点是接地电流数值小，难以检测。

对于经小电阻接地系统，接于中性点与大地之间的电阻 r 限制了接地故障电流的大小，也限制了故障后过电压的水平，是一种在国外应用较多、在国内刚开始应用的中性点接地方式，属于中性点有效接地系统。接地故障发生后依然有数值较大的接地故障电流产生，断路器必须迅速切除接地线路，同时也将导致对用户的供电中断。

二、中性点不接地系统单相接地故障的特点

在最简单网络接线中，电源和负荷的中性点均不接地。在正常运行情况下，三相对地有相同的电容 C_0，在相电压的作用下，每相都有一超前于相电压 $90°$ 的电容电流流入地中，而三相电容电流之和等于零。假设 A 相发生单相接地故障，在接地点处 A 相对地电压为零，对地电容被短接，电容电流为零，而其他两相的对地电压升高为 $\sqrt{3}$ 倍，对地电容电流也相应增大为 $\sqrt{3}$ 倍，相量关系如图 2-34 所示。由于线电压仍然三相对称，三相负荷电流对称，相对于故障前没有变化。下面只分析对地关系的变化。在 A 相接地以后，忽略负荷电流和电容电流在线路阻抗上产生的电压降，在故障点处各相对地的电压为其有效值为

$$\begin{cases} \dot{U}_{Ak} = 0 \\ \dot{U}_{Bk} = \sqrt{3}\,\dot{E}_A e^{-j150°} \\ \dot{U}_{Ck} = \sqrt{3}\,\dot{E}_A e^{j150°} \end{cases} \tag{2-42}$$

故障点处的零序电压为

$$\dot{U}_{0k} = \frac{1}{3}(\dot{U}_{Ak} + \dot{U}_{Bk} + \dot{U}_{Ck}) = -\dot{E}_A \tag{2-43}$$

因为全系统 A 相对地的电压均等于零，因而各元件 A 相对地的电容电流也等于零，此时从故障处 A 相接地点流过的电流是全系统非故障相电容电流之和，即 $\dot{I}_k = \dot{I}_B + \dot{I}_C$。由图 2-34 可见，其值为正常运行时单相电容电流的 3 倍。

当网络中有发电机 G 和多条线路存在（见图 2-35）时，每台发电机和每条线路对地均有电容存在，设以 C_{0G}、C_{0I}、C_{0II} 等集中电容来表示，当线路 II A 相接地后，其电容电流分布用"→"表示。在非故障的线路 I 上，A 相电流为零，B 相和 C 相中有本身的电容电流，因此在线路始端所反应的零序电流为

$$3\dot{I}_{0I} = \dot{I}_{BI} + \dot{I}_{CI} \tag{2-44}$$

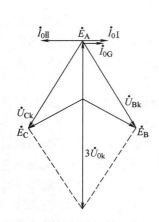

图 2-34 中性点不接地电网
A 单相接地相量图

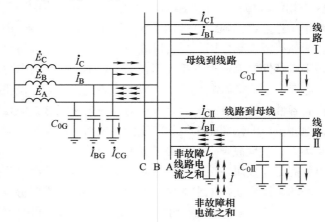

图 2-35 中性点不接地电网中单
相接地时的电流分布

非故障线路的特点是：非故障线路中的零序电流为线路 I 本身的电容电流，电容性无功功率的方向为由母线流向线路。

当电网中的线路很多时，上述结论可适用于每一条非故障的线路。

在发电机 G 上，首先有它本身的 B 相和 C 相的对地电容电流，但是，由于它还是产生其他电容电流的电源，因此，从 A 相中要流回从故障点流上来的全部电容电流，而在 B 相和 C 相流出各线路上同名相的对地电容电流。此时从发电机出线端所反映的零序电流仍应为三相电流之和。由图 2-35 可见，各线路的电容电流由于从 A 相流入后又分别从 B 相和 C 相流出了，因此相加后互相抵消，而只剩下发电机本身的电容电流，故

$$3\dot{I}_{0G} = \dot{I}_{BG} + \dot{I}_{CG} \tag{2-45}$$

即零序电流为发电机本身的电容电流，其电容性无功功率的方向是由母线流向发电机，这个特点与非故障线路是一样的。

现在再来看看发生故障的线路 II，在 B 相和 C 相上，流有它本身的电容电流 $\dot{I}_{BII}$ 和 $\dot{I}_{CII}$，此外，在接地点要流回全系统 B 相和 C 相对地电容电流总和为

$$\dot{I}_k = (\dot{I}_{BI} + \dot{I}_{CI}) + (\dot{I}_{BII} + \dot{I}_{CII}) + (\dot{I}_{BG} + \dot{I}_{CG}) \tag{2-46}$$

该电流从 A 相流回，即 A 相流出的电流 $\dot{I}_{AII} = -\dot{I}_k$，这样线路 II 始端的零序电流为

$$3\dot{I}_{0II} = -(\dot{I}_{BI} + \dot{I}_{CI} + \dot{I}_{BG} + \dot{I}_{CG}) \tag{2-47}$$

故障线路的特点是：故障线路中的零序电流，其数值等于全系统非故障元件对地电容电流的总和（但不包括故障线路本身），其电容性无功功率的方向为由线路流向母线，恰好与非故障线路上的相反。

可以得出中性点不接地系统发生单相接地后零序分量分布的特点如下：

1）零序网络由同级电压网络中元件对地的等效电容构成通路，与中性点直接接地系统由接地的中性点构成通路有极大的不同，网络的零序阻抗很大。

2）在发生单相接地时，相当于在故障点产生了一个其值与故障相故障前相电压大小相等、方向相反的零序电压，从而全系统都将出现零序电压。

3）在非故障元件中流过的零序电流，其数值等于本身的对地电容电流；电容性无功功率的实际方向为由母线流向线路。

4）在故障元件中流过的零序电流，其数值为全系统非故障元件对地电容电流的总和；电容性无功功率的实际方向为由线路流向母线。

三、中性点经消弧线圈接地系统中单相接地故障的特点

根据以上分析，当中性点不接地系统中发生单相接地时，在接地点要流过全系统的对地电容电流，如果此电流比较大，就会在接地点燃起电弧，引起弧光过电压，从而使非故障相的对地电压进一步升高，使绝缘损坏，形成两点或多点接地短路，造成停电事故。特别是，当环境中有可燃气体时，接地点的电弧有可能引起爆炸。为了解决这个问题，通常在中性点接入一个电感线圈，如图 2-36 所示。这样当单相接地时，在接地点就有一个电感分量的电流通过，此电流和原系统中的电容电流相抵消，可以减少流经故障点的电流，熄灭电弧。因此，称它为消弧线圈。

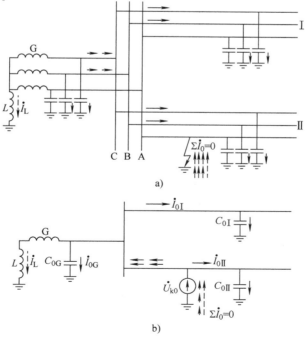

图 2-36　消弧线圈接地电网中单相接地时的电流分布

a）三相等效网络　b）零序等效网络

在各级电压网络中，当全系统的电容电流超过下列数值时，即应装设消弧线圈：对 3~6kV 电网为 30A，10kV 电网为 20A，20~66kV 电网为 10A。

当采用消弧线圈以后，单相接地时的电流分布将发生重大的变化。假定在图 2-36 所示网络中，在电源的中性点接入了消弧线圈，当线路 Ⅱ 上 A 相接地以后，电容电流的大小和分布与不接消弧线圈时是一样的，不同之处是在接地点又增加了一个电感分量的电流 $\dot{I}_L$，因此，从接地点流回的总电流为

$$\dot{I}_k = \dot{I}_L + \dot{I}_{C\Sigma} \tag{2-48}$$

式中 $\dot{I}_{C\Sigma}$——全系统的对地电容电流；

       $\dot{I}_L$——消弧线圈的电流。

由于 $\dot{I}_L$、$\dot{I}_{C\Sigma}$ 的相位大约相差 180°，因此 $\dot{I}_k$ 将因消弧线圈的补偿而减小。

根据对电容电流补偿程度的不同，消弧线圈可以有完全补偿、欠补偿及过补偿三种补偿方式。

1）完全补偿。完全补偿就是使 $I_L = I_{C\Sigma}$ 接地点的电流近似为 0。从消除故障点的电弧，避免出现弧光过电压的角度来看，这种补偿方式是最好的，但是从运行实际来看，则又存在严重的缺点。因为完全补偿时，即电感和三相对地电容对 50Hz 交流串联谐振的条件。这样，如果正常运行时在电源中性点对地之间有电压偏移就会产生串联谐振，线路上产生很高的谐振过电压。因此，在实际上不能采用这种方式。

2）欠补偿。欠补偿就是使 $I_L < I_{C\Sigma}$，补偿后的接地点电流仍然是电容性的。采用这种方式时，仍然不能避免上述问题的发生，因为当系统运行方式变化时，例如某个元件被切除或因发生故障而跳闸，则电容电流就将减小，这时很可能也出现因 I_L 和 $I_{C\Sigma}$ 两个电流相等而引起的过电压。因此，欠补偿的方式一般也是不采用的。

3）过补偿。过补偿就是使 $I_L > I_{C\Sigma}$，补偿后的残余电流是电感性的。采用这种方式不可能发生串联谐振的过电压问题，因此，在实际中得到广泛的应用。使 $I_L > I_{C\Sigma}$ 的程度用补偿度 P 来表示：

$$P = \frac{I_L - I_{C\Sigma}}{I_{C\Sigma}} \tag{2-49}$$

一般选择过补偿度 $P = 5\% \sim 10\%$，而不大于 10%。

总结以上分析的结果，可以得出如下结论：当采用过补偿方式时，流经故障线路的零序电流是流过消弧线圈的零序电流与非故障元件零序电流之差，而电容性无功功率的实际方向仍然是由母线流向线路（实际上是电感性无功功率由线路流向母线），和非故障线路的方向一样。因此，在这种情况下，首先无法利用功率方向的差别来判别故障线路，其次由于过补偿度不大，因此也很难像中性点不接地系统那样，利用零序电流大小的不同来找出故障线路。

四、中性点非有效接地系统单相接地的保护原理

当中性点有效接地系统发生了接地故障后，需快速查出发生并切除了接地故障的线路，因此合适的继电保护是不可缺少的。幸运的是，接地故障发生后会现零序电压和零序电流，这是接地故障一个非常显著的特征，因此，可以构造出基于零序电流和零序电压的接地保

护，它甚至比适合于相间故障的过电流保护和方向过电流保护更灵敏（见第二章第三节）。因为前者要和重负荷情况相区分，后者则没有这个问题。

不同于有效接地系统，非有效接地系统发生了单相接地故障后，除了出现零序电压外，接地电流普遍较小或者几乎没有，故障特征不明显。比如像中性点不接地的短线路（分布电容很小，电容电流也很小）故障、消弧线圈完全补偿的中性点接地系统发生单相接地故障就属于这种情况。所幸的是，这种系统发生了接地故障，并不影响对用户的正常供电，对于系统的直接危害也较小。但是当接地故障发生后，运行人员必须知道：①发生了接地故障；②哪条线路发生了故障。换句话说，保护是必要的。此时保护动作的目的是给出报警信号而不需要跳闸。本节只简要介绍中性点非有效接地系统单相接地故障保护的原理，能完成这种任务的保护装置通常被称为"接地选线装置"（详见第四章第四节）。

我国配电网普遍采用中性点非有效接地方式，在沿海部分发达城市，为了避免发生单相接地故障后的系统带病工作，造成安全隐患，有用小电阻接地方式，属于中性点有效接地系统。

根据网络接线的具体情况，可利用以下方式来构成单相接地保护。

1. 绝缘监视

在发电厂和变电站的母线上，一般装设电网单相接地监视装置，它利用接地后出现的零序电压，带延时动作于信号。

只要本系统中发生单相接地故障，则在同一电压等级的所有发电厂和变电站的母线上，都将出现零序电压，因此，这种方法给出的信号是没有选择性的，要想发现故障是在哪一条线路上，还需要由运行人员依次短时断开每条线路，并继之以自动重合闸，将断开线路投入。当断开某条线路时，零序电压信号消失，即表明故障是在该线路上，这就是所谓的拉路法。

2. 零序电流保护

利用故障线路零序电流较非故障线路大的特点来实现有选择性地发出信号或动作于跳闸。这种保护一般使用在有条件安装零序电流互感器的线路上（电缆线路或经电缆引出的架空线路，见图 2-24）；或当单相接地电流较大，足以克服零序电流滤过器中不平衡电流的影时，保护装置也可以接于三个电流互感器构成的零序回路中。

根据图 2-35 的分析，当某一线路发生单相接地时，非故障线路上的零序电流为本身的电容电流，因此，为了保证动作的选择性，保护装置的动作电流应大于本线路的电容电流。

3. 零序功率方向保护

利用故障线路与非故障线路零序功率方向不同的特点来实现有选择性的保护，动作于信号或跳闸。这种方式适用于零序电流保护不能满足灵敏系数的要求时和接线复杂的网络。

为了提高零序方向保护动作的可靠性和灵敏性，可以考虑仅在发生接地故障时，电流元件动作并延时 $50 \sim 100 \text{ms}$，才开放方向元件的相位比较回路，零序功率方向保护的原理图如图 2-37 所示。

其中，零序电流元件的动作电流按躲开相间短路时零序电流互感器的不平衡电流整定。而与被保护元件自身电容电流的大小无关，既简化了整定计算，又极大地提高了保护的灵敏性。对零序方向元件的灵敏角可选择为 $\varphi_{\text{sen. max}} = 90°$，即 $3\dot{U}_0$ 超前 $3\dot{I}_0$ 为 $90°$ 时动作最灵敏，

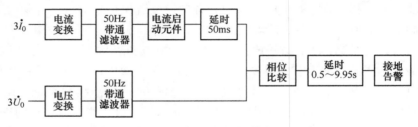

图 2-37　零序功率方向保护的原理图

动作范围为 $\varphi_{\text{sen. max}}+(80°\sim90°)$。

该保护在中性点经消弧线圈接地，且采用过补偿工作方式时，难于适用。尽管如此，人们还是在不断努力，试图解决该问题。

4. 利用接地故障时检测消弧线圈中的有功功率构成保护

此时非故障支路只有本身的容电流，其相位超前零序电压 90°，有功功率 $P\approx0$。当采用过补偿方式时，故障支路的电流虽呈容性，但是超前的角度将小于 90°，因其中包含消弧线圈的有功损耗。

设已知消弧线圈的功耗为 P_{L}，保护装置的启动功率整定为 $P_{\text{set}}=0.5P_{\text{L}}$，则故障支路的判据为 $P_0>P_{\text{set}}$，而非故障支路的动作判据为 $P_0\leqslant(0.2\sim0.3)P_{\text{set}}$。以上分析是按金属性接地故障考虑的，如果故障点有过渡电阻存在，则一方面 U_0 将要减小，而另一方面，过渡电阻的功耗又使测量值增大，因此一般情况下，都能够正确动作。

5. 5 次谐波保护

由于故障点线路电气设备的非线性影响，小电流接地故障电流中存在谐波信号，其中以 5 次谐波分量为主。由于消弧线圈对 5 次谐波的补偿作用仅相当于工频时的 1/25，可以忽略其影响，所以，即使在中性点经消弧线圈接地电网中，故障线路的 5 次谐波电流仍然具有比非故障线路大且方向相反的特点，据此可以构成小电流接地选线。5 次谐波保护的缺点是灵敏度较低，因为故障电流中 5 次谐波含量很小。为此，有人提出了谐波二次方和法，主要是将 3、5、7 次等高次谐波分量求二次方和后作为保护选线信号，这样虽然能在一定程度上克服单一的 5 次谐波信号小的缺点，但并不能从根本上解决问题。

6. 暂态量保护

对单相接地故障的暂态过程进行分析，当发生单相接地故障时，接地电容电流的暂态分量可能较其稳态值大很多倍。在一般情况下，由于电网中绝缘被击穿而引起的接地故障，经常发生在相电压接近于最大值的瞬间，因此，可以将暂态电容电流看成是如下两个电流之和。

1）由于故障相电压突然降低而引起的放电电容电流，此故障相放电电流通过母线而流向故障点，放电电流衰减很快，其振荡频率高达数千赫，振荡频率主要取决于电网中线路的参数（R 和 L 的数值）、故障点的位置以及过渡电阻的数值。

2）由非故障相电压突然升高而引起的充电电容电流，此非故障相充电电流通过电源而形成回路。由于整个流通回路的电感较大，因此，充电电流衰减较慢，振荡频率也较低（仅为数百赫）。

故障点暂态电容电流的波形如图 2-38a 所示。对于中性点经消弧线圈接地的电网，由于暂态电感电流的最大值出现在接地故障发生在相电压经过零值的瞬间，而当故障发生在相电压接近于最大瞬间值时，$i_L = 0$，因此，暂态电容电流较暂态电感电流大很多，所以在同一电网中，不论中性点不接地或是经消弧线圈接地，在相电压接近于最大值时发生故障的瞬间，其过渡过程是近似相同的。

在过渡过程中，接地电容电流分量的估算可以利用图 2-38b 的等效网络来进行，图中表示了网络的分布参数 R、L 和 C，以及消弧线圈的集中电感 $L_K \gg L$，因此，实际上它不影响电容电流分量的计算，因而可以忽略。决定回路自由振荡衰减的电阻 R，应为接地电流沿途的总电阻值，它包括导线的电阻、大地的电阻以及故障点的过渡电阻。

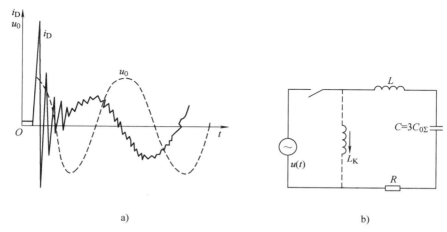

图 2-38　单相接地过渡过程分析

a）接地故障暂态电流波形　b）分析过渡过程的等值网络

在忽略 L_K 以后，对暂态电容电流的分析实际上就是一个 R、L、C 串联回路突然接通零序电压 $u(t) = U_m \cos\omega t$ 的过渡过程的分析。此时流经故障点电流的变化形式主要取决于网络参数 R、L、C 的关系：当 $R < 2\sqrt{\dfrac{L}{C}}$ 时，电流的过渡过程具有衰减的周期特性；而当 $R > 2\sqrt{\dfrac{L}{C}}$ 时，则电流经非周期衰减而趋于稳态值。

对于架空线路，由于 L 较大 C 较小，R 相对较小，因此，故障点的电流具有迅速衰减的周期特性，自由振荡频率一般在 300~1500Hz 的范围内。对于电缆线路，由于 L 小 C 较大，R 相对较大，其过渡过程与架空线路相比，所经历的时间极为短促且具有较高的自由振荡频率，一般在 1500~3000Hz 之间。

利用单相接地故障过渡过程的暂态量构成保护的基本思想是：①暂态过程中首半波接地电流幅值很大；②接地线路首半波零序电压和零序电流极性相反。目前，已有采用暂态信号的接地检测装置在运行，利用暂态信号构成接地保护，能够解决保护灵敏度低的问题，并且能够消除消弧线圈影响。现代计算机技术的发展为开发性能完善的利用暂态信号的接地保护创造了条件，近年来，利用暂态信号的小电流接地故障选线技术的研究取得了重要突破，保护的灵敏度及可靠性显著提高，详见第四章第四节。

五、中性点经小电阻接地的接地保护

随着城市供电负荷和城市供电系统变电站数量及容量的不断增加，在配电网中采用环网供电并大量使用电缆线，因而在接地故障时，易于使接地电容电流大于规定值。通常采用中性点消弧线圈来补偿接地电流，使接地电流变得很小，电弧可自行熄灭，从而达到与中性点不接地系统具有同样的供电可靠性指标。但消弧线圈的使用在一定程度上增加了系统的投资费用，另外，还易于形成操作过电压。因此，目前在以电缆为主的城市配电网中开始采用中性点经小电阻接地的运行方式。

中性点经小电阻接地的系统中，发生接地时故障电流较大，具有良好的选择故障线路的性能，从而为快速而准确地查找、切除及修复接地线路创造了条件。因此，3~35kV 中性点经小电阻接地的单侧电源线路，除配置相间故障保护外，还应配置零序电流保护，可直接作用于跳闸。

一般情况下，零序电流保护采用二段式，Ⅰ段为零序电流速断保护，时限宜与相间速断保护相同；Ⅱ段为零序过电流保护，时限宜与相间过电流保护相同。若零序速断保护时限不能保证选择性需要时，也可以配置两套零序过电流保护。

在中性点经小电阻接地电网中，不同电压等级选用电阻性电流的大小为：3kV 取 100A，6kV 取 250A，10kV 取 300A。当电阻性电流远大于系统容性电流值时，可以有效抑制接地过电压在正常相电压两倍以下，相应的中性点接地电阻值在 5~20Ω 之间。

考虑到配电网环网装置中组合负荷开关的熔断器开断能力与单相接地电流配合，也可在 10kV 网络中取接地故障电流为 1000A、35kV 网络中取接地故障电流为 2000A。

配电网中性点采用小电阻接地方式时，若主变压器低压侧星形联结，其中性点可直接接入电阻（见图 2-39a）；若为三角形联结，则需外加接地变压器形成一个中性点（见图 2-39b）。接地电阻可以直接接在 Ynd 接地变压器的高压侧中性点上。

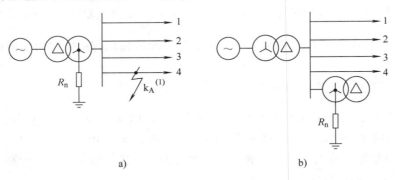

图 2-39 小电阻接地方式

a）主变压器中性点接地 b）接地变压器接地

接地变压器作为人为中性点接入电阻，接地变压器的绕组在电网正常供电情况下阻抗很高，等于励磁阻抗，绕组中只流过很小的励磁电流；当系统发生接地故障时，绕组将流过正序、负序和零序电流，而绕组对正序、负序电流呈现高阻抗、对于零序电流呈现较低阻抗，因此，在故障情况下会产生较大的零序电流。在中性点接入 TA，将电流检测出来送至电流继电器，就可以进行有选择性地快速保护。

第五节　线路电流保护配置与整定应用实例

一、中压配电线路电流保护配置与整定

配电网络直接面向电力用户，是电力系统中降压变电所中、低压侧直接或降压后向用户供电的网络。配电网一般分为高压、中压和低压三个等级，通常中压配电网为 10kV（或 35kV），由架空线或电缆配电线路、配电所或柱上降压变压器直接接入用户。

配电网络根据其拓扑结构有辐射状网、树状网和开环运行的环网等结构，通常采用单电源辐射型供电，在 10~35kV 电压等级的非直接接地系统中，线路广泛采用保护测控一体化装置。根据有关规程，相间短路保护应按下列原则配置：①保护的电流互感器采用不完全星形联结，各线路保护用电流互感器均装设在 A、C 两相上，以保证在大多数两点接地情况下只切除一个故障接地点；②采用远后备保护方式；③线路上发生短路时，应快速切除故障，以保证非故障部分的电动机能继续运行。

相间短路的电流保护一般采用三段式保护或反时限过电流保护，根据被保护线路在电网中的地位，在能满足选择性、灵敏性和速动性的前提下，也可只装设Ⅰ、Ⅲ段，Ⅱ、Ⅲ段或只装设Ⅲ段保护。在经小电阻接地的配电网中应配备阶段式零序电流保护作为单相接地短路保护。

1. 线路出口断路器（QF1）

1）电流Ⅰ段保护。继电保护运行整定规程给出的线路出口电流Ⅰ段保护电流定值的整定原则是躲过本线路末端的最大短路电流，但这一原则用于配电线路出口保护的整定是不合适的。实际的配电线路中（见图 2-40），沿线接有若干配有熔断器（FU）或断路器（QF3）保护的配电变压器，此外可能还部署分支线路保护（QF4）。它们都是线路出口保护的下一级保护，这些保护的安装处都可看成本线路的末端。如果把距离变电站最远的配电变压器（图 2-40 中的 T8）作为"末端"，显然电流定值比较低，在大部分线路上的配电变压器或装有保护装置的分支线路故障时出口保护会越级动作。如果把最靠近变电站的配电变压器（图 2-40 中的 T1）保护作为其下级保护，并把该配电变压器处最大短路电流作为线路出口电流Ⅰ段保护的整定依据，线路出口电流Ⅰ段保护几乎没有保护区。

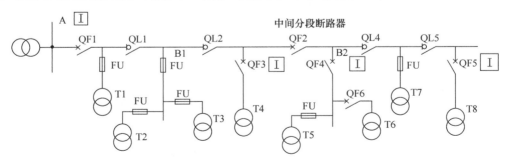

图 2-40　辐射型架空长线路接线及其保护配置

对必须快速切除出口故障的场合，配置Ⅰ段保护，按保证变压器安全的原则整定。可整定为额定短路电流的 50%（和主变压器过电流Ⅱ段配合），保护区小于 2km，缩小越级跳闸

的范围。对主变压器耐短路电流冲击能力强、对电压暂降要求低的场合，可不配置Ⅰ段保护。

2）电流Ⅱ段保护。不论是否配置电流Ⅰ段保护，都需要配置电流Ⅱ段保护，以快速切除整条线路上任何一点的故障。

电流Ⅱ段保护的电流定值按保护线路全长整定（满足灵敏度），同时应躲过下级配电变压器二次侧最大短路电流（可取 3kA）。如考虑与分支断路器（图 2-40 中的 QF4）的保护配合，Ⅱ段保护的动作时限应较分支断路器的电流Ⅱ段保护大一时限级差 Δt（可取 0.6s）。

3）电流Ⅲ段保护。Ⅲ段保护作为后备保护，特别是配电变压器保护的远后备。按躲过线路冷动作电流的原则整定，选择为 2.5～4 倍的线路最大负荷电流（可取 1.2kA）。时限和下级配电变压器过电流保护配合加级差 Δt，同时要和上级主变压器的过电流保护配合减级差 Δt（可取 1.2s 或 1.7s）。

4）反时限过电流保护。动作电流定值按躲过最大负荷电流整定，选为 1.2 倍的线路最大负荷电流（可取 0.6kA）。反时限过电流保护需要考虑与下级断路器保护配合，最快至少要有 0.3s 的动作时限。

2. 分支线路保护（QF4）

在线路出口Ⅰ段保护区外可配置分支线路保护。

1）电流Ⅱ段保护。电流Ⅱ段保护的电流定值应躲过下级配电变压器（T6）二次侧最大短路电流。Ⅱ段保护的动作时限比出口断路器小一个时限级差，同时应较配电变压器电流速断大一时限级差 Δt（可取 0.3s）。

2）电流Ⅲ段保护。Ⅲ段保护作为后备保护，特别是配电变压器保护的远后备。定值和时限要和下级配电变压器过电流保护配合，同时要与上级出口断路器的过电流保护配合。

另外，当放射性线路长度较长时（如大于 10km），可在线路中间安装中间断路器（图 2-40 中的 QF2）及保护，也配置Ⅱ段和Ⅲ段保护，和线路出口断路器保护向下配合。

3. 配电变压器保护

1）电流Ⅰ段保护。躲过变压器二次侧最大短路电流，一般取 20 倍变压器额定电流，对 2MVA 变压器，额定电流为 115A，取 2.3kA，可带很小的延时 40ms。

2）电流Ⅲ段保护。躲过冷起动电流，一般取 2.5～7 倍变压器额定电流，电动机负荷比例很小时选 2.5 倍，以电动机负荷为主时选 7 倍。时限和下级分支线路保护配合（如取 0.9s）。

4. 应用实例

例 2-1 针对图 2-41 所示配电系统，进行两级继电保护 1 和 2 的配置与整定。

已知：考虑电动机起动时的线路最大负荷电流为 450A，电流互感器的电流比为 600/5，配电变压器 1600kVA，互感器电压比为 150/5，各短路点归算到高压侧的短路电流见表 2-2。

表 2-2　短路电流计算结果表

故障点	k1	k2（1km）	k3
最大运行方式下三相短路电流/kA	11.6	10.3	1.67
最小运行方式下三相短路电流/kA	10.5	9.4	1.58

二级保护分别为线路出口断路器 1 和配变断路器 2，线路出口 1 配置Ⅱ、Ⅲ段电流保

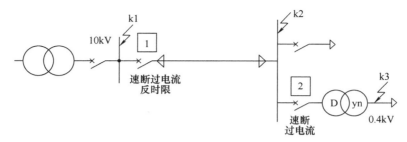

图 2-41　10kV 电缆线路二级保护方案接线

护、反时限过电流保护作为相间短路保护；配电变压器 2 配备两段式过电流保护作为配变相间短路保护。按前述原则整定计算的结果见表 2-3。

表 2-3　保护整定值

保护类型	动作电流/A	TA 电流比	定值/A	时限/s	灵敏度
配变速断保护 2	1760（20I_n）	150/5	60	0.04	—
配变过电流保护 2	263（3I_n）	150/5	9	0.9	5.06
出线速断 Ⅱ 保护 1	2171（1.3I_{k3}）	600/5	20	0.6	3.39
出线过电流保护 1	1125（2.5I_n）	600/5	10	1.2	1.14
出线反时限过电流 1	540（1.2I_n）	600/5	5	0.3	—

注：出线过电流为远后备灵敏度。

例 2-2　针对图 2-42 所示配电系统，进行三级继电保护的配置及整定。

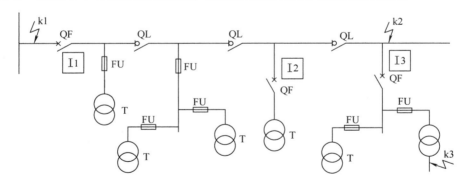

图 2-42　10kV 线路三级保护方案接线

已知：线路最大负荷电流为 500A，电流互感器的电流比为 600/5，配电变压器均按 1000kVA 计算，互感器电压比为 100/5，分支断路器互感器电流比为 150/5，各短路点归算到高压侧的短路电流见表 2-4。

表 2-4　短路电流计算结果表

故障点	k1	k2（5km）	k3
最大运行方式下三相短路电流/kA	14.8	2.8	1.1
最小运行方式下三相短路电流/kA	13.3	2.5	1.0

三级保护分别为线路出口断路器 1、分支断路器 3 及配电变压器。出口断路器 1 配置 Ⅱ、Ⅲ 段电流保护、反时限过电流保护作为相间短路保护，分支断路器 3 配置 Ⅱ、Ⅲ 段电流保护作为分支线路相间短路保护，配电变压器保护配置同前。按上述原则整定计算的结果见表 2-5。

表 2-5　保护整定值

保护类型	动作电流/A	TA 电流比	定值/A	时限/s	灵敏度
出线速断 Ⅱ 保护 1	1800 （$I_{k2}/1.2$）	600/5	15	0.6	1.2
出线过电流保护 1	1250 （$2.5I_n$）	600/5	11	1.2	1.73
出线反时限过电流 1	600 （$1.2I_n$）	600/5	5	0.3	1.44
分支速断 Ⅱ 保护 3	1430 （$1.3I_{k3}$）	150/5	50	0.3	—
分支过电流保护 3	380 （$3I_n$）	150/5	13	0.9	2.22

注：出线过电流为近后备灵敏度。

二、中性点直接接地系统零序电流保护配置与整定

1. 110kV 线路零序电流保护整定的规定

（1）单侧电源线路

单侧电源线路的零序电流保护一般为三段式，终端线路也可以采用两段式。

1）零序电流 Ⅰ 段定值按躲本线路末端接地故障最大 3 倍零序电流整定。

2）三段式保护的零序电流 Ⅱ 段电流定值，应按本线路末端接地故障时有不小于规定的灵敏系数（1.3~1.5）整定，还应与相邻线路零序电流 Ⅰ 段或 Ⅱ 段配合，动作时间按配合关系整定。

3）三段式保护的零序电流 Ⅲ 段作为本线路经电阻接地故障和相邻元件接地故障的后备保护，其电流一次定值不应大于 300A，在躲过本线路末端变压器其他各侧三相短路最大不平衡电流的前提下，力争满足相邻线路末端故障时有规定的灵敏系数（1.2）要求。校核与相邻线路零序电流 Ⅱ 段或 Ⅲ 段的配合情况，动作时间按配合关系整定。

4）终端线路的零序电流 Ⅰ 段保护范围允许伸入线路末端供电变压器（或 T 接供电变压器），变压器故障时线路保护的无选择性动作由重合闸来补救。终端线路的零序电流最末一段作为本线路经电阻接地故障和线路末端变压器故障的后备保护，其电流定值应躲过线路末端变压器其他各侧三相短路最大不平衡电流，一次值不应大于 300A。

（2）双侧电源复杂电网的线路

双侧电源复杂电网的线路零序电流保护一般为四段式或三段式保护，在需要改善配合条件，压缩动作时间的线路，零序电流保护宜采用四段式的整定方法。一般遵循下述原则：

1）零序电流 Ⅰ 段作为速动段保护使用，除极短线路外，一般应投入运行。

2）三段式保护的零序电流 Ⅱ 段（四段式保护的 Ⅱ 段或 Ⅲ 段），应能有选择性切除本线路范围的接地故障，其动作时间应尽量缩短。

3）考虑到在可能的高电阻接地故障情况下的动作灵敏系数要求，零序电流保护最末一段的电流一次定值不应大于 300A。

4）四段式保护的零序电流Ⅲ段：如零序电流Ⅱ段对本线路末端故障有规定的灵敏系数，则零序电流Ⅲ段定值取零序电流Ⅱ段定值。如零序电流Ⅱ段对本线路末端故障达不到灵敏系数要求，则零序电流Ⅲ段按三段式保护的零序电流Ⅱ段灵敏系数的要求整定。

5）零序电流Ⅳ段：四段式保护的零序电流Ⅳ段按三段式保护的零序电流Ⅲ段的方法整定。

2. 110kV 线路零序电流保护整定实例

图 2-43 所示的 110kV 供电线路标出了系统参数及线路正序阻抗（以 100MVA 为基准），设线路零序阻抗为 3 倍正序阻抗，互感器电流比 1200/5。针对接地故障配置三段式零序电流保护。

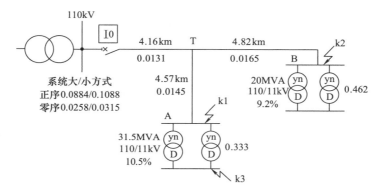

图 2-43　110kV 供电线路接线图

1）零序过电流Ⅰ段：按最大运行方式下躲过末端（A 站）k1 接地短路整定；

$$I_{\text{set}}^{\text{I}} \geqslant K_{\text{rel}} \times 3I_{k0.\max} = 1.3 \times \frac{3 \times (S_{\text{B}}/\sqrt{3}/U_{\text{B}}) \times 1000}{Z_{k1.\min} \times 2 + Z_{k0}}$$

$$= 1.3 \times \frac{3 \times (100/1.732/115) \times 1000}{(0.0884 + 0.0131 + 0.0145) \times 2 + (0.0258 + 0.0393 + 0.0435)}\text{A} = 5748\text{A}$$

$$(2\text{-}50)$$

$$t = 0\text{s}$$

因线路较短首端故障无灵敏度，不用。

2）零序过电流Ⅱ段：按小方式下线路全长（B 站）k_2 接地短路灵敏度 $K_{\text{sen}} \geqslant 1.5$ 整定；

$$I_{\text{set}}^{\text{II}} \leqslant 3I_{k0.\min}/K_{\text{sen}} = \frac{3 \times (S_{\text{B}}/\sqrt{3}/U_{\text{B}}) \times 1000}{2 \times Z_{k2.\max} + Z_{k0}} \div K_{\text{sen}}$$

$$= \frac{3 \times (100/1.732/115) \times 1000}{2 \times (0.1088 + 0.0131 + 0.0165) + (0.0315 + 0.0393 + 0.0495)}\text{A} \div 1.5 = 2528\text{A}$$

$$(2\text{-}51)$$

并躲过线路末端 k1 相间短路时的最大不平衡电流

$$I_{\text{set}}^{\text{II}} \geqslant 1.3 \times 1.5 \times 0.1 \times \frac{(100/1.732/115) \times 1000}{(0.0884 + 0.0131 + 0.0145)}\text{A} = 843.8\text{A} \qquad (2\text{-}52)$$

二次值 843.8A/240 = 3.52A，取 4A(960A)。

取 $t = 0.3\text{s}$。

3）零序过电流Ⅲ段：按躲过最大运行方式 A 站低压侧 k3 三相短路的最大不平衡电流整定，且 $\leqslant 300\text{A}$。

$$
\begin{aligned}
I_{\text{set}}^{\text{Ⅲ}} &\geqslant K_{\text{rel}} K_{\text{TA}} I_{\text{k3. max}} = K_{\text{rel}} \times 0.1 \times \frac{(S_{\text{B}}/\sqrt{3}/U_{\text{B}}) \times 1000}{Z_{\text{k3. min}} + Z_{\text{T}}/2} \\
&= 1.3 \times 0.1 \times \frac{(100/1.732/115) \times 1000}{(0.0884 + 0.0131 + 0.0145) + 0.333/2}\text{A} = 231\text{A} \quad (2\text{-}53)
\end{aligned}
$$

二次值 $231\text{A}/240 = 0.96\text{A}$，取 1.1A（264A），小于 300A。

取 $t = 1.2\text{s}$。

本 章 小 结

对于 110kV 以下的网络，中性点常采用不直接接地的运行方式，阶段式的电流保护可以作为线路相间短路的主保护以及后备保护，能够以较短的时间切除故障，保证电力系统的安全运行。本章结合传统继电保护结构和微机继电保护结构，介绍了输配电线路相间故障的阶段式电流保护、相间短路的方向电流保护，包括继电器及其继电特性，三段式电流保护的构成，三段式电流保护的原理、配合、整定原则及应用，反时限过电流保护，电流保护的接线方式，三段式电流保护整定算例，常规三段式电流保护接线图实例，双侧电源网络相间短路的方向保护，功率方向判别元件。

对 110kV 及以上的输电线路，中性点采用直接接地的运行方式，由于网络结构比较复杂，系统的运行方式变化较大，相间短路考虑采用阶段式距离保护（第三章介绍）。由于变压器中性点接地点位置基本不变，零序网络比较稳定，阶段式零序电流保护及零序方向电流保护可以作为输电线路接地短路的主保护和后备保护，能够有效切除故障，保证电力系统的安全运行。本章介绍了中性点直接接地系统中接地短路的阶段式零序电流及零序方向保护，中性点非直接接地系统中单相接地故障的电气量特征及实现保护的原理，包括零序电流/零序电压滤过器，阶段式零序电流保护的原理、配合、整定原则及应用，零序方向元件原理，中性点不接地系统单相接地故障的特点，中性点经消弧线圈接地系统中单相接地故障的特点，中性点非有效接地系统单相接地的保护原理，中性点经小电阻接地保护及应用，最后给出了线路电流保护、零序电流保护配置与整定的两个应用实例。

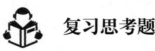 复习思考题

1. 什么是电流元件（继电器）的动作电流、返回电流及返回系数？过量（过电流）保护和低量（低阻抗）保护的返回系数有什么不同？

2. 试说明电流保护中如何考虑系统最大和最小运行方式。

3. Ⅲ段电流保护是如何保证选择性的？在整定计算中为什么要考虑返回系数及自启动系数？

4. 什么是灵敏度？为什么一般总要求它们至少大于 $1.2 \sim 1.5$？是否越大越好？

5. 在什么情况下采用三段式电流保护？什么情况下可以采用两段式？什么情况下可只

用一段定时限过电流保护？Ⅰ、Ⅱ段电流保护能否单独使用？为什么？

6. 在图 2-44 所示的电网中，线路 L1、L2 均装有三段式电流保护，当线路 L2 的首端 k 点短路时，有哪些保护启动？那些保护经多长时间动作跳开相应断路器？若该保护或断路器拒动，故障又如何切除？

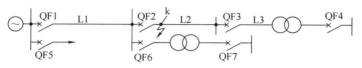

图 2-44　题 6 图

7. 在图 2-45 所示的 35kV 单侧电源辐射形电网中，已知线路 L1 正常最大工作电流为 112A，电流互感器的电流比为 300/5；最大运行方式下，k1 点三相短路电流为 1200A，k2 点三相短路

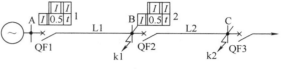

图 2-45　题 7 图

电流为 500A；最小运行方式下，k1 点三相短路电流为 1050A，k2 点三相短路电流为 485A，线路 L2 过电流保护的动作时限为 2s。试计算 L1 线路三段式电流保护各段的动作电流及动作时限，并校验Ⅱ、Ⅲ段保护的灵敏度。

8. 电流保护的接线方式有几种？它们各自适用于什么情况？为什么在 Yd 联结的变压器线路上电流保护一般要采用两相三继电器接线方式？

9. 在图 2-46 所示 35kV 单侧电源电网中，已知线路 L1 的最大负荷电流 $I_{L\cdot max} = 189A$，自启动系数 $K_{ss} = 1.2$，电流互感器的电流比为 200/5，在最小运行方式下，变压器低压侧三相短路归算至线路侧的短

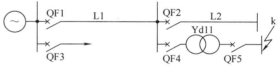

图 2-46　题 9 图

路电流 $I_{k.min}^{(3)} = 460A$，线路 L1 装有相间短路的过电流保护，采用两相星形两继电器式接线。试求：

（1）线路 L1 的过电流保护的动作电流 I_{set} 及继电器的动作电流 I_{op}。

（2）利用电力系统故障分析知识论证变压器低压侧短路时，线路 L1 的过电流保护的灵敏度 K_{sen} 的计算公式，求出 K_{sen} 的数值，并判断其是否符合要求。

（3）如果求出的 K_{sen} 不符合要求，问保护的接线方式应如何改进？改进后的 K_{sen} 等于多少？

10. 图 2-47 所示网络中各断路器均配置带方向或不带方向的过电流保护，图中括号内为该处过电流保护的动作时间，但有些保护的动作时间尚未给出，试写出这些保护应有的动作时间，并指出图中哪些保护需要加装方向元件（设时限级差 Δt 取 0.5s）。

11. 什么是功率方向元件的 90° 接线？采用 90° 接线的功率方向元件在相间短路时会不会有死区？为什么？

12. 若线路阻抗角 $\varphi_k = 50°$，功率方向元件采用 90° 接线，其内角 α 应取多少比较合适？在保护安装处正方向发生 A、B 两相短路时用相量图分析动作情况。

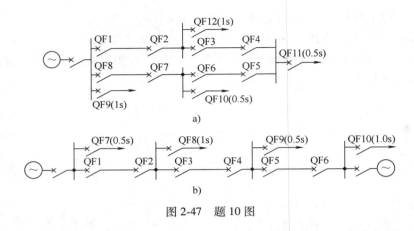

图 2-47 题 10 图

13. 在图 2-48 中，拟在断路器 QF1～QF6 处装设相间Ⅲ段电流保护和零序Ⅲ段电流保护，已知 $\Delta t = \Delta t_0 = 0.5\mathrm{s}$，试确定：

（1）相间Ⅲ段电流保护和零序Ⅲ段电流保护的动作时间。

（2）画出上述两种保护的时限特性并进行评价。

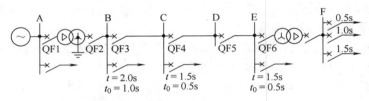

图 2-48 题 13 图

14. 中性点直接接地电网阶段式零序电流保护是如何构成的？说明其整定计算原则和时限特性。

15. 在零序电流保护中，什么情况下必须考虑保护的方向性？零序功率方向元件有无电压死区？为什么？

16. 中性点不直接接地电网中发生单相接地故障时，其零序电压、电流变化的特点是什么？

17. 什么是欠补偿、过补偿、全补偿？一般采用哪一种补偿方式较好？为什么？

第三章
高压输电线路距离保护原理

第一节 距离保护的构成原理

一、距离保护的概念

第二章讨论的电流保护，其保护范围或灵敏度受电网运行方式的变化影响很大，严重时电流保护Ⅰ段可能没有保护范围，电流保护Ⅲ段的灵敏度会小于1。

随着电力系统的发展，电压等级逐渐提高，网络的结构越来越复杂，系统的运行方式多。随着系统运行方式的变化，系统的等效阻抗Z_s变化范围会很大，导致电流保护无法满足灵敏度要求。距离保护受系统运行方式的影响小，可以获得较为稳定的灵敏度，因此，在高压电网中得到广泛应用。

距离保护是利用保护安装处的电压、电流的比值来判断故障的一种保护，由阻抗元件（阻抗继电器）完成电压、电流比值的测量，根据比值的大小来判断故障点的远近，并利用故障的远近确定动作时间的一种保护装置。距离保护实质上是反映阻抗降低而动作的阻抗保护。

以阻抗测量构成的距离保护在原理上与电流保护完全相同，只不过用阻抗测量代替电流测量，仍旧是通过电气量的定量测量确定故障性质及故障位置的保护。和电流保护一样，距离保护也由三段构成。故障距离越远，测量阻抗越大，保护动作时间应当越长，三段式距离保护的整定原则与电流保护类似。三段式距离保护的构成如图 3-1 所示。

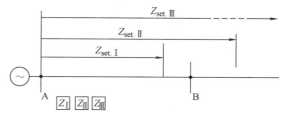

图 3-1 通过测量阻抗实现的三段式距离保护原理图

（1）距离保护Ⅰ段

相当于电流速断保护，距离保护Ⅰ段是依靠动作阻抗定值 $Z_{\text{set.}\,Ⅰ}$ 取得动作选择性，因而动作无时限。为了防止区外故障时失去选择性，故 $Z_{\text{set.}\,Ⅰ}$ 应取被保护线路全长阻抗的一部分（80%~85%）。

距离保护工作原理同电流速断保护不同，因线路全长阻抗由线路长度决定，是一个基本不变的数值，不随系统运行方式而变，故距离保护Ⅰ段的保护区比电流速断保护长得多，一般可达线路全长的 80%~85%，并且不受系统运行方式的影响。

（2）距离保护Ⅱ段

相当于延时电流速断保护，距离保护Ⅱ段与下段线路瞬时保护配合，如下段线路也采用距离保护，则其整定阻抗 $Z_{\text{set.}\,Ⅱ}$ 不超过下段线路距离Ⅰ段的保护范围。

当距离保护Ⅱ段同下段线路速断保护配合时，应带有时限 $\Delta t(0.3 \sim 0.5\text{s})$。以阻抗测量构成的距离保护的保护原理同电流保护没有多大的不同，但在保护性能上要好得多：第一，瞬时动作保护区可稳定地包括被保护线路长度的 $80\% \sim 85\%$；第二，延时速断保护性质的距离Ⅱ段使线路全长均可得到可靠保护，而且具有较高的灵敏性。

（3）距离保护Ⅲ段

距离保护Ⅲ段相当于电流保护中的过电流保护，它是依靠时限取得动作选择性的，其阻抗整定值 $Z_{\text{set.Ⅲ}}$ 按躲过最小负荷阻抗整定。距离保护Ⅲ段的动作时限由阶梯原则全电网配合决定。

距离保护Ⅲ段除构成被保护线路可靠的后备保护作用外，还可以构成相邻线路的远后备保护。另外，阻抗是一个复数量，不仅能从阻抗值的大小判别故障，而且能从相位（方向），即阻抗角来区分。由于负荷阻抗角较小（ $25° \sim 30°$ ）而短路阻抗角较大（ $60° \sim 90°$ ），故距离保护Ⅲ段能取得较高的灵敏性。

综上所述，按阻抗测量原理构成的距离保护同电流保护相比，保护性能要优越得多。但是不管是用什么原理构成的距离保护，都有一个最大的缺点，除末端线路外均不能构成被保护线路全长的快速主保护，因为距离保护也是反映线路一侧电量的保护。

二、测量阻抗及其与故障距离的关系

在距离保护中，将保护安装处测量电压 $\dot{U}_{\text{m}}$ 与测量电流 $\dot{I}_{\text{m}}$ 之比值称为测量阻抗 Z_{m}，即

$$Z_{\text{m}} = \frac{\dot{U}_{\text{m}}}{\dot{I}_{\text{m}}} \tag{3-1}$$

正常运行时，加在阻抗元件上的电压为额定电压 $\dot{U}_{\text{N}}$，电流为负荷电流 $\dot{I}_{\text{L}}$，此时测量阻抗主要是负荷阻抗 $Z_{\text{m}} = Z_{\text{L}}$。短路时阻抗元件的电压为母线的残压 $\dot{U}_{\text{k}}$，电流为短路电流 $\dot{I}_{\text{k}}$，阻抗元件的一次测量阻抗 $Z_{\text{m}} = Z_{\text{k}} = z_1 l_{\text{k}}$，即为线路短路阻抗，并与保护安装处到短路点之间的距离 l_{k} 成正比。利用测量阻抗的变化可以区分故障与正常运行，并且能够判断出短路点的远近。

图 3-2a 所示电网系统，线路 MN 上配置了距离保护，类似于电流Ⅰ段保护，设距离保护Ⅰ段的保护范围为 l_{set}（整定距离），正常运行及各种短路情况下的阻抗变化如图 3-2b 所示。

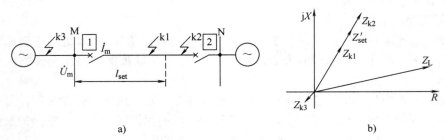

a)   b)

图 3-2　距离保护原理说明

a）系统图　b）阻抗图

需要指出的是，在线路正方向故障时，测量阻抗角为线路阻抗角 φ_{k}，测量阻抗在第 Ⅰ

象限；在反方向故障时，流过反方向电流，测量阻抗角为 $\varphi_k + 180°$，测量阻抗在第Ⅲ象限；线路正常运行时，送电侧测量阻抗角为负荷阻抗角约 $25°$，受电侧测量阻抗角约 $205°$。

显然，正常运行时，负荷阻抗在第Ⅰ象限且阻抗较大，保护不会动作。k1 点故障在区内，保护应动作；k2 点故障在区外，保护不应动作；k3 点故障反方向保护不应动作。

三、距离保护装置的组成

距离保护受系统运行方式影响小，因此在高压、超高压电网中得到了广泛应用。距离保护一般由启动部分、测量部分（包括方向测量和距离测量）、振荡闭锁部分、电压回路断线失电压闭锁部分和逻辑部分等构成。

三段式距离保护装置组成逻辑框图如图3-3所示。其中各主要元件的作用如下：

（1）电压二次回路断线闭锁元件

当电压二次回路断线时，测量电压 $U_m = 0$，测量阻抗 $Z_m = 0$，保护会误动作。为防止电压二次回路断线时保护的误动作，当出现电压二次回路断线时将阻抗保护闭锁。

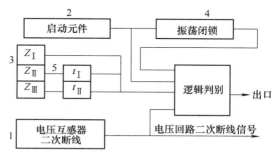

图 3-3 三段式距离保护装置组成逻辑框图

（2）启动元件

当系统发生短路故障时，立即启动保护装置，开放距离保护Ⅰ、Ⅱ、Ⅲ段。再由测量元件判别故障点位置。

（3）Ⅰ、Ⅱ、Ⅲ段测量元件

Z_I、Z_{II}、Z_{III} 用来测量故障点到保护安装处阻抗的大小（距离的长短），判别故障是否发生在保护范围内以决定保护是否动作。

（4）振荡闭锁元件

振荡闭锁元件是用来防止当电力系统发生振荡时距离保护误动作的。在正常运行或系统发生振荡时，振荡闭锁装置将保护闭锁；而当系统发生短路故障时，解除闭锁开放保护。为防止短路引起的振荡造成距离保护误动，短时（0.15~0.2s）开放距离保护Ⅰ、Ⅱ段。

（5）时间元件

根据保护间配合的需要，为满足选择性而设的必要的延时。

正常运行时，起动元件，Z_I、Z_{II}、Z_{III} 均不动作，距离保护可靠不动作。当被保护线路发生故障时，起动元件起动、振荡闭锁元件开放，Z_I、Z_{II}、Z_{III} 测量故障点到保护安装处的阻抗。在保护范围内故障，保护出口跳闸。

其中启动元件的作用如下：

1）启动故障判别。正常运行时，保护装置处于运行监测状态，启动元件一旦动作，表示系统发生了故障，则进入故障判别程序，由测量元件判别故障在保护区内还是在保护区外。

2）闭锁作用。启动元件动作后才会加上保护装置出口继电器正电源，以保证正常情况下保护装置发生异常情况时不会误动作，此时启动元件起到闭锁作用，提高了装置工作的可靠性。需要指出，保护装置的启动元件是独立的，以提高整套保护装置工作的可靠性。

3）兼起振荡闭锁作用。当系统发生振荡时如启动元件不动作，启动元件就起到了振荡闭锁作用。

对启动元件的要求：启动元件应能灵敏、快速地反映各种类型的短路故障；故障切除后应尽快返回；不反映系统振荡。作为距离保护，电压互感器二次断线失电压时阻抗测量元件要发生误动作，为防止保护装置误动作，启动元件应采用电流量而不应采用电压量。

第二节　距离保护的阻抗元件

一、阻抗元件的基本原理与分类

阻抗的变化包括幅值的变化和相位的变化，阻抗表示在复平面上为矢量，不同方向的矢量是不能比较大小的。所以阻抗保护不能简单仿照电流保护的动作特性，只要通过电流元件的电流大于动作电流就动作。阻抗元件要测量阻抗幅值的变化和相位的变化，其动作特性为复平面上的"几何面积"（称为动作区）。因此，为了实现两个复数 Z_m 与 Z_{set} 的比较，阻抗元件的动作特性需要用复平面来分析。

阻抗元件（继电器）是距离保护的核心元件，它的作用是用来测量保护安装处故障点到故障点的阻抗（距离），并与整定值进行比较，以确定是保护区内部故障还是保护区外部故障。实际中，由于互感器误差、故障点过渡电阻等因素，阻抗元件实际测量到的 Z_m 一般并不能严格地落在与 Z_{set} 相同的直线上，而是落在该直线附近的一个区域中。为保证区内故障情况下阻抗元件能可靠动作，在复平面上，其动作范围应该是一个包括 Z_{set} 对应线段在内，但在其方向上不超过 Z_{set} 的区域，如圆形区域、四边形区域、椭圆区域等。当测量阻抗 Z_m 落入该动作区域时，就判为区内故障，阻抗元件动作。当测量阻抗 Z_m 落在动作区域外时，就判为区外故障，阻抗元件不动作。这个区域的边界就是阻抗元件的动作特性。

根据阻抗元件的比较原理，阻抗元件可以分为幅值比较式和相位比较式；根据阻抗元件的输入量不同，阻抗元件可以分为单相式和多相补偿式两种；根据阻抗元件的动作特性（动作边界）的形状不同，阻抗元件可以分为圆特性阻抗元件和多边形特性阻抗元件（包括直线特性）两种。

单相式阻抗元件是指只输入单一相电压或相间电压、单一相电流或相电流差电流的阻抗元件。而多相补偿式阻抗元件是输入一个以上电压或电流的阻抗元件。

对于单相式阻抗元件，电压 $\dot{U}_m$ 和电流 $\dot{I}_m$ 的比值称为测量阻抗 Z_m，即

$$Z_m = \frac{\dot{U}_m}{\dot{I}_m} = |Z_m| \angle \varphi_m = R_m + jX_m \qquad (3\text{-}2)$$

式中　　　　　$\dot{U}_m$——保护安装处的一次电压，即母线电压；

　　　　　　　$\dot{I}_m$——被保护线路的一次电流；

Z_m、R_m、X_m、φ_m——一次测量阻抗、电阻、电抗、阻抗角。

二、圆特性阻抗元件

圆特性的阻抗元件可以分为全阻抗元件、方向阻抗元件、偏移特性阻抗元件三种，图 3-4 画出了它们的动作特性，以下分别说明其动作特性与动作方程。

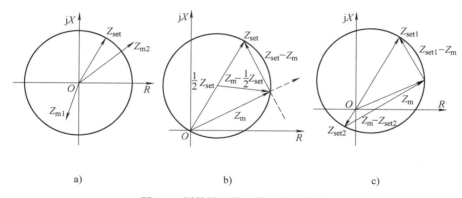

图 3-4　圆特性阻抗元件的动作特性

a）全阻抗元件　b）方向阻抗元件　c）偏移特性阻抗元件

1. 全阻抗元件

全阻抗元件如图 3-4a 所示。它是以坐标原点 O 为圆心，整定阻抗 Z_set 大小为半径的圆，其中圆内为动作区。根据复阻抗知识，比幅的阻抗动作方程为

$$|Z_\text{m}| \leqslant |Z_\text{set}| \tag{3-3}$$

根据比幅与比相的互换原理，比相阻抗动作方程为

$$-90° < \arg \frac{Z_\text{set} + Z_\text{m}}{Z_\text{set} - Z_\text{m}} < 90° \tag{3-4}$$

考虑到 $\dot{U}_\text{m} = \dot{I}_\text{m} Z_\text{m}$，则相应的电压形式动作方程为

$$|\dot{U}_\text{m}| < |\dot{I}_\text{m} Z_\text{set}| \quad \text{或} \quad -90° < \arg \frac{\dot{I}_\text{m} Z_\text{set} + \dot{U}_\text{m}}{\dot{I}_\text{m} Z_\text{set} - \dot{U}_\text{m}} < 90° \tag{3-5}$$

传统的阻抗继电器就是通过对两个电压量 $\dot{U}_\text{m}$、$\dot{I}_\text{m} Z_\text{set}$ 的运算来实现其功能的。

由于动作区包括 4 个象限，因此动作是无方向性的，同时当 $Z_\text{m} = 0$（$\dot{U}_\text{m} = 0$，相当于保护安装处出口短路）时，仍然能够动作，因此无动作电压死区。全阻抗元件一般用作无须判断方向的启动元件。

2. 方向阻抗元件

方向阻抗元件是在正方向故障时动作，反方向故障时不动作，因此称为方向阻抗元件。方向阻抗元件的动作区主要包括第 I 象限，不包括第 III 象限，故反方向故障时不动作。

圆特性方向阻抗元件如图 3-4b 所示。它是以整定阻抗 Z_set 为直径的圆，或者说是以整定阻抗的中点为圆心，整定阻抗大小的 $1/2$（$Z_\text{set}/2$）为半径的圆，其中圆内为动作区。该元件的比幅动作方程为

$$\left| Z_\text{m} - \frac{1}{2} Z_\text{set} \right| \leqslant \left| \frac{1}{2} Z_\text{set} \right| \tag{3-6}$$

对应的比相动作方程为

$$-90° \leqslant \arg \frac{Z_\text{set} - Z_\text{m}}{Z_\text{m}} \leqslant 90° \tag{3-7}$$

则相应用电压形式表示的动作方程为

$$\left| \dot{U}_{\mathrm{m}} - \frac{1}{2}\dot{I}_{\mathrm{m}}Z_{\mathrm{set}} \right| \leqslant \left| \frac{1}{2}\dot{I}_{\mathrm{m}}Z_{\mathrm{set}} \right| \quad \text{或} \quad -90° \leqslant \arg \frac{\dot{I}_{\mathrm{m}}Z_{\mathrm{set}} - \dot{U}_{\mathrm{m}}}{\dot{U}_{\mathrm{m}}} \leqslant 90° \tag{3-8}$$

由于继电器的动作区在第 I 象限，因此该继电器有方向性，同时特性（边界）通过坐标原点，因此有动作电压死区。由于高压电网中保护均需考虑方向问题，因此该类继电器广泛作为距离保护的测量元件。

模拟式保护中，根据电压形式比较的动作方程式（3-8），可以构成方向阻抗继电器，如图 3-5 所示。图 3-5a 为绝对值比较原理，图 3-5b 为相位比较原理，其中 $Z_{\mathrm{set}} = \dot{K}_I / \dot{K}_U$，可以通过电压变换器 TVA 的电压比和电抗互感器 TX 的可调电阻分别调节整定阻抗 Z_{set} 的大小及角度。

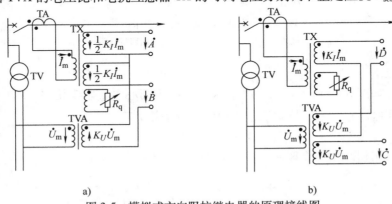

图 3-5　模拟式方向阻抗继电器的原理接线图
a）绝对值比较　b）相位比较

3. 偏移特性阻抗元件

偏移特性阻抗元件如图 3-4c 所示。它是以整定阻抗 $Z_{\mathrm{set1}} + Z_{\mathrm{set2}}$ 的中点为圆心（一般 Z_{set2} 取 Z_{set1} 的 5% ~ 10%，阻抗角相差 180°），以 $|Z_{\mathrm{set1}} - Z_{\mathrm{set2}}|$ 的一半为半径的圆，其中圆内为动作区，相当于方向阻抗元件特性向第 III 象限偏移 5% ~ 10%，偏移阻抗元件的动作区包含坐标原点，因此无电压动作死区。在手合或重合于故障时可以采用此类偏移阻抗元件。

该元件的比幅阻抗动作方程为

$$\left| Z_{\mathrm{m}} - \frac{1}{2}(Z_{\mathrm{set1}} + Z_{\mathrm{set2}}) \right| \leqslant \left| \frac{1}{2}(Z_{\mathrm{set1}} - Z_{\mathrm{set2}}) \right| \tag{3-9}$$

比相动作方程为

$$-90° \leqslant \arg \frac{Z_{\mathrm{m}} - Z_{\mathrm{set2}}}{Z_{\mathrm{set1}} - Z_{\mathrm{m}}} \leqslant 90° \tag{3-10}$$

同理，也可以写出相应的电压形式动作方程。

3 个阻抗的意义和区别：测量阻抗 Z_{m} 是为反映系统运行情况的参数，由保护安装处的测量电压与测量电流计算而得的变量，随系统运行情况而变化。整定阻抗 Z_{set} 是反映保护范围的人为设定值，即保护安装处到保护范围末端的线路阻抗，它是固定值，即方向阻抗圆的直径，Z_{set} 的角度应设为线路阻抗角 φ_{k}。动作阻抗 Z_{op} 是指能使继电器刚好动作时（边界）的测量阻抗值，大小随阻抗角的不同而变化，为方向阻抗圆过原点的弦。整定阻抗 Z_{set} 为最大的动作阻抗，此时的阻抗角也称为最大灵敏角 $\varphi_{\mathrm{sen}} = \varphi_{\mathrm{set}} = \varphi_{\mathrm{k}}$。3 个阻抗如

图 3-6 所示。

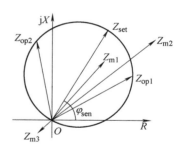

图 3-6 测量阻抗、动作
阻抗和整定阻抗

三、其他特性阻抗元件

1. 组合圆特性

图 3-7 所示为其他圆特性阻抗元件。苹果形与橄榄形方向阻抗元件是圆特性方向阻抗元件的变形，当两个相交的圆特性方向阻抗元件动作区取并集（逻辑"或"）时为苹果形方向阻抗元件，如图 3-7a 所示；当取交集（逻辑"与"）时为橄榄形方向阻抗元件，如图 3-7b 所示。

苹果形方向阻抗元件一般用在发电机失磁保护中，橄榄形方向阻抗元件一般用在失步解列装置中。

下抛圆特性阻抗元件如图 3-7c 所示，用于发电机失磁保护中的测量元件，其动作方程读者可以自行分析。

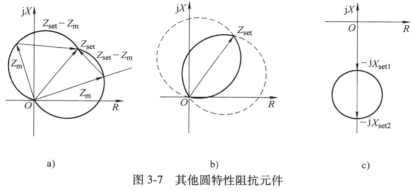

a) b) c)

图 3-7 其他圆特性阻抗元件

a）苹果形阻抗元件 b）橄榄形阻抗元件 c）下抛圆特性阻抗元件

2. 多边形特性

在重负荷线路中，为了防止保护误动（此时阻抗角较小），可以采用直线特性阻抗元件。由多个直线围成的共同区域就变成了多边形特性阻抗元件。其中多边形阻抗特性能够同时兼顾耐受过渡电阻和躲负荷阻抗两方面的能力，在微机型距离保护的测量元件中得到了广泛应用，如图 3-8 所示。图 3-8a 为方向阻抗特性，图 3-8b 为偏移阻抗特性。

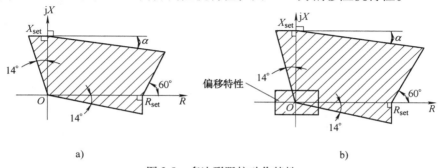

a) b)

图 3-8 多边形阻抗动作特性

a）方向阻抗特性 b）偏移阻抗特性

判断测量阻抗是否落在动作区内的判据不能像常规圆特性用一个简单的动作方程式来判别，其原因是动作特性不是一规则形状。为此将图 3-8a 的动作特性划分为 3 个区域，分别为 A、B、C 区。其中动作特性在第 Ⅱ 象限的部分为 A 区，动作特性在第 Ⅰ 象限的部分为 B 区，动作特性在第 Ⅳ 象限的部分为 C 区。

设测量阻抗 Z_m 的实部为 R_m，虚部为 X_m，测量阻抗在第 Ⅱ 象限动作区的判别式可以表示为

$$\begin{cases} X_m \leqslant X_{set} \\ R_m \geqslant -X_m \tan 14° \approx -\dfrac{1}{4} X_m \end{cases} \tag{3-11}$$

测量阻抗落于第 Ⅰ 象限动作区的特性可以表示为

$$\begin{cases} R_m \leqslant R_{set} + X_m \cot 60° = R_{set} + \dfrac{1}{\sqrt{3}} X_m \\ X_m \leqslant X_{set} - R_m \tan\alpha \approx X_{set} - \dfrac{1}{8} R_m \end{cases} \tag{3-12}$$

落于第 Ⅳ 象限动作区的特性可以表示为

$$\begin{cases} R_m \leqslant R_{set} \\ X_m \geqslant -R_m \tan 14° \approx -\dfrac{1}{4} R_m \end{cases} \tag{3-13}$$

式（3-11）、式（3-12）、式（3-13）可以方便地在数字式保护中实现。

为保证在正方向出口发生短路时，阻抗元件可靠动作，而在反方向出口发生短路时，阻抗元件应可靠不动作，可采用记忆方法判断出口短路的方向性。在传统模拟式保护中采用物理元件（R、C）实现记忆，而在数字式保护中用存储器中的数据实现记忆，即用故障前（相当于记忆电压）的电压与故障电流进行方向比较，以判断故障在正方向还是反方向。当判断为正方向故障时，则进一步判断是否为正方向出口故障，其方法是在图 3-8a 方向阻抗特性的基础上，叠加一个包含坐标原点在内的矩形小区域，以判别出口故障，如图 3-8b 所示。

3. 方向阻抗元件的死区及消除方法

当保护出口短路时，引入阻抗元件的电压 $\dot{U}_m = 0$，式（3-8）的比幅方程两边相等，不满足动作条件。式（3-8）的比相方程中的分母为零，零相量的角度是任意的，因此也就无法比相，即方向阻抗元件无法动作。因此方向阻抗元件在保护出口处短路时有电压死区。

消除方向阻抗元件死区的方法一般有两种：一种是靠记忆故障前电压；另一种是引入第三相电压。

既然出口故障时 $\dot{U}_m = 0$，那么将故障前电压的相位加以记忆，这样就可以防止方向阻抗元件的拒动。在微机保护中，可以直接利用一个或两个周波前的电压值进行比较，从而达到记忆的作用。通常还采用正序电压作参考，在相位上就相当于引入了第三相电压。

无论采用哪种形式构成方向阻抗元件，需要解决的问题，首先是能够正确测量保护安装处到故障点的距离，然后应当保证正方向出口没有死区，并且在反方向故障时可靠不动作。在微机保护中广泛采用正序电压极化的阻抗元件、四边形阻抗元件，其目的就是为了消除方向阻抗元件的死区。

由上面的分析可知，阻抗元件实际上是比较两个电压量的大小或相位关系。如式（3-8）中，圆特性方向阻抗元件是比较两个电压 $\dot{U}_m - \frac{1}{2}\dot{I}_m Z_{set}$ 与 $\frac{1}{2}\dot{I}_m Z_{set}$ 的大小，或者是比较两个电压相量 $\dot{U}_m - \dot{I}_m Z_{set}$ 与 $\dot{U}_m$ 的相位关系。

可以将动作方程中的两个电压分为工作电压 $\dot{U}_{op}$ 与极化（参考）电压 $\dot{U}_{ref}$。在方向阻抗元件比幅方程中令 $\dot{U}_{ref} = -\dot{U}_m$，$\dot{U}_{op} = \dot{U}_m - \dot{I}_m Z_{set}$，则动作方程为

$$-90° \leqslant \arg \frac{\dot{U}_{op}}{\dot{U}_{ref}} \leqslant 90° \tag{3-14}$$

同理可以形成其他各种阻抗元件的工作电压与极化电压。因此，只要先形成工作电压与极化电压，然后再对两个电压进行幅值或相位比较就可实现阻抗元件特性。

在高压电网中，由于电网接线复杂，系统运行方式变化较大，距离保护均要考虑方向性，因此阻抗元件必须具有方向性，也就是要采用方向阻抗元件。为保证正方向出口没有死区，在微机保护中广泛采用正序电压作为参考，即极化电压 $\dot{U}_{ref}$ 用正序电压 $-\dot{U}_{m1}$。因为，在正方向出口发生各种不对称故障时正序电压均不会为零，可消除出口短路死区。

第三节　测量电压和测量电流的选取

在三相系统中，可能发生不同类型的故障，在各种不对称故障时，要寻找适当的电流、电压来求取测量阻抗。测量电压和测量电流的选取就是指阻抗元件计算测量阻抗所采用的电压与电流的相别组合方式，对于传统的模拟阻抗继电器而言，也就是接入继电器的电压和电流，因此习惯上称为阻抗元件的接线方式。

阻抗元件用于测量保护安装处到故障点的阻抗（距离），因此应当满足如下要求：

1) 测量阻抗与保护安装处到故障点的距离成正比，而与系统的运行方式无关。

2) 测量阻抗应与短路类型无关，即同一故障点不同类型的短路故障时的测量阻抗应当一样。

一、短路故障分析

在图 3-2a 中，当 k1 点发生单相接地短路时，母线 M 上的各相电压可以表示为

$$\begin{cases} \dot{U}_A = \dot{U}_{kA} + \dot{I}_{A1}z_1 l_k + \dot{I}_{A2}z_2 l_k + \dot{I}_{A0}z_0 l_k \\ \dot{U}_B = \dot{U}_{kB} + \dot{I}_{B1}z_1 l_k + \dot{I}_{B2}z_2 l_k + \dot{I}_{B0}z_0 l_k \\ \dot{U}_C = \dot{U}_{kC} + \dot{I}_{C1}z_1 l_k + \dot{I}_{C2}z_2 l_k + \dot{I}_{C0}z_0 l_k \end{cases} \tag{3-15}$$

考虑到 $z_1 = z_2$，在 A 相接地故障时，有 $\dot{U}_{kA} = 0$，$\dot{I}_{A1} = \dot{I}_{A2} = \dot{I}_{A0}$，则

$$\begin{aligned} \dot{U}_A &= \dot{I}_{A1}z_1 l_k + \dot{I}_{A2}z_1 l_k + \dot{I}_{A0}z_0 l_k \\ &= (\dot{I}_{A1} + \dot{I}_{A2} + \dot{I}_{A0})z_1 l_k + \dot{I}_{A0}(z_0 - z_1) l_k \\ &= (\dot{I}_A + 3\dot{I}_0 \frac{z_0 - z_1}{3z_1})z_1 l_k = (\dot{I}_A + 3\dot{I}_0 K)z_1 l_k \end{aligned} \tag{3-16}$$

$$\dot{U}_{B} = \dot{U}_{kB} + (\dot{I}_{B} + 3\dot{I}_{0}K)z_{1}l_{k} \qquad (3\text{-}17)$$

$$\dot{U}_{C} = \dot{U}_{kC} + (\dot{I}_{C} + 3\dot{I}_{0}K)z_{1}l_{k} \qquad (3\text{-}18)$$

式中　K——零序补偿系数，$K = \dfrac{z_{0} - z_{1}}{3z_{1}}$。

可见，要使得故障相电压与电流的比值为保护安装处到故障点的短路阻抗 $z_{1}l_{k}$，则输入到 A 相阻抗元件的电压、电流应当为 $\dot{U}_{A}$、$\dot{I}_{A} + 3\dot{I}_{0}K$。同理可以得出，当 B 相或 C 相发生接地故障时，B 相、C 相阻抗元件对应的电压、电流应分别为 $\dot{U}_{B}$、$\dot{I}_{B} + 3\dot{I}_{0}K$ 和 $\dot{U}_{C}$、$\dot{I}_{C} + 3\dot{I}_{0}K$。

当发生两相接地短路故障时，分析表明，两个接地故障相的阻抗元件的测量阻抗有同样的结论。

在 k 点发生 BC 两相相间短路时，有 $\dot{U}_{kB} = \dot{U}_{kC}$，$\dot{I}_{B} = -\dot{I}_{C}$，则母线 M 处电压为

$$
\begin{aligned}
\dot{U}_{BC} &= \dot{U}_{B} - \dot{U}_{C} \\
&= (\dot{I}_{B1}z_{1}l_{k} + \dot{I}_{B2}z_{1}l_{k}) - (\dot{I}_{C1}z_{1}l_{k} + \dot{I}_{C2}z_{1}l_{k}) \\
&= (\dot{I}_{B1} + \dot{I}_{B2})z_{1}l_{k} - (\dot{I}_{C1} + \dot{I}_{C2})z_{1}l_{k} = (\dot{I}_{B} - \dot{I}_{C})z_{1}l_{k}
\end{aligned}
\qquad (3\text{-}19)
$$

可见，要使得电压与电流的比值为保护安装处到故障点的短路阻抗 $z_{1}l_{k}$，则输入到继电器的电压、电流应当取为 $\dot{U}_{BC}$、$\dot{I}_{B} - \dot{I}_{C}$。同理，在 BC 两相发生接地短路故障时，也可以得出同样的结论。而发生三相短路故障时，AB、BC、CA 三个相间阻抗元件的测量阻抗结果也相同。

需要指出的是，只有故障相（相间）的测量阻抗为 $z_{1}l_{k}$，与距离成正比，而非故障相的测量阻抗更大。

根据上述分析，反映相间短路与接地短路的阻抗元件接线应有所不同。

二、接线方式

1. 相间距离保护 0° 接线

根据上面的分析，反映相间故障的阻抗元件应当以相间电压作为测量电压，以相间电流差为测量电流。当负荷电流在 $\cos\varphi = 1$ 的情况下，阻抗元件的电压、电流的夹角为 0°，所以这种接线称为 0° 接线。0° 接线方式接入的电压和电流见表 3-1。

表 3-1　0° 接线方式接入的电压和电流

阻抗元件相别	$\dot{U}_{m}$	$\dot{I}_{m}$
AB	$\dot{U}_{AB}$	$\dot{I}_{A} - \dot{I}_{B}$
BC	$\dot{U}_{BC}$	$\dot{I}_{B} - \dot{I}_{C}$
CA	$\dot{U}_{CA}$	$\dot{I}_{C} - \dot{I}_{A}$

2. 接地距离保护零序补偿接线

在中性点直接接地电网中，当零序电流保护不能满足要求时，一般考虑采用接地距离保护，它的主要任务是反映电网的接地故障。根据上面的分析，反映接地故障的阻抗元件接线应当以相电压作为继电器电压，以相电流 $\dot{I}_{A} + 3\dot{I}_{0}K$ 为继电器电流，此接线方式称为零序补

偿接线。零序补偿接线方式接入的电压和电流见表 3-2。

表 3-2　零序补偿接线方式接入的电压和电流

阻抗元件相别	$\dot{U}_{\mathrm{m}}$	$\dot{I}_{\mathrm{m}}$
A	$\dot{U}_{\mathrm{A}}$	$\dot{I}_{\mathrm{A}} + 3\dot{I}_0 K$
B	$\dot{U}_{\mathrm{B}}$	$\dot{I}_{\mathrm{B}} + 3\dot{I}_0 K$
C	$\dot{U}_{\mathrm{C}}$	$\dot{I}_{\mathrm{C}} + 3\dot{I}_0 K$

阻抗元件用于构成相间距离保护时采用 0° 接线，用于构成接地距离保护时采用零序补偿接线。在线路发生各种故障时，阻抗元件的动作情况见表 3-3。

表 3-3　各种故障时阻抗元件正确测量的分析

阻抗元件	AN	BN	CN	ABN	BCN	CAN	AB	BC	CA	ABC
A 相	+	−	−	+	−	+	−	−	−	+
B 相	−	+	−	+	+	−	−	−	−	+
C 相	−	−	+	−	+	+	−	−	−	+
AB 相	−	−	−	+	−	−	+	−	−	+
BC 相	−	−	−	−	+	−	−	+	−	+
CA 相	−	−	−	−	−	+	−	−	+	+

注：AN 表示 A 相接地，其余依此类推；能够正确测量短路阻抗为 "+"，反之 "−"。

从表 3-3 可以看出，发生故障时只有故障相相关的阻抗元件可以正确测量，因此有必要先选出故障相（由选相元件完成），再对对应的可以正确测量的故障相阻抗元件进行计算，这样可以减少计算的时间，从而加快微机保护的动作速度。比如判断出是 A 相接地故障时，可以只对 A 相接地元件是否动作进行计算。

第四节　距离保护整定

距离保护的整定计算包括整定阻抗的大小与角度整定、各段动作时间的确定、保护灵敏度校验等。

一、分支电流对保护的影响与消除措施

距离保护Ⅱ段、Ⅲ段都要与相邻线路配合。如图 3-9 所示，在相邻线路存在故障时，如果相邻线路与本线路之间有分支元件，就会影响阻抗元件的测量阻抗。

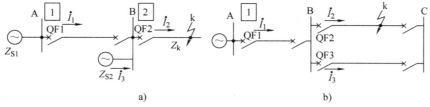

a)　　　　　　　　　　　　b)

图 3-9　分支电流对测量阻抗的影响

a）助增分支　b）外汲分支

图 3-9a 中距离保护 1 在 k 点故障后的 A 母线电压为

$$\dot{U}_A = \dot{U}_B + \dot{I}_1 Z_{AB} = \dot{I}_1 Z_{AB} + \dot{I}_2 Z_k \tag{3-20}$$

则保护 1 的测量阻抗 Z_1 为

$$Z_1 = \frac{\dot{U}_A}{\dot{I}_1} = Z_{AB} + \frac{\dot{I}_2}{\dot{I}_1} Z_k = Z_{AB} + K_b Z_k \tag{3-21}$$

图 3-9b 中距离保护 1 在 k 点故障后的测量阻抗 Z_1 同样为

$$Z_1 = Z_{AB} + \frac{\dot{I}_2}{\dot{I}_1} Z_k = Z_{AB} + K_b Z_k \tag{3-22}$$

式（3-21）与式（3-22）中的 K_b 称为分支系数。分支系数为

$$K_b = \frac{配合线路电流}{本线路电流} \tag{3-23}$$

在图 3-9a 中，$K_b = \dfrac{\dot{I}_1 + \dot{I}_3}{\dot{I}_1} = 1 + \dfrac{\dot{I}_3}{\dot{I}_1}$，$K_b > 1$，电流 I_3 使故障线路电流大于本线路电流，称为助增电流。由图 3-9a，考虑到电流 I_1 为 I_2 在 AB 支路的分流关系，则有

$$K_b = \frac{\dot{I}_2}{\dot{I}_1} = \frac{Z_{S1} + Z_{AB} + Z_{S2}}{Z_{S2}} = 1 + \frac{Z_{S1} + Z_{AB}}{Z_{S2}} \tag{3-24}$$

在图 3-9b 中，$K_b = \dfrac{\dot{I}_1 - \dot{I}_3}{\dot{I}_1} = 1 - \dfrac{\dot{I}_3}{\dot{I}_1}$，$K_b < 1$，电流 I_3 使故障线路电流小于本线路电流，称为外汲电流。由图 3-9b，当双回线并列运行时，考虑到电流 I_2 为 I_1 在 BC 故障支路的分流关系，且保护配合点在 I 段保护范围末端（85%）处，则有

$$K_b = \frac{\dot{I}_2}{\dot{I}_1} = \frac{1.15 Z_{BC}}{(0.85 + 1.15) Z_{BC}} = \frac{1.15}{2} \tag{3-25}$$

经过分析可知，助增电流使得距离保护测量阻抗增大，保护区缩短，保护灵敏度降低；外汲电流使得距离保护测量阻抗减小，保护区伸长，可能造成保护的超范围动作。

消除分支电流的影响主要是防止超范围动作，因此在整定距离保护 II 段时按照最小分支系数 $K_{b.min}$ 整定；为了确保保护的灵敏度，校验 III 段远后备的灵敏度时按照最大分支系数 $K_{b.max}$ 校验，因此，距离保护受运行方式的间接影响。

二、阶段式距离保护整定

距离保护的整定阻抗角为线路阻抗角，动作时间按照阶梯配合，各段整定原则如下。

I 段整定要求其保护区不能伸出本线路，即整定阻抗小于被保护线路阻抗。引入可靠系数 K_{rel}^I，图 3-10 中保护 1 的 I 段整定阻抗 $Z_{set.1}^I$ 为

$$Z_{set.1}^I = K_{rel}^I Z_{AB} \tag{3-26}$$

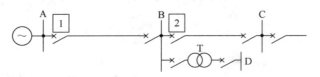

图 3-10　整定计算用系统图

式中，K_{rel}^{I} 取 $0.8 \sim 0.85$。时限可取 0s。

Ⅱ 段保护区不能超出相邻元件或相邻线路瞬时段（Ⅰ段）的保护区，即测量阻抗小于本线路阻抗与相邻线路 Ⅰ 段动作阻抗之和时起动，延时动作。引入可靠系数 $K_{rel}^{Ⅱ}$，并考虑最小分支系数。保护 1 的 Ⅱ 段动作阻抗 $Z_{set}^{Ⅱ}$ 为

1）与相邻线路 Ⅰ 段配合

$$Z_{set.1}^{Ⅱ} = K_{rel}^{Ⅱ}(Z_{AB} + K_{b.min}Z_{set.2}^{I}) \tag{3-27}$$

式中，$K_{rel}^{Ⅱ}$ 取 0.8。

2）与相邻变压器配合

$$Z_{set.1}^{Ⅱ} = K_{rel}^{Ⅱ}(Z_{AB} + K_{b.min}Z_{T}) \tag{3-28}$$

式中，$K_{rel}^{Ⅱ}$ 取 $0.7 \sim 0.75$。

取以上两者中较小者作为 Ⅱ 段整定阻抗，动作时间比相邻线路 Ⅰ 段长 Δt，一般取 0.5s。

按照线路末端发生金属性短路来校验灵敏度。保护 1 的灵敏度为

$$K_{sen}^{Ⅱ} = \frac{Z_{set.1}^{Ⅱ}}{Z_{AB}} \geq 1.25 \tag{3-29}$$

若灵敏度不满足要求，则可以与相邻Ⅱ段配合，时间则比相邻Ⅱ段动作时间长 Δt（$0.3 \sim 0.5s$）。

作为后备保护的Ⅲ段，正常时不起动。因此整定阻抗按躲开最小的负荷阻抗 $Z_{L.min}$ 计算。$Z_{L.min}$ 为

$$Z_{L.min} = \frac{(0.9 \sim 0.95)U_N}{\sqrt{3}I_{L.max}} \tag{3-30}$$

式中　U_N——母线额定线电压；

　　　$I_{L.max}$——最大负荷电流。

保护 1 的Ⅲ段整定阻抗 $Z_{set.1}^{Ⅲ}$ 为

$$Z_{set.1}^{Ⅲ} = \frac{K_{rel}^{Ⅲ}Z_{L.min}}{K_{re}K_{ss}\cos(\varphi_k - \varphi_L)} \tag{3-31}$$

式中　$K_{rel}^{Ⅲ}$——Ⅲ段可靠系数，一般取 $0.8 \sim 0.85$；

　　　K_{re}——阻抗元件（欠量动作）的返回系数，一般取 $1.15 \sim 1.25$；

　　　K_{ss}——电动机自起动系数，由负荷性质决定，一般取 $1.5 \sim 2.5$；

　　　φ_k、φ_L——线路阻抗角与负荷阻抗角。

由图 3-11 可知，由于整定阻抗角为线路阻抗角 φ_k，与负荷阻抗角 φ_L 不相等，因此要考虑采用何种阻抗元件特性。当采用方向阻抗圆特性时，保护 1 的整定应考虑角度换算。

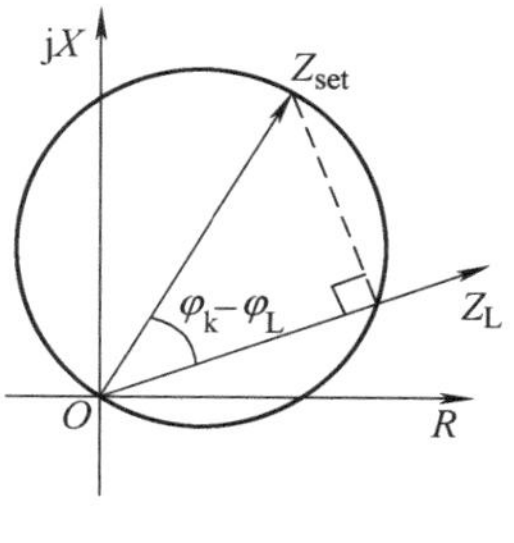

按照线路末端发生金属性短路来校验灵敏度。

1）作为 AB 线路近后备，有

$$K_{sen}^{Ⅲ} = \frac{Z_{set.1}^{Ⅲ}}{Z_{AB}} > 1.5 \tag{3-32}$$

2）作为 BC 线路远后备，有

$$K_{sen}^{Ⅲ'} = \frac{Z_{set.1}^{Ⅲ}}{(Z_{AB} + K_{b.max}Z_{BC})} > 1.2 \tag{3-33}$$

图 3-11　负荷阻抗和整定阻抗的关系

3）作为变压器 BD 支路远后备，有

$$K_{sen}^{III''} = \frac{Z_{set.1}^{III}}{(Z_{AB} + K_{b.max}Z_T)} > 1.2 \tag{3-34}$$

需要说明，对于外汲电流的最大分支系数应取 $K_b = 1$（单回线运行）。

动作时间与电流保护Ⅲ段时间相同，采用阶梯形配置原则，即大于相邻线路最长的动作时间一个 Δt。

上述计算中，使用的均为一次系统的参数值，实际应用时，应换算至保护接入的二次系统参数值。设电压互感器 TV 的电压比为 n_{TV}，电流互感器 TA 的电流比为 n_{TA}，一次系统参数用下标"（1）"表示，二次系统参数用下标"（2）"表示，则一、二次参数关系为

$$Z_{m(1)} = \frac{\dot{U}_{m(1)}}{\dot{I}_{m(1)}} = \frac{n_{TV}\dot{U}_{m(2)}}{n_{TA}\dot{I}_{m(2)}} = \frac{n_{TV}}{n_{TA}}Z_{m(2)} \tag{3-35}$$

或

$$Z_{m(2)} = \frac{n_{TA}}{n_{TV}}Z_{m(1)}$$

将上述计算的整定阻抗换算到二次侧为

$$Z_{set(2)} = \frac{n_{TA}}{n_{TV}}Z_{set(1)} \tag{3-36}$$

三、算例

如图 3-12 所示网络，线路 AB、BC 装设三段式相间距离保护 1 和 2（采用圆特性方向阻抗元件）。已知线路 AB 长 30km，BC 长 60km，每公里阻抗为 $0.4\Omega/km$，线路阻抗角 $\varphi_k = 70°$；系统 S1 电压为 115kV，最大阻抗为 25Ω，最小阻抗为 20Ω，系统 S2 最大阻抗为 30Ω，最小阻抗为 25Ω；变压器 T 配有差动保护，归算到高压侧的变

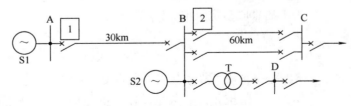

图 3-12　整定算例系统图

压器等效阻抗为 44Ω；线路 AB 的最大负荷电流为 350A，功率因数 $\cos\varphi = 0.9$；C、D 母线上出线后备过电流保护的时间分别为 1.0s、1.5s。TV 电压比 $n_{TV} = \dfrac{110}{\sqrt{3}}kV / \dfrac{0.1}{\sqrt{3}}kV = 1100$，TA 电流比 $n_{TA} = 600A/5A = 120$。试对保护 1 相间短路距离Ⅰ、Ⅱ、Ⅲ段进行整定计算。

1. 距离Ⅰ段的整定

（1）整定阻抗

$$Z_{set.1}^{I} = K_{rel}^{I}Z_{AB} = 0.85 \times 0.4 \times 30\Omega = 10.2\Omega$$

整定阻抗角为线路阻抗角，即 $\varphi_{sen} = \varphi_k = 70°$。

（2）动作延时

取 $t_1^{I} = 0s$（实际动作时间为保护装置固有动作延时）。

2. 距离Ⅱ段的整定

（1）整定阻抗

按下列两个条件选择：

1）与相邻下级最短线路 BC 保护 2 的Ⅰ段配合。

$$Z_{\text{set.}1}^{\text{Ⅱ}} = K_{\text{rel}}^{\text{Ⅱ}}(Z_{\text{AB}} + K_{\text{b.min}}Z_{\text{set.}2}^{\text{Ⅰ}}) = 0.8 \times [12 + K_{\text{b.min}}(0.85 \times 0.4 \times 60)]\Omega$$
$$= 0.8 \times (12 + 1.19 \times 20.4)\Omega = 29\Omega$$

$K_{\text{b.min}}$根据式（3-24）计算，其中 S1 取最大运行方式、S2 取最小运行方式，式（3-25）取双回线运行方式，则

$$K_{\text{b.min}} = \left(1 + \frac{Z_{\text{S1.min}} + Z_{\text{AB}}}{Z_{\text{S2.max}}}\right) \times \frac{1.15}{2} = \left(1 + \frac{20 + 12}{30}\right) \times \frac{1.15}{2} = 1.19$$

2）与相邻下级变压器差动保护（D 母线）配合。

$$Z_{\text{set.}1}^{\text{Ⅱ}} = K_{\text{rel}}^{\text{Ⅱ}}(Z_{\text{AB}} + K_{\text{b.min}}Z_{\text{T}}) = 0.7 \times (12 + 2.07 \times 44)\Omega = 72\Omega$$

$K_{\text{b.min}}$根据式（3-24）计算，其中 S1 取最大运行方式、S2 取最小运行方式，且无外汲影响，则

$$K_{\text{b.min}} = 1 + \frac{Z_{\text{S1.min}} + Z_{\text{AB}}}{Z_{\text{S2.max}}} = 1 + \frac{20 + 12}{30} = 2.07$$

取以上两个计算值中较小者为Ⅱ段的整定值，即取 $Z_{\text{set.}1}^{\text{Ⅱ}} = 29\Omega$。

（2）校验灵敏度

灵敏度 $K_{\text{sen}} = \dfrac{Z_{\text{set.}1}^{\text{Ⅱ}}}{Z_{\text{AB}}} = \dfrac{29}{12} = 2.47 > 1.25$

满足要求。

（3）动作延时，与相邻保护 2 的Ⅰ段配合

取 $t_1^{\text{Ⅱ}} = t_2^{\text{Ⅰ}} + \Delta t = 0.5\text{s}$

同时满足与相邻变压器差动保护配合的要求。

3. 距离Ⅲ段的整定

（1）整定阻抗

按躲过最小负荷阻抗整定，则

$$Z_{\text{L.min}} = \frac{0.95U_{\text{N}}}{\sqrt{3}I_{\text{L.max}}} = \frac{0.95 \times 110}{\sqrt{3} \times 0.35}\Omega = 172.4\Omega$$

考虑选用方向阻抗元件为

$$Z_{\text{set.}1}^{\text{Ⅲ}} = \frac{K_{\text{rel}}^{\text{Ⅲ}}Z_{\text{L.min}}}{K_{\text{re}}K_{\text{ss}}\cos(\varphi_{\text{k}} - \varphi_{\text{L}})} = \frac{0.85 \times 172.4}{1.15 \times 1.5 \times \cos(70° - 25.8°)}\Omega = 119\Omega$$

（2）校验灵敏度

1）本线路末端灵敏度为

$$K_{\text{sen}}^{\text{Ⅲ}} = \frac{Z_{\text{set.}1}^{\text{Ⅲ}}}{Z_{\text{AB}}} = \frac{119}{12} = 9.9 > 1.5$$

满足要求。

2）相邻线路 BC 末端短路时的灵敏度为

$$K_{sen}^{III'} = \frac{Z_{set.1}^{III}}{Z_{AB} + k_{b.max}Z_{BC}} = \frac{119}{12 + 2.48 \times 0.4 \times 60} = 1.66 > 1.2$$

$K_{b.max}$根据式（3-24）计算，其中 S1 取最小运行方式、S2 取最大运行方式，平行线路取单回线运行，则

$$K_{b.max} = 1 + \frac{Z_{S1.max} + Z_{AB}}{Z_{S2.min}} = 1 + \frac{25 + 12}{25} = 2.48$$

满足要求。

3）相邻变压器低压侧短路时的灵敏度为

$$K_{sen}^{III''} = \frac{Z_{set.1}^{III}}{(Z_{AB} + k_{b.max}Z_T)} = \frac{119}{12 + 2.48 \times 44} = 0.97 < 1.2$$

其中 $K_{b.max}$ 同上。

不满足要求，变压器应增加近后备保护。

（3）动作延时，与相邻保护 2 的Ⅲ段配合

$$t_{set.1}^{III} = t_{set.C}^{III} + 2\Delta t \text{ 或 } t_{set.1}^{III} = t_{set.D}^{III} + 2\Delta t$$

取其中较长者，则

$$t_{set.1}^{III} = t_{set.D}^{III} + 2\Delta t = 1.5s + 2 \times 0.5s = 2.5s$$

（4）整定阻抗二次值

$$Z_{set(2)}^{I} = Z_{set(1)}^{I} \frac{n_{TA}}{n_{TV}} = 10.2 \times \frac{120}{1100}\Omega = 1.11\Omega$$

$$Z_{set(2)}^{II} = Z_{set(1)}^{II} \frac{n_{TA}}{n_{TV}} = 29 \times \frac{120}{1100}\Omega = 3.16\Omega$$

$$Z_{set(2)}^{III} = Z_{set(1)}^{III} \frac{n_{TA}}{n_{TV}} = 119 \times \frac{120}{1100}\Omega = 13\Omega$$

二次值用于保护装置定值设置。

四、对距离保护的评价

根据对继电保护所提出的基本要求和实际运行经验，对距离保护可以做出如下的评价：

1）距离保护可以在多电源复杂网络中保证动作的选择性。除可以应用于输电线路的保护外，还可以作为发电机、变压器等元件的后备保护。

2）距离保护与电流、电压保护相比较具有更高的灵敏度、更稳定的保护范围，且受系统运行方式的影响较小。但其接线和算法较复杂，一定程度上会影响可靠性。

3）距离保护由于只反映线路一侧的电气量，与其他的阶段式保护如电流保护相似，不能瞬时切除线路两侧的区内故障。这在 220kV 及以上电压等级的网络中，有时不能满足系统稳定运行的要求，因而不能作为主保护应用。

第五节　影响距离保护正确动作的因素及对策

有很多因素可能导致距离保护无法正确动作，如过渡电阻、分支电流、振荡以及电压回路断线的影响。

一、过渡电阻

前面分析的短路故障都是金属性故障，而实际的短路故障都不同程度存在过渡电阻，由于过渡电阻的存在，会导致距离保护的阻抗元件无法正确测量保护安装处到故障点的短路阻抗，因此可能造成保护的拒动或误动。

短路点的过渡电阻 R_g 是当相间短路或接地短路时，短路电流从一相流到另一相或从一相流入地的途径中所通过的物质的电阻，这包括电弧电阻与接地电阻等。实验证明，当故障电流足够大时，电弧上的电压峰值几乎与电弧电流无关，而只与电弧的长度 l_g 有关。

在相间故障时，过渡电阻主要由电弧电阻组成。电弧电阻具有非线性的性质，其大小与电弧的长度成正比，而与电弧电流的大小成反比，精确计算比较困难，一般可按式（3-37）进行估算：

$$R_g = 1050 \frac{l_g}{I_g} \tag{3-37}$$

式中　l_g——电弧的长度，m；

　　　I_g——电弧中的电流大小，A。

在短路初瞬间，电弧电流很大，电弧最短，电弧电阻最小。几个周期后，随着电弧的逐渐拉长，电弧电阻逐渐增大。相间故障的电弧电阻一般在数欧至十几欧之间。

接地短路除了电弧电阻外，还有接地电阻。接地电阻随着接地介质、气候、土壤性质的不同，变化范围较大。对 500kV 线路接地短路的最大过渡电阻可达 300 Ω，而对 220kV 线路最大过渡电阻约为 100 Ω。

总的来说，过渡电阻基本呈纯电阻性质，在故障初瞬时较小，随着时间加长而逐渐变大。过渡电阻对距离保护的影响是由于阻抗元件的不正确测量造成的，因此首先来分析过渡电阻对阻抗元件的影响。

1. 单侧电源线路上过渡电阻对距离保护的影响

如图 3-13a 所示，在没有助增和外汲的单侧电源线路上，过渡电阻中的电流与保护安装处的电流相同，保护安装处测量电压和测量电流的关系可以表示为

$$\dot{U}_m = \dot{I}_m Z_m = \dot{I}_m (Z_k + R_g) \tag{3-38}$$

即 $Z_m = Z_k + R_g$，R_g 的存在总是使阻抗元件的测量阻抗值增大，阻抗角变小，保护范围缩短。

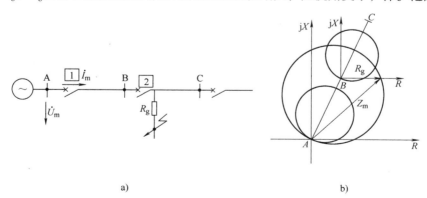

a)　　　　　　　　　　　　　　　　　　　b)

图 3-13　单侧电源过渡电阻的影响

a) 系统示意图　b) 阻抗元件动作区示意图

当线路 BC 始端经过渡电阻 R_g 短路时，B 处保护的测量阻抗为 $Z_{m2} = R_g$，而 A 处保护的测量阻抗为 $Z_{m1} = Z_{AB} + R_g$，当 R_g 如图 3-13b 所示时，出现了 Z_{m2} 超出 Ⅰ 段保护范围，而位于 Ⅱ 段保护范围内的情况。此时由 A 处的保护 Ⅱ 段动作切除故障，从而失去了选择性。

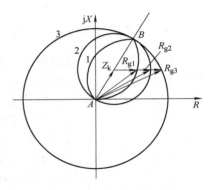

图 3-14　不同特性阻抗元件
受过渡电阻的影响

由图 3-13 可见，保护装置距短路点越近时，受过渡电阻影响越大；同时，保护装置的整定阻抗值越小，受过渡电阻影响越大。相同整定值的不同阻抗特性 +R 轴方向面积越大受过渡电阻影响越小，如图 3-14 所示，全阻抗圆 3 受影响最小，橄榄特性圆 1 受影响最大。

2. 双侧电源线路上过渡电阻的影响

如图 3-15a 所示双侧电源线路，k 点经 R_g 短路时，分析其对距离保护的影响。

故障点的电压 $\dot{U}_k = (\dot{I}'_k + \dot{I}''_k)R_g$，保护安装处阻抗元件的测量阻抗为

$$Z_m = \frac{\dot{U}_m}{\dot{I}_m} = \frac{\dot{I}'_k Z_k + (\dot{I}'_k + \dot{I}''_k)R_g}{\dot{I}'_k} = (Z_k + R_g) + \frac{\dot{I}''_k}{\dot{I}'_k}R_g \tag{3-39}$$

R_g 对测量阻抗的影响，取决于对侧电源提供的短路电流大小及两侧电源短路电流之间的相位关系，有可能使测量阻抗增大，也有可能减小。

当 M 侧为送电侧，N 侧为受电侧时，则 $\dot{E}_M$ 超前 $\dot{E}_N$，$\dot{I}'_k$ 超前 $\dot{I}''_k$，式（3-39）中的 $\dfrac{\dot{I}''_k}{\dot{I}'_k}R_g$ 具有负的阻抗角（表现为容性阻抗），会使测量阻抗变小，可能在保护区末端外部故障时使测量阻抗落入 Ⅰ 段保护区内，造成距离保护 Ⅰ 段误动作，这种因为过渡电阻的存在导致测量阻抗变小，引起保护误动作的现象，称为距离保护的稳态超越。

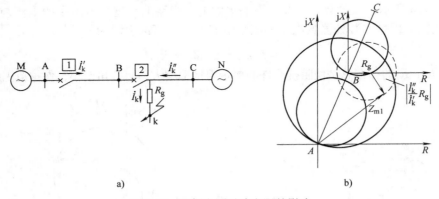

a)　　　　　　　　　　　　　b)

图 3-15　双侧电源过渡电阻的影响

a）系统图　b）阻抗特性图

反之，当 M 侧为受电侧，N 侧为送电侧时，$\dfrac{\dot{I}''_k}{\dot{I}'_k}R_g$ 具有正的阻抗角（表现为感性阻抗），会使测量阻抗变大，可能在保护区末端故障时造成阻抗元件拒动。

在系统振荡又有故障的情况下，$\dot{I}'_k$ 和 $\dot{I}''_k$ 相位差在 $0° \sim 360°$ 间变化，此时，A 处测量阻抗的变化轨迹是个圆。

3. 克服过渡电阻影响的措施

结合过渡电阻的特点、过渡电阻对阻抗元件的影响、距离保护各段的配合关系，可见距离 I 段无动作延时，此时过渡电阻较小，因此过渡电阻对 I 段影响小；距离 II 段有动作延时，此时过渡电阻较大，因此过渡电阻对 II 段影响大；距离 III 段有动作延时，但是整定阻抗很大，阻抗元件抗过渡电阻能力强，因此过渡电阻对 III 段影响较小。

过渡电阻会造成距离保护不正确动作，对于短线路更加严重（动作特性小）。对圆特性的方向阻抗元件来说，在保护区的始端和末端短路时过渡电阻的影响比较大。此外，由于接地故障时的过渡电阻远大于相间故障的过渡电阻，所以过渡电阻对接地距离元件的影响要远大于对相间距离元件的影响。克服过渡电阻影响可采取如下措施：

1）因过渡电阻使得测量阻抗向 R 轴偏移，因此为消除过渡电阻的影响，可以将阻抗元件的动作特性向 R 轴偏移。如图 3-16 所示，在整定阻抗相同的情况下，采用偏移动作特性（图中特性 2），在 $+R$ 轴方向面积比方向阻抗动作特性 1 大，耐受过渡电阻能力比方向阻抗特性强。若进一步使动作特性 2 向 $+R$ 轴方向偏转一个角度（图中特性 3），则 $+R$ 轴方向所占的面积更大，耐受过渡电阻能力更强。对于圆特性阻抗元件向 $+R$ 轴方向偏转一个角度，相当于将整定阻抗角减小，如此增强了抗拒动的能力。此外，为了防止阻抗元件的超越，可以采用向下倾斜的直线电抗特性（图中特性 4）。

2）采用四边形阻抗元件。如图 3-17 所示，四边形阻抗元件的四条边可以按 X_{set}、R_{set} 分别整定，根据实际的需要可使其在 $+R$ 轴方向所占的面积足够大，并在保护区始端和末端都有比较大的动作区。由 EOF 直线构成的方向元件可以确保其方向性，所以具有比较好的耐受过渡电阻的能力。四边形的上边适当向下倾斜一个角度（图中电抗线 GX），可以有效地避免稳态超越问题。另外，利用不同动作特性的组合，同样也可以获得较好的抗过渡电阻动作特性。

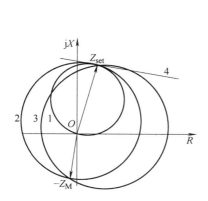

图 3-16　圆阻抗特性耐受过渡电阻能力

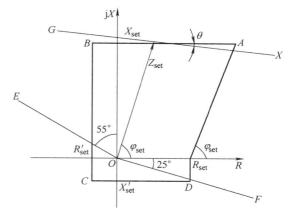

图 3-17　四边形阻抗特性耐受过渡电阻能力

二、电力系统振荡与振荡闭锁

1. 电力系统振荡对阻抗元件的影响

电力系统振荡时，一般可将所有机组分为两个等效机组，用两机等效系统分析其特性，

其简化等效网络如图 3-18 所示，其中 Z_M、
Z_N 分别为母线 M、N 侧等效阻抗；Z_{MN} 为
MN 线路阻抗；$\dot{E}_M$、$\dot{E}_N$ 分别为 P、Q 侧的
等效电动势，夹角为 δ；Z_Σ 为系统间等效
总阻抗，$Z_\Sigma = Z_M + Z_N + Z_{MN}$。

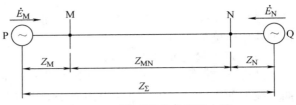

图 3-18　两机系统简化等效电路

　　如要分析 M 侧阻抗元件测量阻抗的
变化轨迹，只需将阻抗复平面的原点设在 M 点，使 Z_{MN} 与 R_M 轴的夹角等于线路阻抗角，这
样 R_M 轴和 jX_M 轴便可确定，如图 3-19 所示。显然 P、M、N、Q 为四定点，由 Z_M、Z_{MN}、Z_N
值确定相对位置。O 为动点，OM、ON 为 M、N 点阻抗元件的测量阻抗，$OM = Z_m$。当 P 侧
电动势与 Q 侧电动势幅值之比为 K_e 时，可以证明，动点 O 的轨迹为圆或直线。当 $K_e = 1$
时，Z_m 的变化轨迹为 PQ 的中垂线（图中虚直线）；当 $K_e > 1$ 时，O 点的轨迹为包含 Q 点
的一个圆，如图中 mn 圆弧（整个圆未画出）；当 $K_e < 1$ 时，O 点的轨迹为包含 P 点的一个
圆（图中虚线圆弧，整个圆未画出）。轨迹线与 PQ 线段交点处对应 $\delta = 180°$，轨迹线与
PQ 线段延长线的交点处对应 $\delta = 0°$（360°）。对 M 侧阻抗元件来说，若 M 侧为送电侧，
正常运行时测量阻抗（负荷阻抗）在 O 点。系统振荡时，O 点随 δ 角的变化在轨迹线上
移动，安装在系统各处的阻抗元件测量阻抗跟着发生变化。变化轨迹从 m 变化到 n（顺
时针）或从 m' 变化到 n'（直线），或从 m'' 变化到 n''（逆时针）。需要指出，实际系统中，
E_M 与 E_N 是接近相等的，即 K_e 很接近 1，所以图 3-19 中的轨迹圆很大，与直线轨迹很
接近。

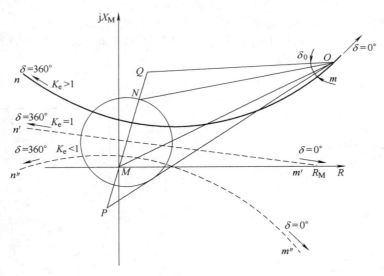

图 3-19　系统振荡时测量阻抗的变化轨迹

　　不难看出，系统振荡时阻抗元件有误动的可能性，因此距离保护必须有躲振荡的能力。当
保护的测量阻抗不会进入距离保护Ⅰ段的动作区时，距离保护Ⅰ段将不受振荡的影响。但由于
距离保护Ⅱ段及距离保护Ⅲ段的整定阻抗一般较大振荡时的测量阻抗比较容易进入其动作区，
所以距离保护Ⅱ段及距离保护Ⅲ段的测量元件可能会动作。具有相同整定值的不同阻抗特性 R

轴方向面积越大，受过渡电阻影响越大，如图 3-20 所示，全阻抗圆 3 受影响最大，椭圆特性圆 1 受影响最小。

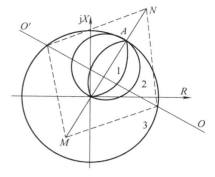

图 3-20 振荡对不同阻抗
测量元件的影响

总之，电力系统振荡时，阻抗元件是否误动、误动的时间长短与保护安装位置、保护动作范围、动作特性的形状和振荡周期长短等有关，安装位置离振荡中心越近、整定值越大、动作特性曲线在与整定阻抗垂直方向的动作区越大时，越容易受振荡的影响，振荡周期越长，误动的时间越长。并非安装在系统中所有的阻抗元件在振荡时都会误动，因此要求距离保护具备振荡闭锁功能，使之具有通用性。

2. 电力系统振荡与短路时电气量的差异

既然电力系统振荡时可能引起距离保护的误动作，就需要进一步分析比较电力系统振荡与短路时电气量的变化特征，找出其间的差异，用以构成振荡闭锁元件，实现振荡时的闭锁距离保护。

1）振荡时，三相完全对称，没有负序分量和零序分量出现；而当短路时，总要长时间（不对称短路过程中）或瞬间（在三相短路开始时）出现负序分量或零序分量。

2）振荡时，电气量呈现周期性的变化，其变化速度（dU/dt、dI/dt、dZ/dt 等）与系统功角的变化速度一致，比较慢，当两侧功角摆开至 180° 时，相当于在振荡中心发生三相短路；从短路前到短路后其值突然变化，速度很快，而短路后短路电流、各点的残余电压和测量阻抗在不计衰减时是不变的。

3）振荡时，电气量呈现周期性的变化，若阻抗测量元件误动作，则在一个振荡周期内动作和返回各一次；而短路时阻抗测量元件可能动作（区内短路），也可能不动作（区外短路）。

距离保护的振荡闭锁措施，应能够满足以下的基本要求：

1）系统发生全相或非全相振荡时，保护装置不应误动作跳闸。

2）系统在全相或非全相振荡过程中，被保护线路发生各种类型的不对称故障，保护装置应有选择性地动作跳闸，纵联保护仍应快速动作。

3）系统在全相振荡过程中再发生三相故障时，保护装置应可靠动作跳闸，并允许带短路延时。

3. 距离保护的振荡闭锁

电力系统振荡时，距离保护的测量阻抗是随 δ 角的变化而不断变化的，当 δ 角变化到某个角度时，测量阻抗进入阻抗元件的动作区，而当 δ 角继续变化到另一个角度时，测量阻抗又从动作区移出，测量元件返回。简单而可靠的办法是利用动作的延时实现振荡闭锁。对于按躲过最大负荷整定的距离保护Ⅲ段阻抗元件，测量阻抗落入其动作区的时间小于一个振荡周期（1~1.5s），只要距离保护Ⅲ段动作的延时时间大于 1~1.5s，系统振荡时保护Ⅲ段就不会误动作。因此，在距离保护装置中可用其延时躲过振荡的影响。可能受振荡影响的是距离保护Ⅰ、Ⅱ段，需要加装振荡闭锁。

根据对振荡闭锁的要求，振荡闭锁判据需要区分振荡与短路，振荡时闭锁可能误动的距离保护Ⅰ、Ⅱ段，如再发生短路时应能重新开放保护Ⅰ、Ⅱ段。

利用振荡时各电气量变化速度慢的特点，在振荡时闭锁保护，在短路伴随振荡时短时开放距离保护 160ms。振荡闭锁原理图如图 3-21（其中的时间元件单位为 ms）所示。

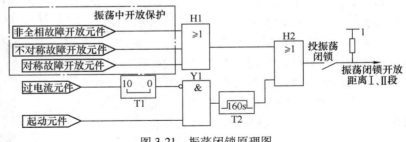

图 3-21　振荡闭锁原理图

静稳破坏引起系统振荡时，振荡中保护开放元件不动作，或门 H1 无输出。过电流元件动作，起动元件不动作，经过 T1 的 10ms 延时后关闭与门 Y1，保护不开放。

故障伴随短路时，过电流元件与起动元件竞争，但过电流元件需经过 T1 延时才关闭 Y1，而起动元件不经延时，因此 Y1 开放。T2 是一个固定宽度的时间元件，只要 Y1 开放就固定输出 160ms 宽度的脉冲，经 H2 后开放保护 160ms。

发生振荡时，距离保护 Ⅰ、Ⅱ 段被闭锁；如果此时又发生故障，应当开放保护。振荡中发生故障时，开放保护的方法如下：

1）振荡中发生不对称故障，利用负序与零序分量来开放保护的判据：

$$| \dot{I}_2 | + | \dot{I}_0 | > m | \dot{I}_1 | \tag{3-40}$$

一般 m 的取值范围为 0.5～0.7，满足式（3-40）时判为发生故障，图中不对称故障开放元件动作。开放保护带有一定延时。

2）振荡中发生不对称短路，三相电流应不相等且可能出现零序电流（接地故障）。利用此特点开放保护的判据为

$$| \dot{I}_{\varphi max} | > K_\varphi | \dot{I}_{\varphi min} | \quad 或 \quad | 3\dot{I}_0 | > K_0 | \dot{I}_{\varphi max} | \tag{3-41}$$

式中　$\dot{I}_{\varphi max}$、$\dot{I}_{\varphi min}$——流过保护的最大、最小相电流，φ 为 A、B 或 C；

　　　　K_φ、K_0——系数，可取 $K_\varphi = 1.8$、$K_0 = 0.8$。

3）振荡过程中又发生对称短路时，没有负序及零序分量，这时开放保护方法有两种：利用振荡中心电压的变化以及利用阻抗的变化率。

电力系统振荡时，$U\cos\varphi$ 近似为振荡中心电压，是周期性变化的，只在 $\delta = 180°$ 附近很短时间内才会降到很小，当 δ 为其他角度时，该电压值均比较高。当发生三相短路时，电压会突然下降，$U\cos\varphi$ 近似等于故障点处的弧光电压，其值一般不会超过额定电压的 6%，且与故障距离无关，基本不随时间变化。为此，以振荡中心的电压 $U\cos\varphi$ 为判据设立对称故障开放元件，动作判据为

$$- 0.03U_N < U\cos\varphi < 0.08U_N \tag{3-42}$$

满足判据，延时 150ms，判断为三相短路故障，开放保护。也就是说，振荡过程中又发生三相故障时式（3-42）会一直被满足，而只有系统振荡时，式（3-42）仅在较短的时间内满足，其余时间不满足。这样，经过 150ms 延时可以有效地区分三相短路与振荡。

也可以利用测量阻抗变化率大小开放保护，当测量阻抗变化率 $\left|\dfrac{\mathrm{d}Z_\mathrm{m}}{\mathrm{d}t}\right|$ 较小时为振荡，$\left|\dfrac{\mathrm{d}Z_\mathrm{m}}{\mathrm{d}t}\right|$ 较大时不是振荡，可以开放保护。

另外，在非全相振荡中保护被闭锁后，继续进行选相，若选出的相为健全相，则开放对应相的保护；若选出的相为跳闸相，则不开放保护。

三、电压回路断线闭锁

阻抗元件的测量阻抗为 $Z_\mathrm{m} = \dot{U}_\mathrm{m}/\dot{I}_\mathrm{m}$，当电压回路断线时，$\dot{U}_\mathrm{m} = 0$，从而导致测量阻抗为零。阻抗元件在 $Z_\mathrm{m} = 0$ 时会动作，从而导致阻抗元件误动。因此必须采取电压回路断线闭锁措施来防止距离保护误动。

在现代距离保护中，都采用电流构成的启动元件，这样当二次电压回路断线失电压时，虽然阻抗元件要发生误动作，但距离保护不会误动。可见，采用电流量作启动元件，可减轻对断线失电压闭锁的要求。然而，若不及时对断线失电压进行处理，不闭锁保护，当发生区外短路故障时，启动元件启动，则必然引起距离保护的误动。为此设二次电压回路断线闭锁装置，当出现电压互感器二次回路断线时应经短延时（如 60ms）闭锁距离保护，经较长延时（如 1.25s）发出 TV 断线信号。

（1）母线 TV 电压回路断线闭锁的条件

在起动元件未动作的情况下，满足下列条件之一启动断线闭锁：

1）三相电压相量和大于 8V，即

$$| \dot{U}_\mathrm{a} + \dot{U}_\mathrm{b} + \dot{U}_\mathrm{c} | > 8\mathrm{V} \tag{3-43}$$

判断为电压回路不对称断线失电压，闭锁距离保护，同时延时 1.25s 发 TV 断线异常信号。

2）三相电压代数和小于 24V，即

$$| \dot{U}_\mathrm{a} | + | \dot{U}_\mathrm{b} | + | \dot{U}_\mathrm{c} | < 24\mathrm{V} \tag{3-44}$$

或每相电压均小于 8V，判断为电压回路对称断线，闭锁距离保护，同时延时 1.25s 发出 TV 断线异常信号。

（2）线路侧 TV 电压回路断线闭锁的条件

在启动元件未动作的情况下，如任何一相线路电压小于 8V，并且该线路有电流（如线路电流大于 $0.08I_{2\mathrm{N}}$），则延时 1.25s 发出 TV 断线异常信号。

在闭锁可能误动的距离保护并发出电压断线信号的同时，要启动断线过电流保护作为替代。在三相电压恢复正常后，经 10s 延时 TV 断线信号复归。

第六节　工频故障分量保护原理

一、工频故障分量的概念

图 3-22a 为双侧电源的电力系统。当在线路上 k 点发生金属性短路时，故障点的电压降为 0，这时系统的状态可用图 3-22b 所示的等效网络来代替。图中两附加电压源的电压大小

相等、符号相反。假定电力系统为线性系统，则根据叠加原理，图 3-22b 所示的运行状态又可以分解成图 3-22c 和图 3-22d 所示的两个运行状态的叠加。若令故障点处附加电源的电压值等于故障前状态下故障点处的电压，则图 3-22c 就相应于故障前的系统非故障状态，各点处的电压、电流均与故障前的情况一致。图 3-22d 为故障引入的附加故障状态，该系统中各点的电压、电流称为电压、电流的故障分量或故障变化量/突变量。

系统故障时，相当于图 3-22d 的系统故障附加状态突然接入，这时 Δu 和 Δi 都不为零，电压、电流中出现故障分量。可见，电压、电流的故障分量就相当于图 3-22d 所示的无源系统对于故障点处突然加上的附加电压源的响应。

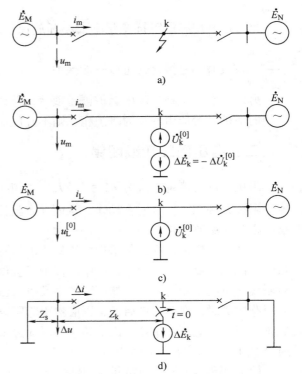

图 3-22　短路故障时电气变化量的分解
a）故障后电力系统状态　b）故障状态分解
c）故障前电力系统状态　d）故障附加状态

这样，在任何运行方式、运行状态下系统故障时，保护安装处测量到的全电压 u_{m}、全电流 i_{m} 可以看作是故障前状态下非故障分量电压 $u^{[0]}$、电流 $i^{[0]}$ 与故障分量电压 Δu、电流 Δi 的叠加，即

$$\begin{cases} u_{\mathrm{m}} = u^{[0]} + \Delta u \\ i_{\mathrm{m}} = i^{[0]} + \Delta i \end{cases} \tag{3-45}$$

根据式（3-45）可以导出故障分量的计算方法，即

$$\begin{cases} \Delta u = u_{\mathrm{m}} - u^{[0]} \\ \Delta i = i_{\mathrm{m}} - i^{[0]} \end{cases} \tag{3-46}$$

式（3-46）表明，从保护安装处的全电压、全电流中减去故障前状态下的电压、电流就可以求得故障分量电压、电流。

在 Δu 和 Δi 中，既包含了系统短路引起的工频电压、电流的变化量，还包含短路引起的暂态分量，即

$$\begin{cases} \Delta u = \Delta u_{\mathrm{st}} + \Delta u_{\mathrm{tr}} \\ \Delta i = \Delta i_{\mathrm{st}} + \Delta i_{\mathrm{tr}} \end{cases} \tag{3-47}$$

式中　Δu_{st}、Δi_{st}——电压、电流故障分量中的工频稳态成分，称为工频故障分量或工频变化量、突变量；

　　　Δu_{tr}、Δi_{tr}——电压、电流故障分量中的暂态成分。

由于电流/电压的和是按工频变化的正弦量，所以它们可以用相量的方式来表示；用相量表示时，一般省去下标，记为 $\Delta \dot{U}$ 和 $\Delta \dot{I}$。

故障分量具有如下几个特征：

1）故障分量可由附加状态网络计算获取，相当于在短路点加上一个与该点非故障状态下大小相等、方向相反的电动势，并令网络内所有电动势为零的条件下得到的。

2）非故障状态下不存在故障分量的电压和电流，故障分量只有在故障状态下才会出现，并与负荷状态无关。但是，故障分量仍受系统运行方式的影响。

3）故障点的电压故障分量最大，系统中性点为零。由故障分量构成的方向元件可以消除电压死区。

4）保护安装处的电压故障分量与电流故障分量间的相位关系由保护背后（反方向侧系统）的阻抗所决定，不受系统电动势和短路点电阻的影响，按其原理构成的方向元件方向性明确。

故障分量中包括工频故障分量和故障暂态分量，二者都可以用来作为继电保护的测量量。由于它们都是由故障而产生的量，仅与故障状况有关，所以用它作为继电保护的测量量时，可使保护的动作性能基本不受负荷状态、系统振荡等因素的影响，可以获得良好的动作特性。

二、工频故障分量距离保护的工作原理

工频故障分量距离保护又称为工频变化量距离保护，是一种通过反映工频故障分量电压、电流而工作的距离保护。

在图 3-22d 中，保护安装处的工频故障分量电流、电压可以分别表示为

$$\Delta \dot{I} = \frac{\Delta \dot{E}_k}{Z_s + Z_k} \tag{3-48}$$

$$\Delta \dot{U} = - \Delta \dot{I} Z_s \tag{3-49}$$

式中　　Z_s——M 侧系统阻抗；

　　　　Z_k——短路阻抗。

取工频故障分量距离元件的工作电压为

$$\Delta \dot{U}_{op} = \Delta \dot{U} - \Delta \dot{I} Z_{set} = - \Delta \dot{I}(Z_s + Z_{set}) \tag{3-50}$$

式中　　Z_k——保护的整定阻抗，一般取为线路正序阻抗的 80%～85%。

图 3-23 为在保护区内、外不同地点发生金属性短路时电压故障分量的分布，式（3-50）中的 $\Delta \dot{U}_{op}$ 对应图中 z 点的电压。

在保护区内 k1 点短路（见图 3-23b）时，$\Delta \dot{U}_{op}$ 在 0 与 $\Delta \dot{E}_{k1}$ 连线的延长线上，这时有 $| \Delta \dot{U}_{op} | > | \Delta \dot{E}_{k1} |$。

在正向区外 k2 点短路（见图 3-23c）时，$\Delta \dot{U}_{op}$ 在 0 与 $\Delta \dot{E}_{k2}$ 的连线上，$| \Delta \dot{U}_{op} | < | \Delta \dot{E}_{k2} |$。

在反向区外 k3 点短路（见图 3-23d）时，$\Delta \dot{U}_{op}$ 在 0 与 $\Delta \dot{E}_{k3}$ 的连线上，$| \Delta \dot{U}_{op} | < | \Delta \dot{E}_{k3} |$。

可见，比较工作电压 $\Delta \dot{U}_{op}$ 和电动势 $\Delta \dot{E}_k$ 的幅值大小就能够区分出区内外的故障。故障附加状态下的电动势的大小，等于故障前短路点电压的大小，即比较工作电压与非故障状态下短路点电压的大小 $U_k^{[0]}$ 时，就能够区分出区内外的故障。假定故障前为空负荷，短路点电压的大小等于保护安装处母线电压的大小，通过记忆的方式很容易得到，工频故障分量距离元件的动作判据可以表示为

$$| \Delta \dot{U}_{op} | \geq U_{k}^{[0]} \approx U_{m}^{[0]} \tag{3-51}$$

满足该式判定为区内故障，保护动作；不满足该式，判定为区外故障，保护不动作。

三、工频故障分量距离保护的特点及应用

通过上述的分析，可以看出工频故障分量距离保护具有如下的特点：

1）阻抗元件以电力系统故障引起的故障分量电压、电流为测量信号，不反映故障前的负荷量和系统振荡，动作性能基本上不受非故障状态的影响，无须加振荡闭锁。

2）阻抗元件仅反映故障分量中的工频稳态量，不反映其中的暂态分量，动作性能较为稳定。

3）阻抗元件的动作判据简单，因而实现方便，动作速度较快。

4）阻抗元件具有明确的方向性，因而既可以作为距离元件，又可以作为方向元件使用。

5）阻抗元件本身具有较好的选相能力。

鉴于上述特点，工频故障分量距离保护可以作为快速距离保护的Ⅰ段，用来快速地切除Ⅰ段范围内的故障。此外，它还可以与四边形特性的阻抗继电器复合组成复合距离继电器，作为纵联保护的方向元件。在 RCS 系列保护中采用由工频故障分量（工频变化量）距离元件构成快速Ⅰ段保护。

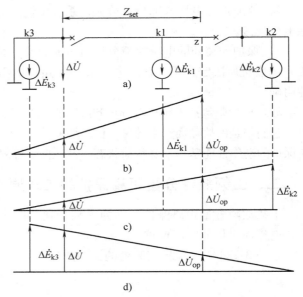

图 3-23　用电压法分析工频变化量阻抗元件的工作原理
a）故障附加网络　b）区内故障
c）正向区外故障　d）反向故障

第七节　高压线路距离保护应用实例

一、高压线路距离保护配置整定的规定

1. 相间距离保护

相间距离保护一般为三段式。某些相间距离保护在三段式的基础上还设有不经振荡闭锁的相间距离Ⅰ段和距离Ⅱ段保护。

距离保护启动元件的定值应保证在本线路末端和保护动作区末端非对称故障时有足够的灵敏系数，并保证在本线路末端发生三相短路时能可靠启动。

1）相间距离Ⅰ段阻抗定值，按可靠躲过本线路末端相间故障整定。超短线路的距离Ⅰ段宜退出运行。

2）相间距离Ⅱ段阻抗定值，按本线路末端相间故障有不小于规定（1.3～1.5）的灵敏系数整定，并与相邻线路相间距离Ⅰ段或Ⅱ段配合，动作时间按配合关系整定。应考虑当线

路末端经一定的弧光电阻故障时，保护仍能动作。

3）圆特性的相间距离Ⅲ段阻抗定值，按可靠躲过本线路的事故过负荷最小阻抗整定，并与相邻线路的相间距离Ⅱ段或距离Ⅲ段配合。

4）四边形特性的相间距离Ⅲ段阻抗定值，按与相邻线路的相间距离Ⅱ段或距离Ⅲ段配合整定。四边形特性阻抗元件的电阻和电抗特性根据整定范围确定，电阻特性按可靠躲过本线路事故过负荷最小阻抗整定。

5）相间距离Ⅲ段的动作时间应按配合关系整定，对可能振荡的线路，还应大于振荡周期。

6）相间距离Ⅲ段阻抗定值，对相邻线路末端相间故障（远后备）的灵敏系数应力争不小于1.2，确有困难时，可按相继动作校核灵敏系数。

2. 接地距离保护

接地距离保护为三段式。

1）接地距离Ⅰ段定值按可靠躲过本线路对侧母线接地故障整定。

2）接地距离Ⅱ段定值按本线路末端发生金属性接地故障有足够灵敏度整定，并与相邻线路接地距离Ⅰ段配合。若仍无法满足配合关系，按与相邻线路接地距离Ⅱ段配合整定。

3）接地距离Ⅱ段与相邻线路接地距离Ⅰ段配合时，应准确计及分支系数。

4）接地距离Ⅱ段保护范围一般不应超过相邻变压器的其他各侧母线。阻抗定值按躲过变压器小电流接地系统侧母线三相短路整定。

5）当相邻线路无接地距离保护时，接地距离Ⅱ段可与相邻线路零序电流Ⅰ段配合。为了简化计算，可以只考虑相邻线路单相接地故障情况，两相短路接地故障靠相邻线路相间距离Ⅰ段动作来保证选择性。

6）接地距离Ⅲ段，按与相邻线路接地距离Ⅱ段配合整定。若配合有困难，可与相邻线路接地距离Ⅲ段配合整定。接地距离Ⅲ段应对相邻线路末端有不小于1.2的灵敏度。

7）零序电流补偿系数 K 应按线路实测的正序阻抗 Z_1 和零序阻抗 Z_0 计算获得，$K = (Z_0 - Z_1)/3Z_1$。实用值宜小于或接近计算值。

8）四边形特性阻抗元件的电阻和电抗特性根据整定范围选择，电阻特性可根据最小负荷阻抗整定，电抗和电阻特性的整定应综合考虑暂态超越问题和躲过渡电阻的能力。

二、距离保护装置实例

RCS-941 为由微机实现的数字式输电线路成套快速保护装置，可用作 110kV 输电线路的主保护及后备保护。装置包括完整的三段相间和接地距离保护、四段零序方向过电流保护和低频保护；装置配有三相一次重合闸功能、过负荷告警功能、频率跟踪采样功能；装置还带有跳合闸操作回路以及交流电压切换回路。

装置设有三段式相间、接地距离阻抗元件和两个作为远后备的四边形相间、接地距离阻抗元件。三段式相间阻抗元件反应输电线路相间短路，三段式接地距离阻抗元件以及四段零序方向过电流保护反映输电线路的接地短路。

设置了 4 个带延时段的零序方向过电流保护，各段零序可由用户选择经或不经方向元件控制。在电压互感器断线时，零序Ⅰ段可由用户选择是否退出；所有零序电流保护都受起动过电流元件控制，因此各零序电流保护定值应大于零序启动电流定值。电压互感器断线时，将自动投入"TV断线过电流"功能，断线过电流保护设置两段，通过自动投入最简单的相电流保护来防止距离保护拒动引起的整体保护拒动。

距离保护设有启动元件，启动元件的主体由反映相间工频变化量的过电流继电器实现，同时又配以反映全电流的零序过电流继电器和负序过电流继电器互相补充。反映工频变化量的启动元件采用浮动门槛，正常运行及系统振荡时变化量的不平衡输出均自动构成自适应式的门槛，浮动门槛始终略高于不平衡输出，在正常运行时由于不平衡分量很小，而装置有很高的灵敏度。无论故障发生在本线路上，或是下一级线路或保护安装处背后的线路上，距离保护都将会起动，开放出口继电器电源并维持7s的时间。增加启动元件的目的是防止非故障时，距离保护内部元件异常的动作行为所造成的保护误动作，是一项提高继电保护可靠性的有效措施。启动元件的动作值整定，也是装置整定的一项内容。

距离保护的阻抗元件采用正序电压极化原理，可有效地避免出口短路时因测量电压过低造成的阻抗无法正确测量的问题，正序极化电压较高时，由正序电压极化的距离继电器有很好的方向性；当正序电压下降至$10\%U_n$以下时，进入三相低压程序，由正序电压记忆量极化，Ⅰ、Ⅱ段距离继电器在动作前设置正的门槛，保证母线三相故障时继电器不可能失去方向性；继电器动作后则改为反门槛，保证正方向三相故障继电器动作后一直保持到故障切除。Ⅲ段距离继电器始终采用反门槛，因而三相短路Ⅲ段稳态特性包含原点，不存在电压死区。

在距离保护安装处非常近的地方发生故障时，对于方向阻抗元件，有可能因为测量电压过低而造成保护无法动作，称为"动作死区"。保护阻抗元件采用正序电压极化原理（可粗略地理解为用故障前电压代替实际测量电压以满足动作条件），可有效地避免出口短路时因测量电压过低造成的阻抗无法正确测量的问题，并有较大的测量故障过渡电阻的能力。当用于短线路时，为了进一步扩大测量过渡电阻的能力，通过整定，可将Ⅰ、Ⅱ段阻抗特性圆向第Ⅰ象限偏移，因此设置有相间距离偏移角及接地距离偏移角。

110kV输电线路保护配置整定内容包括：

1）反映接地短路的保护配置。接地距离保护与零序电流保护均可反映接地故障，相对于零序电流保护，接地距离保护的保护范围不受运行方式影响，因此即使零序电流保护的某些段在整定配合上出现问题无法投入运行，也可以担当反映接地故障的重任。但是，如果接地距离保护遭遇到电压互感器断线现象，将无法正常工作。因此，接地距离保护与零序电流保护共存于数字式保护中，都成为线路保护的标配功能模块。

110kV线路如不需要装设全线速动保护，则宜装设阶段式或反时限零序电流保护作为接地短路的主保护及后备保护；也可采用接地距离保护作为主保护及后备保护，并辅之以阶段式或反时限零序电流保护。

对于平行线路的接地短路宜装设零序电流横联差动保护作为主保护；装设接于每一回线路的带方向或不带方向的多段式零序电流保护作为后备保护。当作远后备保护时，可采用两线路零序电流之和，以提高灵敏度。

2）反映相间短路的保护配置。该保护为反映相间故障的主要保护，不同线路所配置的相间距离保护段数及整定原则不同。对线路变压器组接线可以整组考虑，即将变压器视为线路的延长。该类线路的距离保护Ⅰ段的保护范围不要超过变压器10kV母线即可。即相间距离Ⅰ段，按躲线路所供变压器中压母线故障整定，可靠系数可设为0.5，并保证本线路末端故障时，保护的灵敏度不小于2，延时0s。相间距离Ⅱ段，按躲线路所供变压器中压母线故障整定，可靠系数可设为0.7，延时0.3s。相间距离Ⅲ段，按躲过最小负荷阻抗整定，延时一般设为2.1s。

运行方式变化对距离保护的影响较小，距离保护的Ⅰ段除T接线外不受运行方式变化的影响，距离保护的Ⅱ、Ⅲ段其保护范围由于分支电流的影响，所以在一定程度上将受运行方式变化的影响，尤其在多电源及环网中受到较大影响，对开环运行的辐射性电网将会有较稳定的保护范围。分支电流的影响，在整定计算中用分支系数体现，距离Ⅱ段动作阻抗的整定时取最小分支系数，距离Ⅲ段作远后备保护的灵敏度校验时取最大分支系数。

三、高压线路距离保护整定实例

图3-24所示为某110kV线路接线图及参数，保护TA的电流比：1200/5 = 240；TV的电压比：110/0.1 = 1100。试整定该线路距离保护。

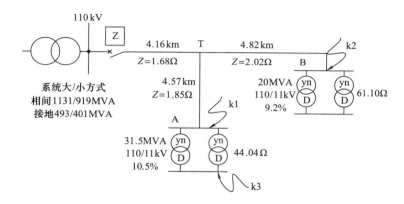

图3-24 某110kV线路接线图及参数

1. 相间距离保护整定

（1）相间距离Ⅰ段

躲过A变电站主变高压侧最大短路电流

$$Z_{\text{set. I}} \leqslant 0.85 \times (1.68 + 1.85)\Omega/相 = 3.0\Omega/相$$

$$Z_{\text{op. I}} = (3.0 \times 240/1100)\Omega/相 = 0.655\Omega/相$$

取0.62Ω/相（一次值2.84Ω/相），$t = 0s$。

（2）相间距离Ⅱ段

1）躲过A变电站低压侧最大短路电流

$$Z_{\text{set. II}} \leqslant [0.8 \times (1.68 + 1.85) + 0.7 \times (44.04/2)]\Omega/相 = 18.31\Omega/相$$

2）满足线路全长（B变电站）灵敏度$K_{\text{sen}} \geqslant 1.5$要求

$$Z_{\text{set. II}} \geqslant 1.5 \times (1.68 + 2.02)\Omega/相 = 5.55\Omega/相$$

综合考虑取值10Ω/相，即

$$X_{\text{op. II}} = (10 \times 240/1100)\Omega/相 = 2.18\Omega/相$$

取2.18Ω/相（一次值10Ω/相），$t = 0.3s$。

（3）相间距离Ⅲ段

1）躲过线路最大负荷电流。本线路所带两个变电站总容量为 103MVA，最大电流为 540A。

$$Z_{set.\,III} \leq (0.9 \times 110/1.732)\Omega \times 1000/540/1.25/\cos(\varphi_k - \varphi_L) = 84.6/\cos(\varphi_k - \varphi_L)\ \Omega$$

2）要求 B 变电站主变后备保护灵敏度 $K_{sen} > 1.2$。

$$Z_{set.\,III} \geq 1.2 \times (1.68 + 2.02 + 61.10)\Omega/相 = 73.64\Omega/相$$

综合考虑取 82.5Ω/相，二次值为

$$Z_{op.\,III} = (82.5 \times 240/1100)\Omega/相 = 18\Omega/相$$
$$t = t_1 + \Delta t(t_1 为变电站出线保护末段时间)$$

2. 接地距离保护整定

（1）接地距离Ⅰ段

躲过短线末端（A 变电站）接地故障，可靠系数取 0.85。

$$Z_{op.\,I} \leq [0.85 \times (1.68 + 1.85) \times 240/1100]\Omega/相 = 0.655\Omega/相$$

二次值取 0.62Ω/相，$t = 0s$。

（2）接地距离Ⅱ段

1）长线末端（B 变电站）接地故障灵敏度 ≥1.5。

$$Z_{op.\,II} \geq [(1.68 + 2.02) \times 1.5 \times 240/1100]\Omega/相 = 1.21\Omega/相$$

2）躲过 A 变电站低压侧相间短路。

$$Z_{set.\,II} \leq [0.8 \times (1.68 + 1.85) + 0.7 \times (44.04/2) \times 240/1100]\Omega/相 = 3.99\Omega/相$$

二次值取 2.18Ω/相（一次值 10Ω/相），$t = 0.3s$。

本 章 小 结

本章主要介绍了阶段式距离保护的构成原理、距离保护的阻抗元件、测量电压和测量电流的选取（也称接线方式）、距离保护的整定计算、影响距离保护正确动作的因素及对策、工频故障分量保护原理。距离保护Ⅰ段是瞬时动作的，但是它只能保护线路全长的 80%～85%，因此，两端合起来就使得在 30%～40%线路长度内的故障时不能从两端瞬时切除，在一端需经 0.5s 的延时才能切除。在 220kV 及以上电压的网络中一般不作为主保护来应用。它可以配合高频通道构成高频闭锁距离保护以实现快速全线速动保护（详见第五章），并且在高频通道损坏的情况下，距离保护还可以作为后备保护使用。

输电线路距离保护是输电线路的主要保护之一，不仅可以用作 110kV 及以下电压等级的输配电线路的相间短路主保护和后备保护，也可以作为 220kV 及以上电压等级复杂网络中的输电线路的后备保护。由于阻抗元件同时反应于电压的降低和电流的增大而动作，因此，距离保护较电流保护具有较高的灵敏度，且距离保护Ⅰ段的保护范围不受系统运行方式变化的影响，其他两段受到的影响也比较小，因此，保护范围比较稳定。距离保护可以在多电源的复杂网络中保证保护动作的选择性。最后给出了一个距离保护整定的应用实例。

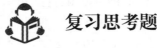 复习思考题

1. 什么叫距离保护？距离保护所反映的实质是什么？它与电流保护的主要区别是什么？

2. 什么叫测量阻抗、动作阻抗、整定阻抗、短路阻抗、负荷阻抗？它们之间有什么不同，有何关系？

3. 方向阻抗元件为什么会有死区？如何消除？

4. 具有圆特性的全阻抗、偏移特性阻抗和方向阻抗元件各有何特点？利用全阻抗、偏移阻抗或方向阻抗元件作为距离保护的测量元件时，试问：

（1）反方向故障时，采取哪些措施才能保证距离保护不动作？

（2）正方向出口短路时，接到阻抗元件上的电压降为零或趋近于零时是否有死区？如有死区，应该如何减小或消除？

5. 什么是阻抗元件 0° 接线？相间短路用方向阻抗元件为什么常常采用 0° 接线？为什么不用相电压和本相电流的接线方式？

6. 采用接地距离保护有什么优点？接地距离保护采用何种接线方式？

7. 什么是方向阻抗元件的最大灵敏角？为什么要调整其最大灵敏角等于被保护线路的阻抗角？

8. 有一方向阻抗继电器，若正常运行时的测量阻抗为 $3.5 \angle 30° \Omega$，要使该方向阻抗继电器在正常运行时不动作，则整定阻抗最大不能超过多少？（设 $\varphi_{sen} = 75°$）

9. 什么是分支系数？对助增系统和外汲系统分支系数的大小是否相同？计算整定阻抗时应如何考虑？为什么整定距离 II 段定值时要考虑最小分支系数？

10. 三段式距离保护的整定原则和三段式电流保护有何异同？距离保护整定计算时是否需要考虑电源的运行方式？

11. 在图 3-25 所示网络中，设备线路均装有距离保护。已知：线路 AB 的最大负荷电流为 $I_{L \cdot max} = 400A$，$\cos\varphi = 0.9$，所有线路阻抗 $Z_1 = 0.4\Omega/km$，阻抗角 $\varphi_L = 70°$，自启动系数 $K_{ss} = 1.3$，正常时母线最低电压 $U_{L \cdot min} = 0.9U_N$，电源 E_1、E_2 的内阻抗分别为 $Z_{s1 \cdot max} = 30\Omega$，$Z_{s1 \cdot min} = 20\Omega$，$Z_{s2 \cdot max} = 25\Omega$，$Z_{s2 \cdot min} = 15\Omega$，变压器的额定容量 $S_N = 31.5MVA$，短路电压 $U_k\% = 10.5$，保护 8 和 10 的过电流时限分别为 $t_8^{III} = 0.5s$、$t_{10}^{III} = 1s$，其他参数已注在图上。试对保护 1 的距离保护 I、II、III 段进行整定计算，求各段动作阻抗 Z'_{set}、Z''_{set}、Z'''_{set}，动作时间 t'、t''、t''' 并校验灵敏度，即求 K''_{sen}、K'''_{sen}。

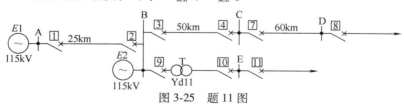

图 3-25　题 11 图

12. 在图 3-26 所示网络中，设备线路均装有距离保护，部分相关参数同题 11。试对保护 1 的距离保护 I、II、III 段进行整定计算，求各段动作阻抗 Z'_{set}、Z''_{set}、Z'''_{set}，动作时间 t'、t''、t''' 并校验灵敏度，即求 K''_{sen}、K'''_{sen}。

13. 试分析过渡电阻对距离保护的影响。如何消除过渡电阻对距离保护的影响？

14. 电力系统振荡的特点是什么？对继电保护会带来什么影响？应采取哪些措施来防止？

15. 相同定值不同特性的阻抗元件（如全阻抗、方向阻抗和偏移特性阻抗元件）在承受

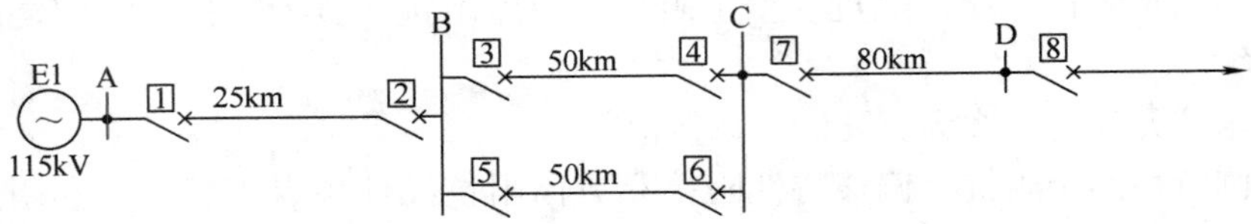

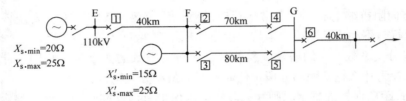

图 3-26　题 12 图

过渡电阻的能力上，哪一种最强？在受振荡影响的程度上，哪一种最严重？在什么情况下选用何种特性的阻抗元件较好？

16. 网络参数如图 3-27 所示，各线路首端均装设了三段式距离保护，线路正序阻抗为 $0.4\Omega/\mathrm{km}$，Ⅰ、Ⅱ 段可靠系数均取为 0.8。试求：

（1）保护 1 和保护 2 的第Ⅰ、Ⅱ段的动作阻抗和Ⅱ段灵敏度。

（2）当母线 G 短路时，对保护 1 配合的最大和最小分支系数。

图 3-27　题 16 图

第四章
电力网安全自动装置

随着计算机器件与技术的发展，控制与管理装置越来越小型化、数字化、网络化、智能化和人性化。继电保护装置中不但整合了安全自动装置的内容，而且把一些日常的监控与管理功能也整合了进来。将来，单一功能的继电保护装置也许不会存在。其他功能整合到继电保护装置，称为保护测控一体化装置。这种应用一方面是对继电保护装置技术的更高要求，另一方面也给继电保护技术的发展提供了机会。继电保护装置功能的扩展，使其有机会获得更多的信息，这些信息对继电保护性能的提高有帮助。本章主要讨论与继电保护密切联系的自动重合闸（Autoreclosure，ARC）（合闸控制）、自动低频减负荷（跳闸控制）、备用电源自动投入（合闸控制）、小电流接地选线等。

第一节　输电线路自动重合闸

一、自动重合闸的作用及对它的基本要求

1. 自动重合闸的作用

在电力系统的故障中，大多数是输电线路（特别是架空线路）的故障。运行经验表明，架空线路故障大都是"瞬时性"的，例如，由雷电引起的绝缘子表面闪络，大风引起的碰线，鸟类以及树枝等物掉落在导线上引起的短路等，在线路被继电保护迅速断开以后，电弧即行熄灭，外界物体（如树枝、鸟类等）也被电弧烧掉而消失。此时，如果把断开的线路断路器再合上，就能够恢复正常的供电。因此，称这类故障是"瞬时性故障"。除此之外，也有"永久性故障"，例如由于线路倒杆、断线、绝缘子击穿或损坏等引起的故障，在线路被断开以后，故障仍然是存在的。这时，即使再合上电源，由于故障依然存在，线路还要被继电保护再次断开，因而就不能恢复正常供电。

由于输电线路上的故障具有以上的性质，因此，在线路被断开以后再进行一次合闸就有可能大大提高供电的可靠性。为此，在电力系统中广泛采用了当断路器跳闸以后能够自动地将断路器重新合闸的自动重合闸装置。

在现场运行的线路重合闸装置，并不判断是瞬时性故障还是永久性故障，在保护跳闸后经预定延时将断路器重新合闸。显然，对瞬时性故障重合闸可以成功（指恢复供电不再断开），对永久性故障重合闸不可能成功。用重合成功的次数与总动作次数之比来表示重合闸的成功率，一般在60%～90%之间，主要取决于瞬时性故障占总故障的比例。衡量重合闸工作正确性的指标是正确动作率，即正确动作次数与总动作次数之比。根据2001年220kV电网运行资料的统计，重合闸正确动作率为99.57%。

在电力系统中采用重合闸的技术经济效果主要可归纳如下：

1）大大提高供电的可靠性，减少线路停电的次数，特别是对单侧电源的单回线路尤为显著。

2）在高压输电线路上采用重合闸，还可以提高电力系统并列运行的稳定性，从而提高传输容量。

3）对断路器本身由于机构不良或继电保护误动作而引起的误跳闸，也能起纠正的作用。在采用重合闸以后，当重合于永久性故障时，也将带来一些不利的影响。例如：

① 使电力系统再一次受到故障的冲击，对超高压系统还可能降低并列运行的稳定性。

② 使断路器的工作条件变得更加恶劣，因为它要在很短的时间内，连续切断两次短路电流。这种情况对于油断路器必须加以考虑，因为在第一次跳闸时，由于电弧的作用，已使绝缘介质的绝缘强度降低，在重合后第二次跳闸时，是在绝缘强度已经降低的不利条件下进行的，因此，油断路器在采用了重合闸以后，其遮断容量也要有不同程度的降低（一般降低到80%左右）。

对于重合闸的经济效益，应该用无重合闸时，因停电而造成的国民经济损失来衡量。由于重合闸装置本身的投资很低、工作可靠，因此，在电力系统中获得了广泛的应用。

2. 对自动重合闸的基本要求

对1kV及以上的架空线路和电缆与架空线的混合线路，当其上有断路器时，就应装设自动重合闸。此外，在供电给地区负荷的电力变压器上，以及发电厂和变电所的母线上，必要时也可以装设自动重合闸。对自动重合闸的基本要求为：

1）在下列情况下不希望重合闸重合时，重合闸不应动作。

①由值班人员手动操作或通过遥控装置将断路器断开时。

②手动投入断路器，由于线路上有故障，而随即被继电保护将其断开时。因为在这种情况下，故障是属于永久性的，它可能是由于检修质量不合格，隐患未消除或者保护的接地线忘记拆除等原因所产生的，因此再重合一次也不可能成功。

③当断路器处于不正常状态（例如操动机构中使用的气压、液压降低等）而不允许实现重合闸时。

2）当断路器由继电保护动作或其他原因而跳闸后，重合闸均应动作，使断路器重新合闸。

3）自动重合闸装置的动作次数应符合预先的规定。如一次式重合闸应该只动作1次，当重合于永久性故障而再次跳闸以后，不应该再动作；对二次式重合闸应该能够动作2次，当第二次重合于永久性故障而跳闸以后，不应该再动作。

4）自动重合闸在动作以后，一般应能自动复归，准备好下一次再动作。但对10kV及以下电压的线路，如当地有值班人员时，为简化重合闸的实现，也可以采用手动复归的方式。

5）自动重合闸装置的合闸时间应能整定，并有可能在重合闸以前或重合闸以后加速继电保护的动作，以便更好地与继电保护相配合，加速故障的切除。

6）双侧电源的线路上实现重合闸时，应考虑合闸时两侧电源间的同步问题，并满足相关要求。

为了能够满足第1）、2）项所提出的要求，应优先采用由控制开关的位置与断路器位置不对应的原则来启动重合闸，即当控制开关在合闸位置而断路器实际上在断开位置的情况下，使重合闸启动，这样就可以保证不论是任何原因使断路器误跳闸以后，都可以进行一次重合。

3. 自动重合闸的分类

采用重合闸的目的有两个：其一是保证并列运行系统的稳定性；其二是尽快恢复瞬时故障元件的供电，从而自动恢复整个系统的正常运行。

根据重合闸控制的断路器所接通或断开的电力元件不同，可将重合闸分为线路重合闸、变压器重合闸和母线重合闸等。目前在 10kV 及以上的架空线路和电缆与架空线的混合线路上，广泛采用重合闸装置，只有个别的由于受系统条件的限制不能使用重合闸的除外。

根据重合闸控制断路器连续合闸次数的不同，可将重合闸分为多次重合闸和一次重合闸。多次重合闸一般使用在配电网中与分段器配合，自动隔离故障区段，是配电自动化的重要组成部分。而一次重合闸主要用于输电线路，提高系统的稳定性。以下讲述的重合闸，正是这部分内容，其他重合闸的原理与其相似。

根据重合闸控制断路器相数的不同，可将重合闸分为单相重合闸、三相重合闸、综合重合闸。对一个具体的线路，究竟使用何种重合闸方式，要结合系统的稳定性分析，选取对系统稳定最有利的重合方式。一般有：

1）没有特殊要求的单电源线路，宜采用一般的三相重合闸。

2）凡是选用简单的三相重合闸能满足要求的线路，都应当选用三相重合闸。

3）当发生单相接地短路时，如果使用三相重合闸不能满足稳定要求，会出现大面积停电或重要用户停电，应当选用单相重合闸或综合重合闸。

二、单侧电源线路的三相一次自动重合闸

三相一次重合闸的跳、合闸方式为：无论本线路发生何种类型的故障，继电保护装置均将三相断路器跳开，重合闸启动，经预定延时（可整定，一般为 0.5~1.5s）发出重合脉冲，将三相断路器一起合上。若是瞬时性故障，因故障已经消失，重合成功，线路继续运行；若是永久性故障，继电保护再次动作跳开三相，不再重合。这种重合闸均可与线路数字式保护一体化实现，其工作流程可用图 4-1 所示流程图表示。

单电源线路是指单侧电源辐射状单回线路、平行线路和环状线路，其特点是仅由一个电源供电，不存在非同步重合问题，重合闸装置装于线路送电侧。三相同时跳开，重合不需要区分故障类别和选择故障相，只需要在重合时断路器满足允许重合的条件下，经预定的延时发出一次合闸脉冲。重合闸时间除应大于故障点熄弧时间及周围介质去游离时间外，还应大于断路器及操作机构恢复到准备合闸状态（复归原状准备好再次动作）所需的时间。

三、双侧电源线路三相一次自动重合闸

1. 双侧电源输电线路重合闸的特点

在双侧电源的输电线路上实现重合闸时，除应满

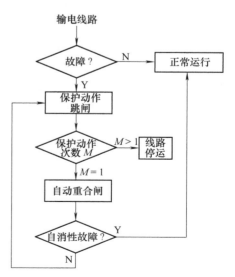

图 4-1 单侧电源线路三相一次
ARC 工作流程图

足前述重合闸的各项要求外，还必须考虑如下的特点：

1）当线路上发生故障跳闸以后，常常存在着重合闸时两侧电源是否同步，以及是否允许非同步合闸的问题。一般根据系统的具体情况，选用不同的重合闸重合方式。

2）当线路上发生故障时，两侧的保护可能以不同的时限动作于跳闸，例如一侧为Ⅰ段动作，而另一侧为Ⅱ段动作，此时为了保证故障点电弧的熄灭和绝缘强度的恢复，以使重合闸有可能成功，线路两侧的重合闸必须保证在两侧的断路器都跳闸以后，再进行重合，其重合闸时间与单侧电源的有所不同。

从最不利的情况出发，每一侧的重合闸都应该以本侧先跳闸而对侧后跳闸来作为考虑整定时间的依据。如图4-2所示，设本侧保护（保护1）的动作时间为$t_{pr.1}$、断路器动作时间为t_{QF1}，对侧保护（保护2）的动作时间为$t_{pr.2}$、断路器动作时间为t_{QF2}，则在本侧跳闸以后，对侧还需要经过（$t_{pr.2}+t_{QF2}-t_{pr.1}-t_{QF1}$）的时间才能跳闸。再考虑故

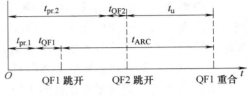

图4-2 双侧电源线路ARC动作时间配合的示意图

障点灭弧和周围介质去游离的时间t_u，则先跳闸一侧重合闸装置（ARC）的动作时限应整定为

$$t_{ARC}=t_{pr.2}+t_{QF2}-t_{pr.1}-t_{QF1}+t_u \tag{4-1}$$

当线路采用阶段式保护作主保护时，$t_{pr.1}$应采用本侧Ⅰ段保护的动作时间，而$t_{pr.2}$一般采用对侧Ⅱ（或Ⅲ）段保护的动作时间。

因此，双侧电源线路上的重合闸，应根据电网的接线方式和运行情况，在单侧电源重合闸的基础上，采取某些附加的措施，以适应新的要求。

2. 双侧电源输电线路重合闸的主要方式

1）快速自动重合闸。在现代高压输电线路上，采用快速重合闸是提高系统并列运行稳定性和供电可靠性的有效措施。所谓快速重合闸，是指保护断开两侧断路器后在$0.5\sim0.6s$内使之再次重合，在这样短的时间内，两侧电动势角摆开不大，系统不可能失去同步，即使两侧电动势角摆大了，冲击电流对电力元件、电力系统的冲击均在可以耐受范围内，线路重合后很快会拉入同步。使用快速重合闸需要满足一定的条件：

①线路两侧都装有可以进行快速重合的断路器，如快速气体断路器等。

②线路两侧都装有全线速动的保护，如纵联保护等。

③重合瞬间输电线路中出现的冲击电流对电力设备、电力系统的冲击均在允许范围内。

2）非同期重合闸。当快速重合闸的重合时间不够快，或者系统的功角摆开比较快，两侧断路器合闸时系统已经失步，合闸后期待系统自动拉入同步，此时系统中各电力元件都将受到冲击电流的影响，当冲击电流不超过相关规定值时，可以采用非同期重合闸方式，否则不允许采用非同期重合方式。

3）检同期自动重合闸。当必须满足同期条件才能合闸时，需要使用检同期重合闸。因为实现检同期比较复杂，根据送出线路或输电断面上的输电线路电流间的相互关系，有时也可以采用简单的检测系统是否同步的方法。检同步重合有以下几种方法：

①电力系统之间的结构联系紧密，能保证线路两侧不会失步情况下，当任一条线路断开进行重合闸时，都不会出现非同步合闸的问题，可不检同步。

②在双回线路上检查另一线路有电流的重合方式。因为当另一回线路上有电流时，即表

示两侧电源仍保持联系，一般是同步的，因此可以直接重合。

③必须检定两侧电源确实同步之后，才能进行重合，详述如下。

3. 具有同步检定和无电压检定的重合闸

检定同步重合闸方式不会产生危及设备安全的冲击电流，也不会引起系统振荡，合闸后能很快拉入同步。具有同步检定和无电压检定的重合闸的接线示意图如图 4-3 所示，除在线路两侧均装设重合闸装置以外，在线路的一侧还装设有检定线路无电压的元件 $U<$，当线路无电压时允许重合闸重合；而在另一侧则装设

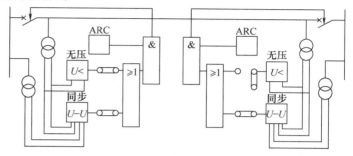

图 4-3　具有同步检定和无电压检定的重合闸的接线示意图

检定同步的元件 $U-U$，检测母线电压与线路电压间满足同期条件时允许重合闸重合。这样当线路有电压或是不同步时，重合闸就不能重合。

当线路发生故障，两侧断路器跳闸以后，检定线路无电压一侧的重合闸首先动作，使断路器投入。如果重合不成功，则断路器再次跳闸。此时，由于线路另一侧没有电压，同步检定元件不动作，因此，该侧重合闸根本不启动。如果重合成功，则另一侧在检定同步之后，再投入断路器，线路即恢复正常工作，其工作流程图如图 4-4 所示。

在使用检查线路无电压方式一侧（先合闸侧），当该侧断路器在正常运行情况下由于某种原因（如误碰跳闸机构、保护误动作等）而跳闸时，由于对侧并未跳闸，线路上有电压，因而就不能实现重合。为了解决这个问题，通常都是在检定无电压的一侧也同时投入同步检定，两者相"或"即并联工作。此时如遇有上述情况，则同步检定元件就能够起作用，当符合同步条件时，

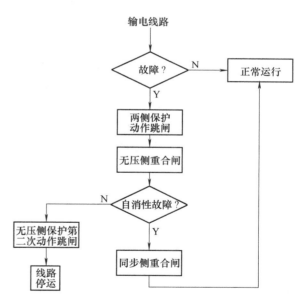

图 4-4　检定无压和检定同期三相
一次 ARC 工作流程图

也可将误跳闸的断路器重新投入。但是，在使用同步检定的另一侧（后合闸侧），其无电压检定是绝对不允许同时投入的。

实际上，这种重合闸方式的配置原则如图 4-3 所示，一侧（先合闸侧）投入无电压检定和同步检定（两者并联），而另一侧（后合闸侧）只投入同步检定。两侧的投入方式可以利用其中的切换片定期轮换。这样可使两侧断路器切断故障的次数即工作条件大致相同。

四、综合自动重合闸

对于 220kV 及以上超高压输电线路，由于输送功率大，稳定问题比较突出，采用一般的三相重合闸方式可能难以满足系统稳定的要求，尤其是对于通过单回线联系两个系统的线路。当线路故障三相跳闸后，两个系统完全失去联系，原来通过线路输送的大功率被切断，必然造成两个系统功率不平衡。送电侧系统功率过剩，频率升高；受电侧系统功率不足，频率下降。对于这种线路，采用一般的"检同期"等待同期重合闸的方式很难达到同期条件。若采用非同期重合闸方式，将引起剧烈振荡，其后果是严重的。至于采用快速三相重合闸，则必须符合一定条件。考虑到超高压输电线路相间距离大，发生相间短路的机会相对较少。实践证明，单相接地故障次数约占故障次数的 85%，而且多数是瞬时故障。于是就提出这样一个问题：单相故障时，能否只切除故障相，然后单相重合闸。在重合闸周期内，两侧系统不完全失去联系，因而大大有利于保持系统稳定运行。当线路上发生相间短路时，跳开三相断路器，然后进行三相重合闸。这就是广泛采用综合重合闸的基本出发点。

1. 综合重合闸的重合闸方式

综合重合闸应具有下列功能：

1）单相接地故障时，只切除故障相，经一定延时后，进行单相重合闸；如果重合到永久性故障，跳开三相断路器，不再进行第二次重合闸。

2）如果在切除故障后的两相运行过程中，健全的两相又发生故障，这种故障发生在发出单相重合闸脉冲前，则应立即切除三相，并进行一次三相重合闸；如果故障发生在发出单相重合闸脉冲后，则切除三相后不再进行重合闸。

3）当线路发生相间故障时，切除三相进行一次三相重合闸。

根据以上功能，综合重合闸应设置重合闸方式切换开关，以便于根据实际运行条件，分别实现下列 4 种重合闸方式：

1）综合重合闸方式。单相接地故障时，实现单相重合闸；相间故障时，实现三相重合闸；当重合到永久性故障时，断开三相而不再进行重合闸。

2）三相重合闸方式。不论任何故障类型，均实现三相重合闸方式；当重合到永久性故障时，断开三相不再进行重合闸。

3）单相重合闸方式。单相接地故障时，实现一次单相重合闸；相间故障时，或单相重合于永久性故障时，断开三相不再进行重合闸。

4）停用方式。任何类型故障，各种保护均出口跳三相而不进行重合闸。

综合重合闸的工作流程如图 4-5 所示。

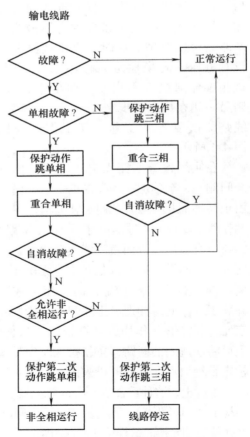

图 4-5 综合重合闸的工作流程图

2. 单相重合闸的特殊问题

综合重合闸与一般的三相重合闸相比，只是多了一个单相重合闸的性能。因此，需要考虑由单相重合闸引起的特殊问题，主要有以下 4 个方面的问题：

1）需要接地故障判别元件和故障选相元件。

2）应考虑潜供电流的影响。

3）应考虑非全相运行对继电保护的影响。

4）若单相重合闸不成功，根据系统运行的需要，应考虑线路需转入长期非全相运行时的影响（一般由零序电流保护后备段动作跳开其他两相）。

为实现单相重合闸，首先必须有故障相的选择元件（简称选相元件）。对选相元件的基本要求如下：

1）应保证选择性，即选相元件与继电保护相配合只跳开发生故障的一相，而接于另外两相上的选相元件不应动作。

2）在故障相末端发生单相接地短路时，接于该相上的选相元件应保证有足够的灵敏性。

故障选相可以由电流选相元件、电压选相元件或阻抗选相元件来实现。电流选相元件仅适用于电源侧，且灵敏度较低，容易受系统运行方式和负荷电流的影响，一般只作辅助选相之用。电压选相元件仅适用于短路容量特别小的线路一侧以及单电源线路的受电侧，应用场合受到限制。阻抗选相元件容易受负荷电流和接地故障时过渡电阻的影响，目前广泛采用的是相电流差突变量选相和对称分量选相元件。

实现单相重合闸需要有分相操作的断路器以及能与继电保护配合工作的故障选相单元。而且在单相重合闸过程中，由于出现纵向不对称，因此将产生负序和零序分量，这就可能引起本线路保护以及系统中其他保护的误动作。对于可能误动作的保护，应在单相重合闸动作时予以闭锁，或者整定保护的动作时限大于单相重合闸的时限。由于单相重合闸具有以上特点，并且在实践中证明了它的优越性，因此，已在 220~500kV 的线路上获得了广泛的应用。

五、自动重合闸与继电保护的配合

为了能尽量利用重合闸所提供的条件以加速切除故障，继电保护与之配合时，一般采用重合闸前加速保护和重合闸后加速保护两种方式，根据不同的线路及其保护配置方式选用。

1. 重合闸前加速保护

重合闸前加速保护一般又简称为"前加速"。图 4-6 所示的网络接线中，假定在每条线路上均装设过电流保护，其动作时限按阶梯形原则来配合。因而，在靠近电源端保护 3 处的时限就很长。为了加速故障的切除，可在保护 3 处采用前加速的方式，即当任何一条线路上发生故障时，第一次都由保护 3 （加速段）瞬时无选择性动作予以切除，重合闸以后保护第

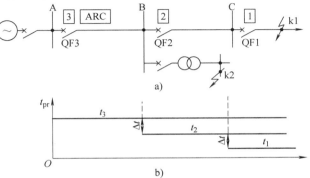

图 4-6　重合闸前加速保护的网络接线图及时间配合关系

a）网络接线图　b）时间配合关系

二次动作切除故障是有选择性的。例如故障是在线路 AB 以外（如 k1 点故障），则保护 3 的第一次动作是无选择性的，但断路器 QF3 跳闸后，如果此时的故障是瞬时性的，则在重合闸以后就恢复了供电；如果故障是永久性的，则保护 3 第二次就按有选择性的时限 t_3 动作。为了使无选择性的动作范围不扩展得太长，一般规定当变压器低压侧短路时，保护 3 的加速段不应动作。因此，其启动电流还应按照躲开相邻变压器低压侧的短路（如 k2 点短路）来整定。

采用前加速的优点是：

1）能够快速地切除瞬时性故障。

2）可能使瞬时性故障来不及发展成永久性故障，从而提高重合闸的成功率。

3）能保证发电厂和重要变电所的母线电压在 60%～70% 额定电压以上，从而保证厂用电和重要用户的电能质量。

4）使用设备少，只需装设一套重合闸装置，简单、经济。

采用前加速的缺点是：

1）断路器工作条件恶劣，动作次数较多。

2）重合于永久性故障上时，故障切除的时间可能仍较长。

3）如果重合闸装置或断路器 QF3 拒绝合闸，则将扩大停电范围。甚至在最末一级线路上故障时，都会使连接在这条线路上的所有用户停电。

前加速保护主要用于 35 kV 以下由发电厂或重要变电所引出的直配线路上，以便快速切除故障，保证母线电压。

2. 重合闸后加速保护

重合闸后加速保护一般又简称为"后加速"。所谓后加速就是当线路第一次故障时，保护有选择性动作，然后进行重合。如果重合于永久性故障，则在断路器合闸后再加速保护动作，瞬时切除故障，而与第一次动作是否带有时限无关。

如图 4-7 所示网络，保护 1、2、3 均装有 ARC。自动重合闸前，有选择性的保护投入正常工作；自动重合闸装置发出重合闸指令的同时，加速 II 段保护或 III 段保护（不带延时），使 II 段或 III 段保护成为无延时动作的速动

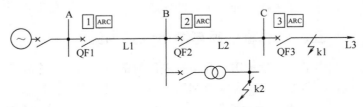

图 4-7　重合闸后加速保护的网络接线图

保护。这样配置后，无论是在线路 L1、L2 或 L3 上哪一点发生故障，保护首先有选择地断开故障线路的断路器；然后对应自动重合闸装置将重合一次。如果是瞬时性故障，则重合成功恢复正常供电；如果是永久性故障，则故障线路的 II 段或 III 段保护无延时地将故障线路的断路器再次跳开。

"后加速"的配合方式广泛应用于 35kV 以上的网络及对重要负荷供电的输电线路上。因为，在这些线路上一般都装有性能比较完备的保护装置，例如，三段式电流保护、距离保护等，因此，第一次有选择性地切除故障的时间（瞬时动作或具有 0.5s 的延时）均为系统运行所允许，而在重合闸以后加速保护的动作（一般是加速保护 II 段，有时也可以加速保护 III 段），就可以更快地切除永久性故障。

采用后加速的优点是：

1）第一次是有选择性地切除故障，不会扩大停电范围，特别是在重要的高压电网中，一般不允许保护无选择性地动作而后以重合闸来纠正（前加速）。

2）保证了永久性故障第二次能瞬时切除，并仍然是有选择性的。

3）和前加速相比，使用中不受网络结构和负荷条件的限制，一般说来是有利而无害的。

采用后加速的缺点是：

1）每个断路器上都需要装设一套重合闸，与前加速相比略为复杂。

2）第一次切除故障可能带有延时。

六、三相一次重合闸及加速保护逻辑

图 4-8 为重合闸及加速保护逻辑框图。图中，I_{Ajs}、I_{Bjs}、I_{Cjs} 为加速段电流元件；I_A、I_B、I_C 为检测线路有无电流的元件；T1 为重合闸充电的时间元件；T2、T4 为手动合闸、自动重合加速保护的时间元件；T5 为重合闸动作的时间元件；KG4 为加速段保护投退控制字；KG5 为重合闸动作前保护加速控制字；KG6 为不检无压不检同期控制字；KG7 为检线路无压重合的控制字；KG8 为检同期重合的控制字；KG9 为二次重合的控制字。动作原理说明如下：

1）断路器投入运行（QF 未跳闸）、保护未启动、在没有闭锁重合闸信号时，时间元件 T1 开始充电，经 15s 充满电，为重合闸启动做好准备（为与门 Y1 动作准备条件）。

2）保护动作或断路器跳闸，在三相确认无电流后（I_A、I_B、I_C 电流元件均不动作），与门 Y1 动作，重合闸即启动。

3）若是不检无压不检同期重合，则 KG6 为"1"，T5 起动；若是检无压及检同期侧，则 KG7、KG8 为"1"（线路侧电压小于 $30\%U_N$，检为无压；线路侧电压大于 $70\%U_N$，检为有压），T5 起动；若是检同期侧，则 KG8 为"1"，T5 起动。T5 起动后，经时间 t_{ch}，发出重合闸动作脉冲，令断路器重合。

4）在时间元件 T5 动作发出重合脉冲瞬间，T4 输出 3s 宽的加速脉冲（KG5 断开时），对保护实现加速，这是重合闸动作后加速保护；当 KG5 为"1"时，时间元件 T4 不会起动，此时只要 T1 充好电（时间元件 T1 动作），与门 Y2 动作，对保护实现加速，这是重合闸动作前加速保护。

手动合闸时，通过时间元件 T2 动作，实现加速保护，加速保护的时间为 3s。

5）A 为"1"时，时间元件 T1 瞬时放电并禁止充电，重合闸被闭锁。遥控跳闸、手动跳闸、控制回路断线、外部闭锁、低频减负荷（低压减负荷）动作、弹簧未储能、过负荷保护动作等均闭锁重合闸。

一次重合闸时（KG9 为"0"），重合闸在发出重合闸脉冲的同时，将 T1 时间元件瞬时放电，因要 15s 才能开放重合闸，所以即使重合于永久性故障，重合闸不会再次重合。如是二次重合闸，则第二次重合闸动作时才对时间元件 T1 放电。

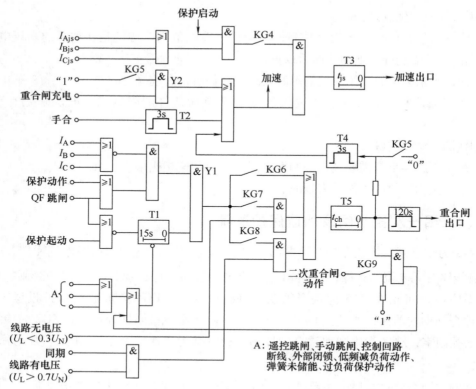

图 4-8　三相一次自动重合闸和加速保护逻辑框图

第二节　备用电源自动投入

随着国民经济的迅猛发展、科学技术的不断提高，用户对供电质量和供电可靠性的要求日益提高，备用电源自动投入是保证配电系统连续可靠供电的重要措施。因此，备用电源自投已成为中低压系统变电站自动化的最基本功能之一。

一、备用电源自动投入的作用及基本要求

1. 备用电源自动投入的作用

备用电源自动投入装置（简称 AAT）是当工作电源因故障被断开以后，能自动、迅速地将备用电源或备用设备投入工作，使用户能迅速恢复供电的一种自动控制装置。

在实际应用中，AAT 形式多样，但根据备用方式（备用电源或备用设备的存在方式）划分，可分为明备用和暗备用两种。明备用指正常情况下有明显断开的备用电源或备用设备，如图 4-9a 所示；正常运行时，图 4-9a 中 QF3、QF4、QF5 在断开状态，备用变压器 T0 作为工作变压器 T1 和 T2 的备用。暗备用是指正常情况下没有断开的备用电源或备用设备，而是分段母线间利用分段断路器取得相互备用，如图 4-9b 所示；正常运行时分段断路器 QF3 处于断开状态，工作母线 I、II 段分别通过各自的供电设备或线路供电，当任一母线由于供电设备或线路故障停电时，QF3 自动合闸，从而实现供电设备和线路的互为备用。

分析图 4-9 的工作情况后可知，采用 AAT 有如下优点：

1）提高供电可靠性，节省建设投资。

2）简化继电保护。采用 AAT 装置后，环网供电网络可以开环运行，并列变压器可以解列运行，如图 4-9b 所示，在保证供电可靠性的前提下，继电保护变得简单而可靠。

3）限制短路电流，提高母线残余电压。在受端变电所，如果采用变压器

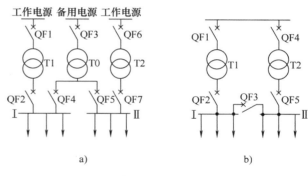

图 4-9　应用 AAT 的典型一次接线图
a）明备用　b）暗备用

解列运行或环网开环运行，可使出线短路电流受到一定限制，供电母线（图 4-9b 中高压母线）上的残余电压相应提高。

由于 AAT 简单、可靠，且投资小，是一种提高供电可靠性的经济且有效的技术措施，因此在电力系统中获得了广泛应用。按照 GB/T 14285—2006《继电保护和安全自动装置技术规程》要求，在下列情况下，应装设 AAT 装置。

1）具有备用电源的发电厂厂用电源和变电所所用电源。

2）由双电源供电，其中一个电源经常断开作为备用的电源。

3）降压变电所内有备用变压器或互为备用的电源。

4）有备用机组的某些重要辅机。

2. 对 AAT 的基本要求

AAT 用在不同场合，其接线可能有所不同，但均应满足对 AAT 的基本要求。应当指出，AAT 动作使断路器合闸，投入备用电源或备用设备，该断路器上应装设相应的继电保护装置，以保证安全运行。

对 AAT 的基本要求归纳如下：

1）应保证在工作电源或工作设备断开后，AAT 装置才能动作。如图 4-9b 中只有当 QF2 断开后，AAT 才能动作，使 QF3 合闸。这一要求的目的是防止将备用电源或备用设备投入到故障元件上，造成 AAT 动作失败，甚至扩大事故，加重设备损坏程度。

满足这一要求的主要措施是：AAT 的合闸部分应由供电元件受电侧断路器（图 4-9b 中的 QF2）的辅助动断触点启动。

2）工作母线电压无论任何原因消失，AAT 均应动作。图 4-9a 中，工作母线 I （或 II ）段失电压的原因有：工作变压器 T1 （或 T2）故障；母线 I （或 II）段故障；母线 I （或 II）段出线故障未被该出线断路器断开；断路器 QF1、QF2（或 QF6、QF7）误跳闸；电力系统内部故障，使工作电源失电压等。所有这些情况，AAT 都应动作。但是当电力系统内部故障，使工作电源和备用电源同时消失时，AAT 不动作，以免系统故障消失恢复供电时，所有工作母线段上的负荷均由备用电源或设备供电，引起备用电源或设备过负荷，降低工作可靠性。

满足这一要求的措施是：AAT 应设置独立的欠电压起动部分，并设有备用电源电压监视。

3）AAT 只能动作一次。当工作母线或出线上发生未被出线断路器断开的永久性故障时，AAT 动作一次，断开工作电源（或设备）投入备用电源（或设备）；因为故障仍然存在，备用电源（或设备）上的继电保护动作断开备用电源（或设备）后，就不允许 AAT 再次动作，以免备用电源多次投入到故障元件上，对系统造成再次冲击而扩大事故。

满足这一要求的措施是：控制 AAT 发出合闸脉冲的时间，以保证备用电源断路器只能合闸一次。AAT 在动作前应有足够的准备时间（类似于重合闸的充电时间），通常为 10～15s。

4）AAT 的动作时间应使负荷停电时间尽可能短。从工作母线失去电压到备用电源投入为止，中间工作母线上的用户有一段停电时间，停电时间短，有利于用户电动机的自起动；但停电时间太短，电动机残压可能较高，备用电源投入时将产生冲击电流造成电动机的损坏。运行经验表明，AAT 的动作时间以 1～1.5s 为宜，低压场合可减小到 0.5s。

此外，应校验 AAT 动作时备用电源过负荷情况，如备用电源过负荷超过限度或不能保证电动机自起动时，应在 AAT 动作时自动减负荷；如果备用电源投到故障上，应使其保护加速动作；低压起动部分中电压互感器二次侧的熔断器熔断时，AAT 不应动作。

工作母线失电压时还必须检查工作电源无电流，才能起动 AAT，以防止 TV 二次三相断线造成误动。

二、备用电源自投的方式

备用电源自投主要用于中、低压配电系统中。根据备用电源的不同，变电站备自投主要有以下三种运行方式。

1. 低压母线分段断路器自动投入

低压母线分段断路器自动投入方案的主接线如图 4-10 所示。

由图 4-10 可看出，当 1 号主变压器、2 号主变压器同时运行，而 QF3 断开时，一次系统中 1 号和 2 号主变压器互为备用电源，此方案是"暗备用"接线方案。它有两种运行方式。

1）备用电源自动投入方式 1。当 1 号主变压器故障时，保护跳开 QF1，或者 1 号主变压器高压侧失电压，均引起 I 段母线失电压，I_1 无电流，并且 II 段母线有电压，即跳开 QF1，合上 QF3。自动投入条件是 I 段母线失电压、I_1 无电流、II 段母线有电压、QF1 确实已跳开。检查 I_1 无电流是为了防止 TV1 二次侧三相断线引起的误投。

2）备用电源自动投入方式 2。当发生与上述自动投入方式 1 相类似的原因，II 段母线失电压，I_2 无电流，并且 I 段母线有电压时，即断开 QF2，合上 QF3。自动投入条件是 II 段

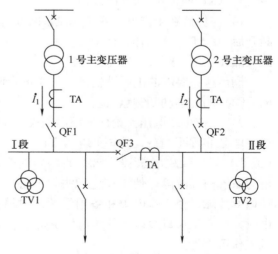

图 4-10 低压母线分段断路器
自动投入方案的主接线

母线失电压、I_2 无电流、Ⅰ 段母
线有电压，QF2 确实已跳开。

2. 内桥断路器的自动投入

内桥断路器自动投入方案的
主接线如图 4-11 所示。

由图 4-11 可看出，如果两段
母线分列运行，即桥断路器 QF3
在分位，而 QF1、QF2 在合位，
XL1 进线带Ⅰ段母线运行，XL2
进线带Ⅱ段母线运行时，这时
XL1 和 XL2 互为备用电源，所以

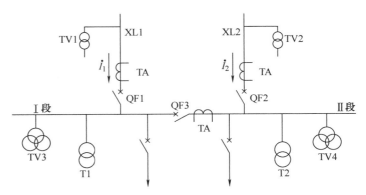

图 4-11　内桥断路器自动投入方案的主接线

是暗备用接线方案。这种方案与低压母线分段断路器自动投入方案及其运行方式完全相同。
其中方式 1 为跳 QF1 合 QF3；方式 2 为跳 QF2 合 QF3。

需要注意的是，当主变压器故障时（会引起高压母线失电压）应闭锁内桥断路器自投。

当 XL1 进线带Ⅰ、Ⅱ段母线运行为方式 3，即 QF1、QF3 在合位，QF2 在分位时，XL2
为备用电源。XL2 进线带Ⅱ、Ⅰ段母线运行为方式 4，即 QF2、QF3 在合位，QF1 在分位时，
XL1 是备用电源。显然这两种接线方案是"明备用"接线方案。明备用接线方案方式 3（方
式 4）的备用电源自动投入条件是：Ⅰ、Ⅱ段母线失电压、I_1（或 I_2）无电流，XL2（或
XL1）线路有电压、QF1（或 QF2）确实已跳开时合 QF2（或 QF1）。

3. 进线备用电源自动投入

进线备自投方案一般在农网配电系统、小型化变电站或厂用电系统中使用，一般为单母
线接线（相当于图 4-11 单母分段 QF3 始终合闸）。接线可参见图 4-11（QF3 合闸运行）。该
备自投方案接线是"明备用"方案。XL1 和 XL2 中只有一个断路器在分位，另一个在合位，
因此当母线失电压，备用线路有电压，I_1（I_2）无电流时，即可跳开 QF1（QF2），合上 QF2
（QF1）。该备用方案的自动投入条件类似于内桥断路器的自动投入条件中备用方式 3 和方
式 4 的自动投入条件。即母线失电压，线路 XL2 有电压，I_1 无电流，QF1 确实已跳开，合上
QF2；或者母线无电压，I_2 无电流，线路 XL1 有电压，QF2 确实已跳开，合上 QF1。

三、备用电源自投控制的动作逻辑

根据以上分析，备用电源自动投入的动作逻辑分为两种情况，即两路电源互为备用
（暗备用）和两路电源一个运行另一个备用（明备用）。

1. 采用暗备用时的动作逻辑

分段开关或桥开关采用暗备用时 AAT 的动作逻辑如图 4-12、图 4-13 所示。QF3 断开分
列运行。

（1）AAT 的充电与放电

对应图 4-11 所示备自投方式 1、方式 2 的 AAT 逻辑框图如图 4-12、图 4-13 所示。在图 4-
12 中正常运行时，QF1、QF2 合位，QF3 跳位，Ⅰ、Ⅱ段母线有电压，线路 XL1、XL2 有电流。
Y1、Y2、Y6 均动作，时间元件 T1 起动，经 10~15s 充电完成，为与门 Y7 动作准备了条件。

当Ⅰ、Ⅱ段母线同时无电压，QF3 合上，方式 1 和方式 2 闭锁投入时，H1 动作，瞬时

对 T1 放电，闭锁 AAT 的动作。AAT 动作使 QF3 合闸后，瞬时对 T1 放电，保证了 AAT 只动作一次。

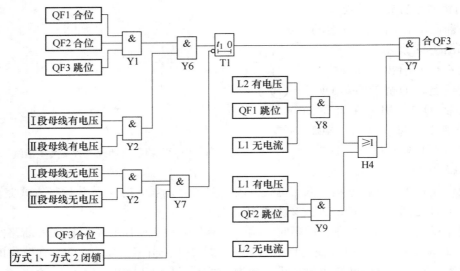

图 4-12　分段开关暗备用时 AAT 的充/放电及合闸动作逻辑

（2）AAT 的动作过程

AAT 工作于方式 1 时，QF1 跳开的逻辑电路如图 4-13a 所示。当 Ⅰ 段母线无电压时，如 XL1 也无电流，而 XL2 有电压，且方式 1 投入，则 Y4 动作，经 T2 延时，经 H2 跳开 QF1，也有可能 QF1 由于 XL1 的保护动作而已经跳开，如图 4-12 所示。

当 QF1 跳开后，XL1 线路无电流，确认 QF1 已跳开，此时 XL2 如有电压，则 Y8 门动作，经 Y7 合 QF3，如图 4-12 所示。由动作过程可以看出，QF1 跳开后，QF3 才能合上，XL2 线路无电压时，AAT 也不会动作合 QF3。

AAT 工作于方式 2 时，QF2 跳开逻辑如图 4-13b 所示，当 Ⅱ 段母线无电压时，如 XL2 也无电流，而 XL1 有电压，且方式 2 投入，则 Y5 动作，经 T3 延时，经 H3 跳开 QF2，也有可能 QF2 由于 XL2 的保护动作而已经跳开，如图 4-12 所示。

当 QF2 跳开后 XL2 线路无电流，确认 QF2 已跳开，此时 XL1 如有电压，则 Y9 门动作，经 Y7 合 QF3。由动作过程可以看出，QF2 跳开后，QF3 才能合上，XL1 线路无电压时，AAT 也不会动作合 QF3。

分段开关自投后加速保护在备自投动作或手动合闸 QF3 时投入，后加速保

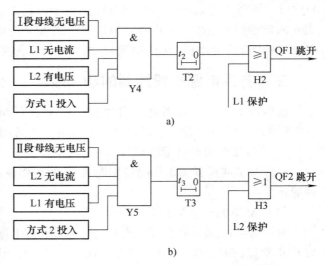

图 4-13　分段开关暗备用 AAT 的跳闸动作逻辑
a）QF1 跳开逻辑　b）QF2 跳开逻辑

护经 3s 后自动退出。在 3s 的后加速记忆时间内，如备自投合闸到故障时，后加速保护立即瞬时动作，起动跳开 QF3。

2. 采用明备用时的动作逻辑

采用明备用时 AAT 的动作逻辑框图如图 4-14、图 4-15 所示。

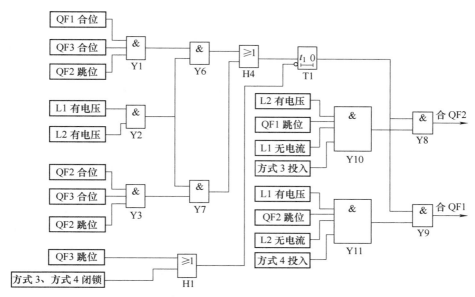

图 4-14　明备用时 AAT 的充/放电及合闸动作逻辑

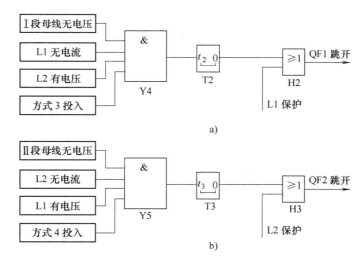

a)

b)

图 4-15　明备用时 AAT 的跳闸动作逻辑
a) QF1 跳开逻辑　b) QF2 跳开逻辑

（1）AAT 的充电与放电

方式 3 和方式 4 都是基于母联断路器 QF3 必须处于合闸状态时，因此在 Ⅰ、Ⅱ 段母线均有电压的情况下，有如下情况之一即开始充电做好动作准备，如图 4-14 所示。

1）QF1 合位、QF2 跳位（XL1 工作，XL2 备用）。

2）QF2 合位、QF1 跳位（XL2 工作，XL1 备用）。

经 10～15s，充电完成。有如下情况之一即放电闭锁 AAT 动作，如图 4-14 所示。

1）当 QF3 跳位或方式 3、方式 4 闭锁时。

2）当 QF1 与 QF2 同时处于跳闸位置或合闸位置时。

3）XL1 或 XL2 无电压即备用电源无电压时。

（2）AAT 的动作过程

以方式 3 为例，如图 4-15a 所示，当 I 段母线无电压、XL1 无电流、XL2 有电压、方式 3 投入情况下，经 T2 跳开 QF1。当 QF1 被跳开后，如 XL2 有电压，则经延时合上 QF2。

以方式 4 为例，如图 4-15b 所示，当 II 段母线无电压、XL1 有电流、XL2 无电流、方式 4 投入情况下，经 T3 跳开 QF2。如 QF2 被跳开后，XL1 有电压，则经过延时后合 QF1。

四、变电站多分段母线的备用电源自投方式

在目前的大中城市供电系统中，为提高供电可靠性和运行灵活性多采用三主变多分段的接线方式，备用电源自投方式也有所不同。简单介绍如下：

1. 三主变三分段备自投方式

三主变三分段方式为三台主变压器，低压采用母线三分段，两个低压分段开关 QF4、QF5 正常运行时一般断开，如图 4-16 所示。设该接线正常运行方式为 QF1、QF2、QF3 合上，QF4、QF5 断开，每台变压器带一段母线负荷。备用电源自投动作如下：

母线 I 失电压、母线 II 有电压时，备自投起动跳开 QF1，合上 QF4。

母线 III 失电压、母线 II 有电压时，备自投起动跳开 QF3，合上 QF5。

母线 II 失电压、母线 I 或 III 有电压时，备自投起动跳开 QF2，合上 QF4 或 QF5（任选一种方式）。

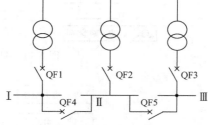

图 4-16　三主变三分段接线
备自投方式接线图

注意，该方式当备自投动作后一台变压器要带两段母线负荷，要考虑变压器的过负荷情况。在某些运行情况下，母线 II 失电压时可能只允许向一侧切换。

2. 三主变四分段备自投方式

三主变四分段方式为三台主变压器，低压母线采用四分段，即将 II 段母线分为两个半段 II1 和 II2，如图 4-17 所示。两个低压分段开关 QF4、QF5 正常运行时一般断开。设该接线正常运行方式为 QF1、QF21、QF22、QF3 合上；QF4、QF5 断开，每台变压器带一组母线负荷。备用电源自投动作如下：

母线 I 失电压、母线 II 有电压时，备自投起动跳开 QF1，合 QF4 同时联跳 QF22。

母线 III 失电压、母线 II 有电压时，备自投起动跳开 QF3，合上 QF5 同时联跳 QF21。

母线 II1 失电压、母线 I 有电压时，备自投起动跳开 QF21，合上 QF4。

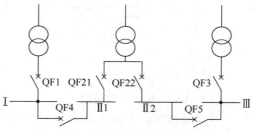

图 4-17　三主变四分段接线
备自投方式接线图

母线 Ⅱ2 失电压、母线 Ⅲ 有电压时，备自投起动跳开 QF22，合上 QF5。

这样始终可以保证每台变压器最多只带一段半母线负荷，负荷分配合理。但备自投动作会有联切负荷的问题。

3. 三主变六分段备自投方式

三主变六分段方式为三台主变压器，低压母线采用六分段，即将每段母线各分为两个半段，如图 4-18 所示。三个低压分段开关 QF4、QF5、QF6 正常运行时一般断开。设该接线正常运行方式为 QF11、QF12、QF21、QF22、QF31、QF32 合上；QF4、QF5、QF6 断开，每台变压器带一组母线负荷。备用电源自投动作如下：

母线 Ⅰ2 失电压、母线 Ⅱ1 有电压时，备自投起动跳开 QF12，合上 QF4。

母线 Ⅲ1 失电压、母线 Ⅱ2 有电压时，备自投起动跳开 QF31，合上 QF5。

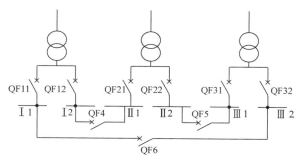

图 4-18　三主变六分段接线备自投方式接线图

母线 Ⅲ2 失电压、母线 Ⅰ1 有电压时，备自投起动跳开 QF32，合上 QF6。

母线 Ⅰ1 失电压、母线 Ⅲ2 有电压时，备自投起动跳开 QF11，合上 QF6。

母线 Ⅱ1 失电压、母线 Ⅰ2 有电压时，备自投起动跳开 QF21，合上 QF4。

母线 Ⅱ2 失电压、母线 Ⅲ1 有电压时，备自投起动跳开 QF22，合上 QF5。

同样可以保证每台变压器最多只带一段半母线负荷，负荷分配合理。但备自投动作不会联切负荷。

第三节　低频减负荷及低压减负荷

一、电压和频率降低对电力系统的影响

电能有两个主要的质量指标——电压和频率，电力系统正常运行时，要求电压和频率符合标准。电压和频率若偏离额定值过大，不仅对电气设备本身有不利影响，对工农业用电也有很大影响，如效率降低、次品率上升等，同时也给发电厂和电力系统造成很大的威胁。频率下降过多对系统特别是火电厂有三方面的威胁：

1）当系统频率长期低于 49.5Hz 运行时，某些汽轮机的叶片会发生共振，导致机械损伤，甚至断裂损坏，造成事故。

2）系统频率降低，使火电厂厂用机械出力降低，发电厂出力减少，系统有功功率缺额进一步增加，系统频率进一步下降，形成恶性循环，如果不及时采取措施，会造成电力系统频率崩溃。

3）系统频率降低引起发电机转速下降，电动势降低，发电机发出的无功功率减少，系统电压随之降低，严重时会造成电力系统电压崩溃。

负荷波动导致频率变化，可以通过一次调频和二次调频，调整发电机输出的有功功率，维持系统的有功功率平衡，使系统频率的变化在允许范围内。在电力系统发生事故时，会出

现发电功率远远小于负荷功率（出现有功功率缺额）的情况，当缺额量超出正常热备用的调节能力时，会出现低频运行，影响电能质量，甚至破坏系统稳定性。

为了保证电力系统的安全运行和电能质量水平，在电力系统中广泛使用按频率自动减负荷装置（简称 AFL），当电力系统频率降低时，根据系统频率下降的不同程度自动断开相应的负荷，阻止频率降低并使系统频率迅速恢复到给定数值，从而保证电力系统的安全运行和重要用户的不间断供电。按频率自动减负荷装置是一种事故情况下保证系统安全运行的重要的安全自动装置。

二、电力系统的频率特性

电力系统的频率特性分为负荷的静态频率特性和电力系统的动态频率特性。

1. 负荷的静态频率特性

负荷的静态频率特性是指电力系统的总有功负荷消耗的有功功率 $P_{L,\Sigma}$ 与系统频率 f 的关系。实际上此特性与负荷的性质有关，不同性质的负荷消耗有功功率与频率的关系不一样，电力系统中的负荷一般可分为三类：

1）负荷消耗的有功功率与频率无关，如白炽灯、电热设备等。

2）负荷消耗的有功功率与频率成正比，如碎煤机、卷扬机等。

3）负荷消耗的有功功率与频率二次方、三次方、高次方成正比，如通风机、水泵等。

电力系统的总有功负荷由以上三类负荷按比例组合，当系统频率变化时，系统总有功负荷消耗的有功功率相应变化，定性作出负荷静态频率特性如图 4-19 所示（该曲线可通过实测或运行统计数据获得）。由图可见，当系统频率下

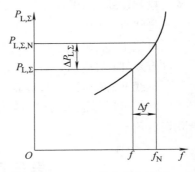

图 4-19　负荷静态频率特性

降时，总负荷消耗的有功功率随之减少；而频率升高时，总负荷消耗的有功功率随之增加。这种负荷消耗的有功功率随系统频率变化的现象，称为负荷调节效应。

当频率偏离额定频率 f_N 不大时，定义负荷调节效应系数为

$$K_L = \Delta P_{L,\Sigma}/\Delta f = (P_{L,\Sigma}-P_{L,\Sigma,N})/\Delta f \tag{4-2}$$

式中　$\Delta P_{L,\Sigma}$——系统总有功负荷消耗有功功率变化量，$\Delta P_{L,\Sigma} = P_{L,\Sigma}-P_{L,\Sigma,N}$（$P_{L,\Sigma,N}$ 为系统额定频率时的总有功负荷消耗有功功率）；

　　　　Δf——系统频率的变化量。

在实际使用中，负荷调节效应系数一般用百分数或标幺值（以额定值为基准）表示，即

$$K_L = (\Delta P_{L,\Sigma\%})/(\Delta f\%)$$
$$= [(P_{L,\Sigma}-P_{L,\Sigma,N})/P_{L,\Sigma,N}]/[(f-f_N)/f_N]$$
$$= \Delta P_{L,\Sigma*}/\Delta f^* \tag{4-3}$$

式中　$\Delta P_{L,\Sigma\%}$、$\Delta P_{L,\Sigma*}$——系统有功负荷消耗有功功率变化量百分数、标幺值；

　　　　$\Delta f\%$、Δf^*——系统频率变化的百分数、标幺值。

负荷调节效应系数 K_L 的物理意义是，系统频率每变化 1%，系统负荷消耗的有功功率相应变化 $K_L\%$。因负荷组成随地区和季节变化，不同电力系统负荷调节效应系数不同，同一电力系统不同季节，负荷调节效应系数也可能不同，一般负荷调节效应系数在 1~3 范围内，由系统实测取得。

由于负荷调节效应的存在，当电力系统因有功功率不平衡引起系统频率变化时，负荷自动改变消耗的有功功率，对系统频率有一定的补偿作用，使系统可稳定运行在一个新的频率下。当出现有功功率缺额造成频率下降时，负荷会自动减少消耗的有功功率，有利于缓解有功功率缺额，建立新的有功功率平衡，其结果是系统在一个较低的频率下运行。如果功率缺额较大，仅靠负荷调节效应来补偿，会造成系统运行频率很低，破坏系统的安全运行，这是不允许的，此时必须再借助按频率自动减负荷装置自动切除一部分不重要的负荷，保证系统的安全运行。

2. 电力系统的动态频率特性

电力系统的动态频率特性是指当电力系统出现有功功率缺额造成系统频率下降时，系统频率由额定值 f_N 变化到另一个稳定频率 f_∞ 的过程。由于电力系统是个惯性系统，所以频率随时间按指数规律变化，如图 4-20 所示，其表达式为

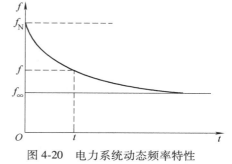

$$f = f_\infty + (f_N - f_\infty)\,\mathrm{e}^{-t/T_f} \tag{4-4}$$

式中　f_∞——由于有功功率缺额造成频率下降后的稳定频率；

T_f——系统频率变化的时间常数，与系统等效发电机惯性时间常数和负荷调节效应系数等有关，一般为 4~5s，大系统 T_f 值较大，小系统 T_f 值较小。

图 4-20　电力系统动态频率特性

三、按频率自动减负荷（低频减载）的基本原理

1. 基本原理

按频率自动减负荷又称低频减载，或称低频减负荷（简称为 AFL），是保证电力系统安全稳定的重要措施之一。当电力系统出现严重的有功功率缺额时，通过切除一定的非重要负荷来减轻有功缺额的程度，使系统的频率保持在事故允许限额之内，保证重要负荷的可靠供电。

自动低频减负荷（载）的工作原理如图 4-21 所示。假定变电站馈电母线上有多条供配电线路，按电力用户的重要性分为 n 个级别和 m 个特殊级。基本级是不重要的负荷，特殊级是较重要的负荷，每一级均装有自动按频率减负荷装置，它由频率测量元件 f、延时元件 Δt 和执

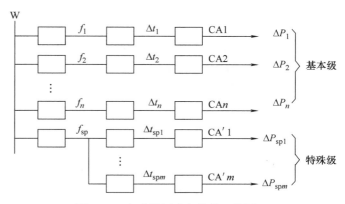

图 4-21　自动低频减负荷的工作原理

行元件 CA 三部分组成。

基本级的作用是根据系统频率下降的程度，依次切除不重要的负荷，以便限制系统频率继续下降。例如，当系统频率降至 f_1 时，第一级频率测量元件起动，经延时 Δt_1 后执行元件 CA_1 动作，切除第一级负荷 ΔP_1；当系统频率降至 f_2 时，第二级频率测量元件起动，经延时 Δt_2 后执行元件 CA_2 动作，切除第二级负荷 ΔP_2。如果系统频率继续下降，则基本级的 n 级负荷有可能全部被切除。

当基本级全部或部分动作后，若系统频率长时间停留在较低水平上，则特殊级的频率测量元件 f_{sp} 起动，经延时 Δt_{sp1} 后切除第一级负荷 ΔP_{sp1}；若系统频率仍不能恢复到接近于 f_N，则将继续切除较重要的负荷，直至特殊级的全部负荷切除完。

通常，基本级第一级的整定频率可选取 $48\sim49Hz$，最后一级的整定频率一般为 47Hz，相邻两级的整定频率差取 $0.2\sim0.5Hz$。当某一地区电网内的全部 AFL 装置均已动作，系统频率应恢复到 49.5Hz 以上。特殊级的动作频率一般取 49.5Hz，动作时限可取 $10\sim20s$，时限级差取 5s 左右。

2. 低频减负荷的实现方法及基本要求

采用传统的频率继电器构成的 AFL 装置，由于级差大、级数少，不能适应系统中出现的不同功率缺额的情况，不能有效地防止系统的频率下降并恢复频率，常造成频率的悬停和超调现象。随着微机继电保护在中低压电网的广泛应用，由微机继电保护同时实现低频减负荷功能已成为可能，而且也非常方便。

（1）实现方法

一般来说，实现低频减负荷的方法大体有以下两种：

1）采用专用的微机 AFL 装置实现。这种 AFL 装置将一个变电站全部馈电线路分为 $1\sim8$ 级（也可根据用户需要设置低于 8 级）和特殊级，然后根据系统频率下降的情况去切除负荷。

2）把低频减负荷的控制分散在每回馈电线路的微机继电保护装置中实现。

现在微机保护装置几乎都是面向对象设置的，每回线路配一套保护装置，在线路保护装置中，增加一个测频环节，便可以实现低频减负荷的控制功能，对各回线路级次安排考虑的原则仍同上所述。只要将第 n 级动作的频率和延时定值事前在某回线路的保护装置中设置好，则该回线路便属于第 n 级切除的负荷。这种控制方法容易实现，结构也简单，今后会越来越多地被采用。

（2）基本要求

对低频减负荷的基本要求如下：

1）能在各种运行方式和功率缺额的情况下，有效地防止系统频率下降至危险点以下。

2）切除的负荷应尽可能少，无超调和悬停现象。

3）应能保证解列后的各孤立子系统也不发生频率崩溃。

4）变电站的馈电线路故障或变压器跳闸造成失电压，负荷反馈电压的频率衰减时，AFL 装置应可靠闭锁。

5）电力系统发生低频振荡时，不应误动。

6）电力系统受谐波干扰时，不应误动。

下面对这些基本要求做详细说明。

1）AFL 装置动作后，系统频率应回升到恢复频率范围内。事故情况下，AFL 装置动作后使系统频率恢复到一定值是为了防止事故扩大。一般要求系统频率恢复值低于系统额定频率，剩下的恢复由运行人员完成。由于系统事故时功率缺额差异较大，考虑装置本身误差，只要求系统频率值恢复到规定范围即可，我国电力系统规定恢复频率不低于 49.5Hz。

2）要使 AFL 装置充分发挥作用，应有足够负荷接于 AFL 装置上。当系统出现最严重有功功率缺额时，AFL 装置配合负荷调节效应应能使系统频率恢复到恢复频率。

3）AFL 装置应根据系统频率的下降程度切除负荷。

实际电力系统中每次出现的有功功率缺额不同，频率下降的程度也不同，为了提高供电可靠性，同时使 AFL 装置动作后系统频率不超过希望值，AFL 装置采用分级切除、逐步逼近的方式。即当系统频率下降到一定值时，AFL 装置的相应级动作切除一定数量的负荷，如果仍然不能阻止频率下降，则 AFL 装置下一级动作再切除一定数量的负荷，依此类推，直到频率不再下降为止。构成原理如图 4-21 所示。应当注意，在分级实现切负荷时，首先切除不重要负荷，必要时再切除部分较为重要的负荷，当 AFL 装置动作完毕后，系统频率必然恢复到希望值。

4）AFL 装置各级动作频率确定应符合系统要求。AFL 装置的动作频率确定包括首级、末级动作频率，动作频率级差及动作级数的确定。

①首级动作频率。从提高系统稳定性出发，AFL 装置首级动作频率 f_1 应确定高一些，但过高就不能充分发挥旋转备用的作用，对用户供电可靠性不利。兼顾两方面因素，AFL 装置的首级动作频率一般不超过 49.1Hz。

②末级动作频率。AFL 装置的末级动作频率由系统允许的最低频率下限来确定，大于核电厂冷却介质泵低频保护的整定值，并留有不小于 0.3~0.5Hz 的裕度，保证这些机组继续联网运行；同时为保证火电厂的继续安全运行，应限制频率低于 47.0Hz 的时间不超过 0.5s，以避免事故进一步恶化。

③动作频率级差。设 f_i 和 f_{i+1} 分别是 i 级和 $i+1$ 级动作频率，则动作频率级差 $\Delta f = f_i - f_{i+1}$。

④动作级数。由首级动作频率 f_1 和末级动作频率 f_n 以及动作频率级差 Δf 可以计算出 AFL 装置的动作级数 N，$N = (f_i - f_n)/\Delta f + 1$，$N$ 取整数。

5）AFL 装置各级的动作时间应符合要求。从 AFL 装置的动作效果看，装置应尽量不带延时。但不带延时使 AFL 装置在系统频率短时波动时可能误动作，一般要求 AFL 装置动作可带 0.15~0.5s 延时。对于某些负荷，AFL 装置的动作时间可稍长，前提是保证电力系统安全运行。

6）AFL 装置应设置附加级。规程规定，AFL 装置动作后应使系统稳定运行频率恢复到不低于恢复频率（49.5Hz）水平。但在 AFL 装置分级动作过程中可能会出现以下情况：第 i 级动作切除负荷后，系统频率稳定在恢复频率（49.5Hz）以下，但又不足以使第 $i+1$ 级动作，这样会使系统频率长时间低于恢复频率以下运行，这是不允许的。为了消除这一现象，AFL 装置应设置较长延时的附加级，动作频率取恢复频率下限，当附加级动作后，应足以使系统频率回升到恢复频率范围内。由于附加级动作时，系统频率已比较稳定，其动作时限一般为 10~20s（为系统频率变化时间常数的 2~3 倍），必要时，附加级也可以分成若干级，各级的动作频率相同，用延时区分各级的动作顺序。

3. 对自动低频减负荷闭锁方式的分析

目前实现低频减负荷常用的闭锁方式有时限闭锁、欠电压带时限闭锁、欠电流闭锁及滑差闭锁等。

1) 时限闭锁方式。该闭锁方式通过带 0.5s 延时出口的方式实现，曾主要用于由电磁式频率继电器或晶体管频率继电器构成的 AFL 装置中。但当电源短时消失或重合闸过程中，如果负荷中电动机比例较大，则由于电动机的反馈作用，母线电压衰减较慢，而电动机转速却降低较快，此时即使带有 0.5s 延时，也可能引起 AFL 装置的误动；同时当基本级带 0.5s 延时后，对抑制频率下降很不利。目前这种闭锁方式一般不用于基本级，而用于整定时间较长的特殊级。

2) 欠电压带时限闭锁。该闭锁方式是利用电源断开后电压迅速下降来实现的。由于电动机电压衰减较慢，因此必须带有一定的时限才能防止误动。特别是在受端接有小电厂或同步调相机以及容性负载比较大的降压变电站时，很容易产生误动。另外，采用欠电压闭锁也不能有效地防止系统振荡过程中频率变化而引起的误动。

3) 欠电流闭锁方式。该闭锁方式是利用电源断开后电流减小的规律来实现的。该方式的主要缺点是电流定值不易整定，某些情况下易出现拒动的情况，同时，当系统发生振荡时，也容易发生误动。目前这种方式一般只限于电源进线单一、负荷变动不大的变电站。

4) 滑差闭锁方式。滑差闭锁方式亦称频率变化率闭锁方式。该方式利用从闭锁级频率下降至动作级频率的变化速度（$\Delta f/\Delta t$）是否超过某一数值，来判断是系统功率缺额引起的频率下降还是电动机反馈作用引起的频率下降，从而决定是否进行闭锁。为躲过短路的影响，也需带有一定延时。目前这种闭锁方式在实际中被广泛应用。

四、低频减负荷逻辑

低频减负荷的动作逻辑框图如图 4-22 所示。由图可见，满足下列任一情况时低频减负荷需闭锁：

1) 电压互感器二次回路断线（断线时可能测不到真实系统频率）。

2) 保护安装处的正序电压 U_1 低于闭锁值。

3) 保护安装处的负序电压 $U_2 > 5V$（说明是短路故障）。

4) 该线路三相电流均小于 0.1 倍额定电流（说明该线路负荷较小，即使全部切除对系统频率回升也无多大作用）。

5) 系统频率低于 45Hz。

6) 频率滑差 $|\mathrm{d}f/\mathrm{d}t|$ 大于闭锁值。频率滑差元件动作后进行自保持，直到频率恢复到低频减负荷整定频率以上后复归。

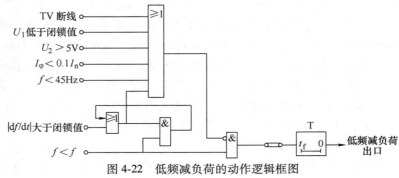

图 4-22　低频减负荷的动作逻辑框图

对低频减负荷的有关闭锁条件说明如下：

1）低频减负荷的滑差闭锁。频率滑差闭锁是检测系统频率下降速度大小而构成的一种闭锁方式，可提高低频减负荷工作的可靠性。当系统发生故障时，频率快速下降，滑差较大（频率变化率），此时闭锁低频减负荷。当系统有功功率不足，频率缓慢下降，滑差较小时，开放低频减负荷。一般取 $|\mathrm{d}f/\mathrm{d}t|$ 值大于 3Hz/s。

2）低频减负荷设置低电流闭锁。当负荷电流小于欠电流定值时，可以认为该线路处于"休眠状态"，此时闭锁低频减负荷。欠电流定值按躲过最小负荷电流整定。

3）欠电压闭锁。在线路重合闸期间，负荷与电源短时解列，负荷中的异步电动机、同步电动机、调相机会产生较低频率的电压。因此，电源中断后，各母线电压（正序电压）逐渐衰减、频率逐渐衰减。由于频率降低，容易导致低频减负荷动作，将负荷切去，而当自动重合闸动作或备用电源自动投入恢复供电时，这部分负荷已被切去。欠电压闭锁可防止这种低频减负荷的误动作。当供电中断，频率下降到 f_{set} 时，时间元件 T 起动；在时间元件 T 动作前，各母线电压已降低到欠电压闭锁值，时间元件立即返回，防止了误动。一般情况下，欠电压元件（正序电压元件）的动作电压取 0.65~0.7 倍额定电压，时间元件 T 的延时取 0.5s。

应当指出，欠电流闭锁（$I<0.1I_{\mathrm{n}}$）也能起到防止上述误动的作用。但是，当母线上有多条供电线路时，可能会因反馈电流而使闭锁失效。

五、低压减负荷逻辑

有时电力系统会同时出现有功功率和无功功率缺额的情况。无功功率缺额会带来电压的降低，从而导致总有功功率负荷降低，这样系统频率可能降低很少或不降低。在这种情况下，借助低频减负荷来保证系统稳定运行是不够的，这时还需装设低压减负荷装置。

低压减负荷的动作逻辑框图如图 4-23 所示。满足下列任一情况时低压减负荷需闭锁：

1）电压互感器二次回路断线。

2）保护安装处负序电压 $U_2>5\mathrm{V}$。

3）该线路三相电流均小于 0.1 倍额定电流。

4）任意一相的相电压小于 12V（20%）。

5）电压变化率 $|\mathrm{d}f/\mathrm{d}t|$ 大于闭锁电压变化率。

电压变化率元件动作后进行自保持，直到电压恢复到低压减负荷整定电压以上后复归。

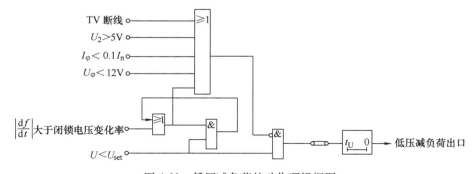

图 4-23　低压减负荷的动作逻辑框图

低压减负荷设有滑压闭锁，用以区分系统电压下降的原因。当系统发生故障时，电压快速下降，滑压 dU/dt 较大，此时闭锁低压减载；当系统无功功率不足时，电压缓慢下降，dU/dt 较小，此时开放低压减负荷。一般情况下，闭锁电压变化率（相电压）可取 $(20\sim30)\%V/s$。

第四节　中性点非直接接地系统接地选线

中性点不接地或者经消弧线圈接地的系统也称中性点非有效接地系统或小电流接地系统，在我国 10~35kV 配电网中，普遍采用这种中性点非有效接地方式。电容电流比较小的网络采用中性点不接地方式，当单相接地故障电流超过规定时采用消弧线圈接地（也称谐振接地）方式。而消弧线圈自动调谐装置的应用能自动跟踪电网电容电流的变化，使接地点残余电流尽可能小，使故障电弧自动熄灭的可能性也大为提高。

中性点非有效接地电网发生单相接地故障时，不影响对负荷的供电，一般情况下，允许继续运行 1~2h。但电网带接地点长期运行时，接地电弧以及在非故障相产生的过电压，可能会烧坏电气设备或造成绝缘薄弱点击穿，引起短路，导致跳闸停电。因此，非有效接地电网应装设反应单相接地的保护装置，其功能是选择出接地故障线路并发出指示信号，称为小电流接地选线。根据继电保护的基本定义，小电流接地选线实际也是保护的一种形式，在发生小电流接地故障后，选出故障线路并动作于信号，以便运行人员及时采取措施消除故障。

一、小电流接地故障保护技术开发遇到的困难

由于配电网电压等级较低，导线间及导线对大地的距离近，配电线路单相接地故障时有发生。当其发生单相接地故障时，由于接地电流小，故障特征不够明显，接地检测困难。迄今为止，没有一个适合于该中性点接地方式的理想的接地保护。尽管只需要它给出接地告警信号而不需要跳闸。

小电流接地故障产生的过电压容易导致非故障相绝缘击穿，引发两相接地短路故障。如果电缆线路发生接地故障，长时间的接地弧光电流也可能烧穿故障点绝缘，使其发展为相间短路故障。因此，配电网长时间带接地故障运行，有可能使故障范围和严重程度扩大，造成重大经济损失。实际小电流接地故障中还有一部分是由导线坠地引起的，坠地的导线长期带电运行，容易造成人身与牲畜触电事故，产生恶劣的社会影响。

小电流接地故障的选线以及定位问题一直没有得到很好的解决。现场运行人员过去往往借助人工试拉路的方法选择故障线路，这样将导致非故障线路出现不必要的短时停电，给数字化设备、大型联合生产线等敏感负荷带来影响，造成生产线停顿、设备损坏、产品报废、数据丢失等严重事故。

确认接地故障发生并判断发生单相接地故障的线路属于配电线路单相接地选线问题，它和第二章第四节介绍的接地保护有些区别。

1）接地选线专门解决配电线路的单相接地问题，这里的配电线路既包括一般意义的中性点非有效接地系统，也包括发生了高阻接地故障的中性点经小电阻接地系统（有效接地系统）。

2）习惯上的保护概念是针对被保护元件的，使用的电气量也是被保护元件的电气量，

而"选线"术语本身就有从多于一条配电线路中选择出接地线路的问题，就要使用多于一条配电线路的电气量。因此，对于配电线路单相接地故障这个特殊问题，选线是一个扩大了的保护概念。这也导致它有更多、更灵活的构成和实现方案。

小电流接地故障选线，特别是经消弧线圈接地配电网的选线问题，长期以来被业界认为是一个世界性的难题。人们先后开发了多种保护方法，但实际运行效果都不是很理想。之所以出现这种局面，客观上讲，小电流接地故障保护确实需要解决一些不同于大电流短路故障保护的特殊困难，保护技术开发将遇到如下问题：

1）接地电流小。根据第二章第四节的介绍，10kV 中压配电网电容电流大于 10A 时采用经消弧线圈接地方式，补偿后的残余接地电流小于 10A，因此，实际的小电流接地故障的接地电流一般只有数安，其中的谐波分量和有功分量更小，不到 10%。接地电流小，导致故障量不突出，保护灵敏度低，保护动作的可靠性没有保证。此外，消弧线圈除使接地电流降至数安外，还可能使故障线路的零序电流极性（方向）与非故障线路相同，幅值小于非故障线路，使其失去了可以用来实现保护的信号特征。

2）间歇性故障多。由于接地电流小，接地电弧易于熄灭和重燃，相当比例的接地故障是间歇性弧光接地，间歇性电弧使得接地电流不稳定，给利用稳态电气量的检测方法如工频零序电流法、零序功率方向法、中电阻法、小扰动法以及注入信号法等带来困难。

3）高阻故障多。配电网接地故障中高阻（大于 1kΩ）故障的比例在 2%～5% 之间。对于 10kV 配电网来说，不管中性点采用什么接地方式，高阻接地电流只有数安，而常规的接地保护装置难以做到这么高的灵敏度。

4）零序电流与电压的测量问题。因为小电流接地故障产生的接地电流比较小，而配电线路上的负荷电流比较大，从相电流中提取故障分量很困难。当接地电阻比较大时，接地故障产生相电压变化比较小，也是难以将其与相电压中的负荷分量予以区分，因此，需要直接利用零序电流与电压信号进行选线定位，以提高保护的灵敏度与可靠性。

当接地电流幅值比较小时，采用常规的零序电流互感器测量到的接地电流的幅值与相位均存在较大误差，影响保护正确动作。利用三相电流互感器输出合成的方法获取零序电流时，将产生不平衡电流，使上述问题更加突出。一些老式变电站的开关柜不采用电缆进线，无法安装零序电流互感器，而且往往只安装两相电流互感器，无法获得零序电流信号，给实现接地保护带来了困难。

为了避免系统中有多个中性点接地点与降低成本，在线路上往往不安装测量零序电压的互感器，因此无法采用那些需要利用零序电压信号的保护技术。

根据第二章第四节介绍的原理，以往在现场安装的小电流接地故障选线装置多采用比较工频零序电流幅值和方向的方法选择故障线路。对于中性点不接地的配电网来说，这些方法从原理上讲是可靠的，在解决好零序电流的精确测量、装置的管理维护问题的情况下，能够满足现场应用要求。

在经消弧线圈接地的配电网中，消弧线圈的补偿电流可能使故障线路的零序电流小于非故障线路，其方向也可能与非故障线路相同，因此，比较工频零序电流幅值或方向的方法不再有效。为克服消弧线圈的影响，开发了利用零序电流中谐波分量或有功分量的选线方法，但也因故障量小、不突出的问题，实际应用效果不理想。

按照所利用的电气量的不同，可以将选线方法分为利用稳态电气量（简称稳态量）和利用暂态电气量（简称暂态量）两类。

二、利用稳态量的小电流接地故障选线方法

稳态量选线方法是建立在接地电弧稳定或者说接地电阻是固定值的前提下的。而实际接地故障中有一定比例的间歇性接地故障，这些故障没有稳定的接地电弧，接地电流严重畸变，影响稳态量选线方法的可靠性。稳态量选线方法中，利用故障产生的工频或谐波信号的选线方法属于被动式稳态量方法，而利用其他设备附加工频或谐波信号的选线技术属于主动式稳态量方法。

（一）被动式稳态量选线法

被动式稳态量选线法主要有用于中性点不接地配电网的零序电流群体比幅比相选线与零序无功功率方向选线的方法，以及用于经消弧线圈接地配电网的零序有功功率选线与谐波电流选线的方法。

1. 零序电流群体比幅比相选线

如第二章第四节所述，中性点不接地系统发生单相接地故障时，非故障元件有零序电流流过，其数值等于本身的对地电容电流，而流经故障线路的零序电流为全系统非故障元件对地电容电流之和；流经非故障线路和故障线路的零序电流是反方向的。这构成了群体比幅比相原理的基础，基于群体比幅比相原理的接地选线方法如下：

1）检测零序电压，如果超过整定值，则判为发生了接地故障。

2）计算发生了接地故障母线上各条线路的零序电流幅值，选出其中最大的 3 个。

3）比较这 3 个电流的相位，相位相同者是非故障线路，剩余的是接地故障线路；若三者相位均相同，则判为母线接地故障。

该方法利用出线零序电流幅值的相对关系，不需要设置整定值或门槛值，但需要安装专用的选线装置采集所有出线零序电流信号，可有效提高选线可靠性和适应性，在现场获得了广泛应用。

对于中性点经消弧线圈接地系统，由于消弧线圈的完全补偿或者过补偿作用，故障线路和非故障线路的零序电流是相等或者接近相等的，电流方向是相同的。因此，基于稳态工频电流的群体比幅比相原理失效。

2. 零序无功功率方向选线

根据第二章第四节的分析，在中性点不接地配电网中，忽略系统对地电导电流的影响，可通过比较出线的零序电流与零序电压之间的相位关系检测零序无功功率的方向。如果某线路的零序电流相位滞后零序电压 90°（零序无功功率从线路流向母线），将其选为故障线路；否则，零序电流相位超前零序电压 90°（零序无功功率从母线流向线路），将其选为非故障线路。

零序无功功率方向选线法不需要采集其他线路的信号，可以集成到出线的相间短路保护装置中实现。就选线效果而言，与群体比幅比相选线法相比并未有明显的改进，特别是如果不进行零序电流幅值的筛选就计算其功率方向，易受干扰信号影响而误选。

与零序电流法类似，零序无功功率方向选线法同样不适用于经消弧线圈接地的配电网。对于间歇性接地故障，接地电流存在严重的畸变现象，计算出的工频零序电流可能有较大的误差，影响保护正确性。

3. 零序有功功率选线

在经消弧线圈接地配电网中，消弧线圈一般运行在过补偿状态下，故障线路零序电流中的无功分量可能与非故障线路相同，因此，无法利用常规的检测零序无功功率方向的方法进行故障选线。计及实际的配电线路存在对地电导，消弧线圈自身存在有功损耗，因此，接地故障产生的零序电流中存在有功分量。图 4-24a 给出了考虑对地电导影响的经消弧线圈接地配电网的零序等效网络，可以看出，故障线路 I 中零序电流中的有功分量从线路流向母线，非故障线路 II 和 III 中零序电流的有功分量从母线流向线路。因此，可以通过检测零序有功功率的方向实现故障选线。

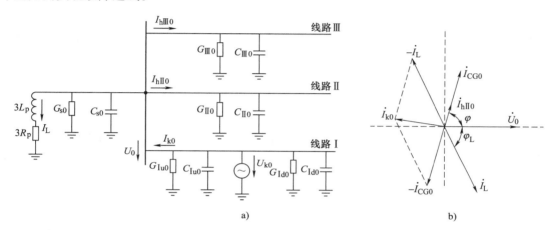

图 4-24 经消弧线圈接地配电网中零序电流与电压的相位关系
a）零序等效网络 b）零序电流与电压的相位关系

实际选线装置中，具体检测零序有功功率方向的方法有两种：一种是直接计算有功功率，另外一种是比较零序电流和零序电压的相位关系。

直接计算有功功率法是利用实时零序电流与零序电压信号计算有功功率，根据有功功率的符号检测零序有功功率的方向。如果线路的零序有功功率符号为负，表明零序有功功率从线路流向母线，则将该线路选为故障线路；如果线路的零序有功功率符号为正，表明零序有功功率从母线流向线路，则将该线路选为非故障线路。为提高选线可靠性，一般是把一段时间（如 1s）内的零序有功功率进行积分，根据积分的结果，即能量值，判断有功功率的符号，因此，又将这种方法称为能量法。

实际经消弧线圈接地配电网中，零序电流中的有功分量比例不到 10%，考虑互感器的变换误差、选线装置的模拟信号处理误差以及 AD 转换与计算误差后，很难准确地从零序电流中提取出有功分量来，因此，零序有功功率法的选线可靠性得不到保障。

相位比较法是通过比较零序电流与零序电压的相位关系来检测零序有功功率的方向。

由图 4-24a 所示经消弧线圈接地的配电网零序等效网络可知，非故障线路的零序电流相位超前零序电压，相位差等于线路上导纳的角度 φ，实际配电线路导纳角不超过 85°，因此，非故障线路零序电流超前零序电压 85°~90°。以非故障线路 II 为例，其零序电流与母线零序电压之间的相位关系如图 4-24b 所示。

对于经消弧线圈接地配电网中的故障线路来说，零序电流与零序电压的关系要复杂一些。根据图 4-24a 所示的零序等效网络，令系统中除故障线路外的零序电容电流与电导电流总和为 I_{CG0}，零序电流 I_{k0} 则等于消弧线圈电流 I_L 与 I_{CG0} 之和，即

$$\dot{I}_{k0} = -(\dot{I}_L + \dot{I}_{CG0}) \tag{4-5}$$

I_L 相位滞后于零序电压 U_0，相位差等于消弧线圈的阻抗角 φ_L，φ_L 在 85°～90° 之间。为便于分析，认为所有线路和母线的对地阻抗角相同，零序电流 I_0 超前零序电压 U_0 的角度 φ 与消弧线圈的阻抗角 φ_L 相等。消弧线圈一般运行在过补偿状态，I_L 的幅值大于系统总的电容电流，显然也大于 I_{CG0}。通过上面分析可知：①非故障线路零序电流的有功分量为正值，零序电流超前零序电压的角度等于线路的导纳角；②故障线路零序电流的有功分量为负值，零序电流与零序电压之间的相位差在（180°-φ）与（180°+φ）之间变化；③实际经消弧线圈接地配电网一般运行在过补偿状态中，非故障线路零序电流超前零序电压的角度约为 85°，故障线路零序电流超前零序电压的角度一般为 120°～160°。因此，通过检测零序电流与零序电压之间的相位差，可以识别出故障线路。

在经消弧线圈接地配电网中，尽管故障线路零序电流的相位与非故障线路有明确的差异，但差异的大小受消弧线圈补偿度的影响。在消弧线圈运行在过补偿状态时，故障线路的零序电流在第Ⅱ象限内，与非故障线路零序电流之间的相位差比较小，极端情况下，可能只有 30° 左右，考虑到实际存在的测量误差，是难以根据零序电流与零序电压的相位差可靠地选出故障线路的。

由于零序电流中有功分量比较小，不论是直接计算有功功率还是比较零序电流与电压的相位关系，故障选线的可靠性都没有保证。解决问题的途径是在消弧线圈上固定并联一个电阻，增大故障线路零序电流中的有功分量，使故障线路零序电流超前零序电压的角度接近 180°，扩大其与非故障线路零序电流之间的相位差，从而提高零序有功功率选线法的可靠性。也可在出现永久接地故障后在中性点上短时投入并联电阻，但这样需要一次设备动作的配合，属于主动式选线方法。

4. 谐波电流选线

在经消弧线圈接地方式推广应用的初期，为了解决工频零序电流方法不能适用的问题，曾提出利用故障电流中谐波分量的选线方法。

由于系统电源含有一定的谐波，特别是电力电子等非线性负荷的大量存在，正常运行时配电网中存在一定的谐波电压，以 5 次和 7 次谐波为主。但应注意的是，线路中谐波电压的分布并不均匀，且随着电源和负荷谐波源的幅值、相位关系而变化。

接地故障发生时，故障谐波电流的产生原理与故障工频电流相同，可利用叠加原理分析。即故障点在故障前的谐波电压可以等效为故障点的虚拟谐波源，从而在故障点和系统中产生故障谐波电流，谐波电流的大小与故障前故障点的谐波电压成正比。

根据消弧线圈的补偿特性，其对于 5 次、7 次谐波电流的补偿作用只分别相当于工频时的 1/25 与 1/49。忽略消弧线圈对谐波电流的补偿作用，可认为经消弧线圈接地配电网中谐波电流的分布规律与不接地配电网中工频零序电流相同，即故障线路谐波电流幅值最大，相位和非故障线路相反；故障线路中谐波电流由线路流向母线，而非故障线路中由母线流向线路。与利用工频零序电流的选线方法类似，可以利用各出线检测到的谐波电流，构造幅值比较、相位比较、群体比幅比相或者谐波电流方向等选线算法。具体实现时，可以利用单次谐波分量，为提高灵敏度也可以综合利用 5 次、7 次等多次谐波分量。

由于故障产生的谐波电流不仅取决于系统中有无谐波源及谐波源的大小、各谐波源间的相位关系，还取决于故障点相对于谐波源的位置，故障电流中的谐波分量幅值较小（一般小于工频电流的 10%）且不稳定，同时易受弧光接地和间歇性接地的影响，检测灵敏度低，实际应用效果也不理想，已被逐步放弃。

（二）主动式稳态量选线

由于故障线路零序电流小，且往往失去了其区别于非故障线路零序电流的特征，利用故障产生的稳态零序电流与零序电压的方法难以解决经消弧线圈接地配电网的故障选线问题，因此人们开发出了通过人为地改变中性点运行状态放大零序电流或向配电网注入特征信号的主动式选线方法。

主动式选线方法，是指利用专用一次设备或其他一次设备动作配合，改变配电网的运行状态从而产生较大的工频附加电流，或利用信号注入设备向配电网中注入特定的附加电流信号，通过检测这些附加电流来选择故障线路的方法。

主动式选线方法的原理如图 4-25 所示，图中，C_{I}、C_{II}、C_{III} 为故障线路和非故障线路对地分布电容；R_k 为故障点过渡电阻；$i_k(t)$ 为附加电流（信号源）；L_p 为消弧线圈电感；S 为消弧线圈投入开关。系统从功能上分为电流附加装置（称为信号源）和选线装置两部分。其故障选线的一般过程为：

1）选线装置或信号源监测母线零序电压，当零序电压幅值超越预设门槛且持续超过一定时间时，确认为永久接地故障，发出控制命令，给系统接入信号源，如投入并联的中电阻、改变消弧线圈运行状态或注入特征电流信号。

2）选线装置监测各出线电流信号，选择工频零序电流幅值增量最大或所注入的特征电流信号最大的线路为故障线路。

通过上述分析可知，在出线对地分布电容一定的前提下，故障点接地电阻是决定附加电流及其流向的主要因素。

1）金属性接地时。故障线路对地导纳近似为无限大，其他非故障线路对地导纳均为有限值。由于配电网对地导纳为无限大，附加电流达到最大值。同时，根据各线路对地导纳的相对关系，附加电流只流向故障线路，如图 4-25 中的实线箭头所示。故障线路中的附加电流此时能达到最大值，且远远大于非故障线路，选线可靠性较高。

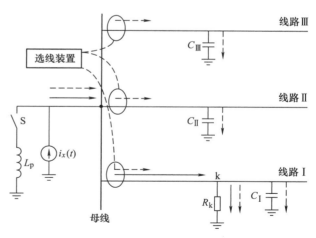

图 4-25　主动式选线方法的构成原理图

2）故障点存在较小的接地电阻时。故障线路对地导纳为有限值，但仍大于其他各非故障线路的导纳。相比于金属性接地，总的附加电流值已经减小，且根据各出线对地导纳关系，附加电流将同时流向所有出线，如图 4-25 中的虚线箭头所示，只是故障线路中的附加电流仍然相对最大。此时，故障线路附加电流的幅值大幅减小、与非故障线路幅值之间的差距变小，考虑到电流测量误差等因素，选线可靠性将明显降低。

3）故障点存在较大的接地电阻时。故障线路对地导纳已经小于部分非故障线路，从而使分流到这些非故障线路中的附加电流大于故障线路，此时利用单一频率附加电流的选线方法将会误选。由于总的附加电流已经很小，利用双频信号等选线方法的改进效果也不会很明显。

主动式选线方法的基本原理均相同，区别主要在于产生附加电流的方式不同，附加电流的频率、幅值等不同。附加电流的幅值越大、频率越低，故障点存在过渡电阻时的检测可靠性就越高。主动式选线的具体实现方法有：

1. 中电阻法

中电阻法是指在发生永久接地故障后，在配电网中性点和大地之间短时投入一个阻值适中的并联电阻，产生一个附加的工频零序电流，通流时间一般从数百毫秒到数秒，采用零序有功功率方向法或利用零序电流的变化实现故障选线。

中电阻法具有简单可靠、易于实现的优点，但需要安装电阻投切设备；并联电阻使接地电流增大，也容易使事故扩大。

2. 消弧线圈扰动法

在经消弧线圈接地配电网中，自动调谐消弧线圈已逐步取代了传统的手动调谐消弧线圈，故障时通过消弧线圈装置的动作可以向系统附加一定幅值的工频零序电流。

采用随调控制方式的消弧线圈可以在正常运行时远离谐振点，故障时迅速调整到最佳补偿位置。在消弧线圈调整前后，事实上配电网分别处于不接地和经消弧线圈接地两种状态。对于金属性接地故障，调整前后非故障线路零序电流不会发生变化，只有故障线路从感性零序电流减小为幅值较小的容性零序电流；当故障点存在过渡电阻时，消弧线圈调整前后零序电压将增大，非故障线路零序电流也随之增大，而故障线路零序电流仍然减小。因此，利用消弧线圈调整前后零序电流的变化，可以实现故障选线。

采用预调谐控制方式的消弧线圈，在正常运行时需要连接阻尼电阻以限制系统谐振，故障时为防止电阻损坏须立即切除。在阻尼电阻切除前后，消弧线圈的补偿电流将发生一定变化，相当于给系统产生了一个数安的附加电流。

上述利用消弧线圈调谐改变故障点残余电流（简称残流）实现选线的方法，又称为残流增量法。目前，大多数自动调谐的消弧线圈均具有该功能。根据消弧线圈调谐方式的不同，残流改变的时间一般在数秒到数分钟不等。

小扰动法是残流增量的一种特殊形式。对于电子控制式消弧线圈，利用电力电子元件动作速度快的特点实现持续时间很短的残流变化（一般为数个工频周期），以尽量减小残流增加对系统的影响。相比于普通的残流增量方法，小扰动法可利用特殊的动态调整和多次校核（重复选线）等措施提高选线可靠性。

本质上，消弧线圈扰动法与中电阻法用的选线原理是一致的，区别主要在于中电阻法产生的附加电流比较大，在某种意义上已经改变了中性点的接地方式。由于附加电流大，中电阻法的可靠性和灵敏度显然要好一些。

3. 信号注入法

信号注入法利用专用的信号发生设备，通过故障时处于"闲置"状态的故障相配电变压器或消弧线圈二次绕组，向配电网反向耦合一个特定的电流信号。附加信号的能量较小，电流幅值一般在数百毫安到数安之间。

根据注入信号的特征可分为注入异频电流和注入工频电流的方法。注入异频电流的方法将注入信号的频率选在各次谐波之间（如220Hz），以避开工频及谐波信号干扰。而注入工频电流的方法，则通过时序上的变化（如以1s为周期通断等）与故障自身的工频电流予以区分。目前生产的采用注入信号法的选线装置主要是注入间谐波（220Hz）信号。

也可以向配电网注入两种不同频率的非工频电流信号，利用非故障线路对地分布电容在两种频率下导纳与频率成正比，而故障线路因含有过渡电阻故在两种频率下导纳与频率不成正比的特征，通过对比各条出线中这两种频率电流的幅值或相位来判别故障线路。相比于附加单一的频率信号，注入变频信号能够在故障点存在过渡电阻时适度提高检测灵敏度，但检测可靠性仍然受附加电流幅值、电流检测误差等因素的影响，而且在故障电阻比较大（数百欧）时难以可靠地选线。

相比于利用故障稳态量的选线方法，主动式方法在选线效果上有了很大的提高，能够满足现场应用需求，但存在安全性差、成本高等问题，有待于进一步研究改进。

主动式选线方法的成功率，取决于附加电流的幅值及其与故障工频电流的特征差异。附加电流的幅值越大，成功率越高；附加电流与工频的特征（如频率、幅值变化等）差异越明显，成功率越高。

主动式选线方法不适用于存在不稳定电弧和间歇性电弧的故障。故障点弧光电阻的变化使得附加电流产生波动，故障点不断地恢复、击穿会使得附加电流时断时续，影响选线的可靠性。此外，还不能检测瞬时性接地故障，无法通过记录瞬时性故障实现配电网绝缘状态的在线监测。对于持续时间很短（如数个工频周期）的故障，选线装置来不及响应。有些装置为了避免频繁动作（如避免中电阻频繁投切），人为设置了比较长的等待时间（如2s），当故障持续时间小于等待时间时不予选线。

信号注入法和中电阻法既可适用于经消弧线圈接地配电网，也可适用于不接地配电网，消弧线圈扰动法显然不适用于不接地配电网。另外，在同一配电网内，不宜有多个信号源同时产生附加电流，因此主动式方法主要应用在变电站内。

中电阻法需附加二次设备，消弧线圈扰动法需要一次设备动作配合，存在较大的安全隐患，例如投入的中电阻不能及时切除将被烧毁。中电阻与消弧线圈扰动法导致故障点的电流增大，最大可达数十安，背离了减小故障电流以利于自动熄弧的初衷；加大了故障点的破坏程度，特别是在电缆线路中，可能引发相间短路故障。

三、利用暂态量的小电流接地故障选线方法

由第二章第四节可知，小电流接地故障产生的暂态零序电流幅值远大于稳态零序电流值（可达稳态电流幅值的十几倍），而且不受消弧线圈的影响。因此，利用暂态量进行故障选线，可以克服消弧线圈的影响，提高选线的灵敏度与可靠性。计算机与微电子技术的发展，为开发新的暂态选线技术创造了条件，进入21世纪，暂态量选线技术的研究取得了突破，开发出了基于首半波法、暂态方向法、暂态零序电流群体比较法、暂态库伦法、暂态行波法等原理的选线技术，使暂态选线技术达到了实用化水平，以下做简要介绍。

1. 首半波选线

采用首半波法进行故障选线的依据为：在第一个暂态半波内，暂态零序电压与故障线路

的零序电流极性相反，而与非故障线路的暂态零序电流极性相同。图 4-26a 给出了一个暂态零序电压和故障线路暂态零序电流波形，从中可以看出，暂态零序电流是按指数衰减的交流分量，持续若干个暂态周期；在暂态过程的第一个半波时间（首半波）T_b 内，暂态零序电压 $U_0(t)$ 和故障线路的暂态零序电流 $i_{k0}(t)$ 极性相反。

但是，在首半波后的暂态过程中，暂态零序电压与故障线路暂态零序电流的极性关系会出现变化，即首半波原理利用第一个 1/2 暂态周期（即只能利用 T_b 时间）内的信号，后续的暂态信号可能起相反的作用而导致误选。即使是滤除了工频分量和高频分量后的暂态电压电流信号，其在暂态过程中的极性关系也是交替变化的，如图 4-26b 所示。实际配电网中，接地故障暂态信号的频率较高，且受系统结构和参数、故障点位置、过渡电阻等因素的影响，暂态频率在一定范围内变化，使得首半波极性关系成立的时间非常短（如 1ms 以内），而且不确定，给实现接地保护带来了困难。

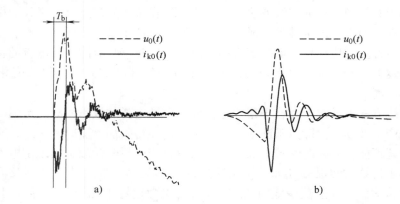

图 4-26　暂态零序电压与故障线路暂态零序电流波形
a）电压与电流原始信号　b）滤波后的暂态电压与暂态电流

2. 暂态方向选线

根据第二章第四节的分析，中性点不接地配电网小电流接地故障暂态零序电流的方向特征为：故障线路的暂态零序电流由线路流向母线，而非故障线路的暂态零序电流方向与此相反，由母线流向线路。因此，通过检测暂态零序电流的方向可以鉴别出故障线路来。

实际小电流接地故障的暂态量包含从直流到数千赫的频率分量。根据电工理论，零序网络中的非故障线路是一个末端开路的传输线，由母线看进去的输入阻抗随信号频率变化，在频率小于其第一次串联谐振频率 f_1 时，阻抗角接近 90°，线路呈容性，可以用一个电容来等效；而在频率大于 f_1 后的一段频率范围内，阻抗角接近 90°，线路呈感性，则不能用一个电容来等效。因此，实际利用的暂态量的频率应该低于 f_1，以保证所有非故障线路都可以用一个电容来等效，否则，非故障线路一部分呈容性，一部分呈感性，难以确定零序电流的分布规律，找不出故障线路暂态零序电流区别于非故障线路的特征。实际配电网中，配电线路的第一次串联谐振频率 $f_1 > 2\text{kHz}$，对频率在 2kHz 以下的暂态量来说，所有非故障线路都可以近似地用一个电容来等效。

在经消弧线圈接地配电网中，消弧线圈的存在会改变暂态零序电流的分布特征。对于频率小于消弧线圈调谐频率的暂态分量来说，消弧线圈提供的感性电流大于容性电流，会导致故障线路暂态零序电流幅值小于非故障线路，而且方向（相位）也与非故障线路相同，使其失去可用来进行故障选线的特征。理论分析表明，在暂态分量频率大于 2 次谐波（100Hz）时，即可忽略消弧线圈的影响。因此，在应用暂态方向法进行故障选线前，需要对暂态量进行滤波处理，提取出一选定的频带（Selected Frequency Band，SFB）内的暂态量（称为 SFB 分量）。对于 SFB 分量来说，不论是中性点不接地还是经消弧线圈接地的配电网，都可以用相同的零序等效网络来分析暂态零序电流的分布特征，故障线路暂态零序电流幅值最大且方向与非故障线路相反的结论是严格成立的。因此，利用暂态零序电流 SFB 分量的方向或幅值特征进行故障选线，其判据也是严格成立的，不用再担心"不正确分量"的干扰。实际应用中，SFB 上限可选为 2kHz；在经消弧线圈接地配电网中，SFB 下限选为 100Hz，而对于中性点不接地配电网，下限就是直流分量。

实际接地故障暂态信号的主频率在 300~1000Hz 之间，位于 SFB 范围内，利用 SFB 分量选线能够充分利用暂态信号的能量，保障选线的灵敏度与可靠性。理论分析与实测结果表明，对于 2kHz 以下信号，常规的电压与电流互感器有较好的传变特性，能够满足暂态选线定位的要求。

对于工频分量，一般是通过比较电压与电流的相位关系来检测电流的方向。而小电流接地故障暂态电压与电流量包含了较大范围内的连续频谱信号，无法用传统办法判断电流方向，可采用以下两种方法检测暂态零序电流的方向。

（1）暂态零序电流极性法

以暂态零序电压的导数 $\dfrac{\mathrm{d}u_0(t)}{\mathrm{d}t}$ 为参考，检测暂态零序电流的极性就能判断出暂态零序电流的方向，实现故障选线，即故障线路上暂态零序电流与零序电压的导数始终反极性，非故障线路暂态零序电流与零序电压的导数始终同极性。

对图 4-26b 中的暂态零序电压求导，其与故障线路的暂态零序电流间的极性关系如图 4-27 所示，可见两个波形始终反极性，避免了电流与电压极性关系在第一个半波后就变为相同的情况，因此，比较暂态零序电流与零序电压的导数可以克服首半波法选线原理只在首半波内有效的缺陷。

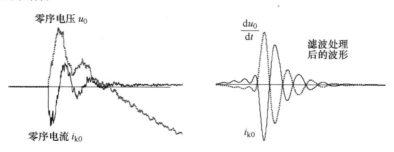

图 4-27　暂态零序电压导数与故障线路暂态零序电流的极性关系

定义出线 m 的暂态零序电流 $i_{m0}(t)$ 与零序电压 $u_0(t)$ 的方向系数为

$$D_{\mathrm{m}} = \frac{1}{T}\int_0^T i_{\mathrm{m0}}(t)\,\mathrm{d}u_0(t) \tag{4-6}$$

式中　T——暂态过程持续时间。

如果 $D_m > 0$，则 $\dfrac{\mathrm{d}u_0(t)}{\mathrm{d}t}$ 与 $i_{m0}(t)$ 同极性，判断为非故障线路；如果 $D_m < 0$，则 $\dfrac{\mathrm{d}u_0(t)}{\mathrm{d}t}$ 与 $i_{m0}(t)$ 反极性，判断为故障线路。

暂态零序电流极性法解决了首半波法仅能利用首半波信号的问题，具有更高的灵敏度与可靠性。它仅利用母线零序电压与本线路的零序电流信号，不需要其他线路的零序电流信号，具备自举性，可以将其集成到配电线路短路保护装置中，也可以用于配电网自动化系统终端中，实现小电流接地故障的方向指示和故障区段定位。

（2）暂态无功功率方向法

定义出线 m 的暂态无功功率为暂态零序电压 $u_0(t)$ 的 Hilbert（希尔伯特）变换 $\hat{u}_0(t)$ 与其暂态零序电流 $i_{m0}(t)$ 的平均功率

$$Q_m = \frac{1}{T}\int_0^T i_{m0}(t)\hat{u}_0(t)\,\mathrm{d}t = \frac{1}{\pi T}\int_0^T i_{m0}(t)\int_{-\infty}^t \frac{u_0(\tau)}{t-\tau}\mathrm{d}\tau\mathrm{d}t \tag{4-7}$$

如果 $Q_m > 0$，则暂态无功功率流向线路，判断为非故障线路；如果 $Q_m < 0$，则暂态无功功率流向母线，判断为故障线路。

Hilbert 变换是一种数字滤波处理方法，它可以将信号中所有频率分量的相位移动一个固定的相位。暂态无功功率方向法与暂态量极性比较法的选线效果相同。区别仅在于，通过 Hilbert 变换将暂态零序电压的所有频率分量均相移 90°后，再与暂态零序电流计算功率，使量值 Q_m 有了明确的物理含义。

（3）暂态零序电流群体幅值比较法

对于暂态零序电流 SFB 分量来说，故障线路的暂态零序电流幅值最大，且极性与非故障线路相反，通过比较各出线暂态零序电流的幅值和极性关系可以选择故障线路。非故障线路出口暂态零序电流为本线路对地分布电容电流，而故障线路出口暂态零序电流为其背后所有非故障线路暂态零序电流之和，即一般而言故障线路暂态零序电流幅值大于所有非故障线路，可以通过比较变电站所有出线的暂态零序电流幅值选择故障线路，称为暂态零序电流群体幅值比较法。

（4）暂态零序电流群体极性比较法

故障产生的暂态零序电流从故障点经故障线路流到母线，再分配到各条非故障线路，因此故障线路与各非故障线路的暂态零序电流极性相反。可以通过比较变电站出线的暂态零序电流极性选择故障线路，称为暂态零序电流群体极性比较法。

暂态零序电流群体极性比较法比较变电站母线各出线的暂态零序电流的极性：如果某一线路和其他所有线路反极性，则该出线为故障线路；如果所有线路都同极性，则为母线接地故障。具体实现时，可选用某一线路（如暂态零序电流幅值最大的线路）作为参考线路，其他所有线路依次与参考线路比较暂态零序电流极性，如果参考线路只和某一条线路反极性，则该出线为故障线路；如果和其他所有出线都反极性，则参考线路为故障线路；如果和其他所有出线都同极性，则为母线故障。

（5）暂态综合选线法

借鉴工频电流选线方法中的群体比幅比相思路，构造暂态电流的综合比较选线方法。即先比较所有出线的暂态零序电流幅值大小，选择幅值较大的（至少 3 条）线路，再比较其暂态零序电流极性确定故障线路。

在系统仅有两条出线或仅有两条出线的暂态电流幅值较大的条件下，暂态零序电流比较的方法将不能适用，可以应用暂态零序电流（功率）方向法选择故障线路。为了提高可靠性，在计算方向前同样应先进行暂态电压电流的幅值筛选。

3. 暂态行波法

在配电线路上发生接地故障最初的一段时间（微秒级）内，故障点虚拟电源首先产生的是形状近似如阶跃信号的电流行波，初始电流行波向线路两侧传播，遇到阻抗不连续点（如架空电缆连接点、分支线路、母线等）将产生折射和反射；初始电流行波和后续行波经过若干次的折反射形成了暂态电流信号（毫秒级），并最终形成工频稳态电流信号（周波级）。

在母线处，故障线路电流行波为沿故障线路来的电流入射行波与其在母线上反射行波的叠加，非故障线路电流行波为故障线路电流入射行波在母线处的透射波。对于含有 3 条及以上出线的母线，故障线路电流行波幅值均大于非故障线路，极性与非故障线路相反。因此，与工频电流和暂态电流选线方法类似，可利用电流行波构造幅值比较、极性比较、群体比幅比相以及行波方向等选线算法。

故障产生的电流行波和暂态电流在系统内的分布规律相似，利用其实现选线的判据也相似，区别主要在于两种方法利用了故障信号的不同分量，其技术性能也有所不同。由于暂态电流幅值（可达数百安）远大于初始电流行波（数十安），暂态电流的持续时间（毫秒级）大于初始行波（微秒级），从利用信号的幅值与持续时间来看，暂态选线方法所利用的信号能量均远大于行波选线方法。

4. 对暂态选线方法的评价

暂态选线方法主要有以下技术特点：

1）选线成功率高。小电流接地故障的暂态电流幅值大，可达系统稳态对地电容电流的十几倍；在出现间歇性接地时，暂态过程持续时间更长，暂态量更丰富，因此，利用暂态量选线灵敏度高、成功率高。

暂态零序电流的幅值与故障初始电压相位有关，初始电压相位为 90° 时最大，过零故障时最小。实际接地故障几乎都是对地绝缘击穿造成的，在故障前接地点总是要有一定的电压值，根据第二章第四节的介绍，实际系统中不到 1% 的故障的初始电压相位（绝对值）在 10% 以下，因此，小电流接地故障的暂态零序电流幅值总是比较大的。理论分析表明，即使出现电压相角过零的接地故障，暂态零序电流的幅值也与系统的稳态对地电容电流相当，仍然能够保证故障选线的灵敏度。

2）适应性广。小电流接地故障的暂态零序电流不受消弧线圈影响，适用于不接地、经消弧线圈接地和高阻接地系统；可适用于架空线路或电缆线路，也可适用电缆架空混合线路；零序电流可通过零序电流互感器获得，也可通过三相零序电流互感器的输出合成。无论故障持续时间长短，只要存在暂态过程即可选线，即对永久接地故障和瞬时性接地故障均能可靠选线。

3）安全性高。不需要附加其他高压一次设备，也不需要其他一次设备配合，对一次系统无任何影响。施工便利，可不停电安装及维护。

4）不足之处。相对于稳态量选线法，暂态选线法要复杂一些，对选线装置的数据采集与处理能力要求较高。

暂态方向选线技术已经成为经消弧线圈接地系统中最具发展潜力的方法。相比于主动式选线方法，其在高选线成功率的基础上保留了传统被动式选线技术的优点，实现了安全性、适应性等性能的有效结合。

另外，利用暂态信号还可以实现瞬时性接地故障的监测，用于配电网绝缘状态监测。统计结果表明，中性点非有效接地配电网中的单相接地故障大多数是瞬时性的，接地处的电弧在持续一段时间后将自行熄灭。一般认为，瞬时性接地故障主要发生在架空线路上，而电缆线路的绝缘击穿是不可恢复的，即一旦发生接地故障，就会形成永久性接地电弧。实际上，由于接地电流比较小，在电缆线路（特别是接头）绝缘击穿的初始阶段，电弧很可能在电流过零时熄灭，使电缆线路绝缘恢复到正常运行状态，即电缆线路发生永久接地之前，也会出现瞬时性接地现象。

而在瞬时性接地故障中，相当一部分电网绝缘薄弱点在瞬间击穿，在电压等条件具备时还会再次击穿，直至造成永久性接地故障。如果能够捕捉、记录到瞬时性接地故障并给出告警信息，及早采取处理措施，就可防止由此造成的突然停电等恶性事故发生。瞬时性接地故障的持续时间从数毫秒到数秒不等。对于持续时间很短的瞬时性接地故障来说，常规的配电网绝缘监测装置，一般来不及动作并发出告警信息。利用暂态信号的小电流接地故障保护技术，能够可靠地记录瞬时性接地故障并指示出故障线路来，为实现配电网绝缘的在线监测创造了条件。

对电缆线路来说，如果出现瞬时性接地故障，则说明其绝缘一定存在严重缺陷，很容易演变成永久接地故障，因此，通过记录瞬时性接地故障预报电缆线路绝缘状态，比测量局部放电量、电缆绝缘层损耗角（$\tan\delta$）、直流电阻等其他电缆绝缘在线监测方法更为准确可靠。由于不需要注入直流或低频信号，该方法还有构成简单、安全性好的优点。

四、小电流接地故障定位

在小电流接地故障选线的基础上，小电流接地故障定位应能测量故障点的距离或检测出所处的区段，可以进一步缩短故障隔离或查找与修复时间，也是小电流接地故障保护技术研究和应用的重点。

小电流接地故障定位技术分为故障分段和故障测距技术。故障分段技术采用配电网自动化系统终端或故障指示器采集故障信号并上传至配电网自动化系统主站（或者专用的故障定位系统），由配电网自动化系统主站定位故障点所在的故障区段。故障测距技术由安装在变电站或线路末端的测距装置测量故障点到母线或线路末端的距离，目前研究开发的主要是利用行波信号的小电流接地故障测距技术。与故障选线方法类似，小电流接地故障分段（指示）方法主要也分为利用稳态量与利用暂态量两类。

本 章 小 结

本章主要介绍了输电线路自动重合闸、备用电源自动投入、自动低频及低压减负荷、中性点非直接接地系统接地选线。为了提高供电可靠性，输电线路装设自动重合闸装置，变电站配置备用电源自动切换装置；针对中性点非直接接地系统的故障接地选线问题，详细分析了利用稳态量和暂态量实现接地选线的基本原理方法及应用场合。

重合闸装置能够提高系统并列的稳定性，纠正断路器的误跳闸，但是也可能使电力系统又一次受到故障的冲击，使断路器的工作条件恶化。在 220kV 及以上电压等级的架空线路上，为了提高系统并列运行的稳定性，常采用单相重合闸或综合重合闸。双侧电源线路的重合闸必须考虑两侧断路器先后跳闸以及重合时两侧电源是否同步的问题。为了能尽量利用重合闸所提供的条件以加速切除故障，重合闸和保护之间需要配合，有重合闸前加速保护和后加速保护两种方式。由于后加速保护方式总是有选择地切除故障，因此在高压电网中获得广泛应用。

备用电源自动切换可以保证在工作电源故障情况下将用户切换到备用电源供电，是提高供电可靠性最简单、经济的方法。自动低频减负荷及低压减负荷是保证电网安全稳定的最后防线，当系统故障出现大量功率缺额的情况下，为确保整个电网不失去稳定性，自动低频减负荷是最有效的措施之一。

 # 复习思考题

1. 什么是自动重合闸？电力系统中为什么要采用自动重合闸？对自动重合闸装置有哪些基本要求？

2. 什么是"瞬时性"故障和"永久性"故障？重合闸重合于永久性故障时对电力系统有什么不利影响？

3. 自动重合闸如何分类？有哪些类型？

4. 什么是三相自动重合闸、单相自动重合闸和综合自动重合闸？各有何特点？

5. 对双侧电源送电线路的重合闸有什么特殊要求？

6. 在检定同期和检定无压重合闸装置中，为什么两侧都要装检定同期和检定无压元件？

7. 根据重合闸逻辑图 4-8，说明当线路发生永久性故障时，是如何保证只重合一次的。

8. 什么叫重合闸前加速和后加速？试比较两者的优缺点和应用范围。

9. 综合重合闸对零序电流保护有什么影响？为什么？如何解决这一矛盾？

10. 什么是 AFL 装置？该装置有什么作用？

11. 什么是负荷调节效应？它对系统频率有什么作用？

12. 如何确定 AFL 装置的首级动作频率、动作频率级差及动作级数？

13. AFL 装置为何要设置附加级？附加级的动作频率和动作时间如何确定？

14. 什么叫备用电源自动投入装置？它有何作用？

15. 什么是明备用？什么是暗备用？试举例说明。

16. 对 AAT 有哪些基本要求？对应采取哪些措施来满足这些要求？

第五章
超高压输电线路快速纵联保护

第一节　输电线路纵联保护概述

一、线路纵联保护的构成

由电流、距离保护的基本原理可知，反映输电线路一侧电气量的保护不能准确区分本线路末端与相邻线路出口的故障，为了满足选择性的要求，就必须使这些保护的速动段（Ⅰ段）的保护范围只能是线路全长的一部分。即使是反映电压、电流比值的距离保护的Ⅰ段保护范围也只有线路全长的85%。

对于一个双侧电源系统，在输电线路两侧均装有三段式距离保护。每侧距离保护的Ⅰ段的保护范围为线路全长的85%。该线路发生故障时，当故障点位于靠近线路两侧的各15%范围内时，总有一侧要以距离保护Ⅱ段的时间切除故障。如图5-1所示，这样长的故障切除时间对于220kV及其以上

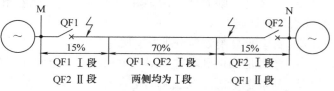

图5-1　反映单侧电量保护切除故障的说明图

的高压、超高压电网不能满足系统稳定的要求。因此在220kV及以上电压等级的输电线路上，必须装设全线路故障都能快速动作的保护。

继电保护装置如果只反映线路一侧的电气量，就不可能区分本线路末端和对侧母线或相邻线路始端的故障，只有反映线路两侧的电气量才可能区分上述故障，达到有选择性地快速切除全线故障的目的。为此需要将线路一侧电气量的信息传输到另一侧去，也就是说在线路两侧之间发生纵向的信息联系。这种保护称为输电线的纵联保护。由于保护是否动作取决于安装在输电线两端的装置联合判断的结果，两端的装置组成一个保护单元，各端的装置不能独立构成保护。理论上这种纵联保护具有输电线路内部短路时动作的绝对选择性。

输电线路的纵联保护两端比较的电气量可以是流过两端的电流、两端电流的相位和两端功率的方向等，比较两端不同电气量的差别构成不同原理的纵联保护。将一端的电气量或用于比较的特征传送到对端，可以根据不同的信息传送通道条件，采用不同的传输技术。以两端输电线路为例，一套完整的纵联保护的构成框图如图5-2所示。

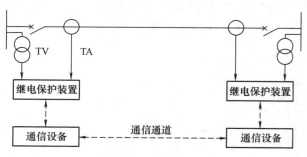

图5-2　纵联保护的构成框图

图 5-2 中，继电保护装置通过电压互感器 TV、电流互感器 TA 获取本端的电压、电流，根据不同的保护原理，形成或提取两端被比较的电气量特征，一方面通过通信设备将本端的电气量特征传送到对端，另一方面通过通信设备接收对端发送过来的电气量特征并将两端的电气量特征进行比较，若符合动作条件则跳开本端断路器并告知对方，若不符合动作条件则不动作。因此，一套完整的纵联保护包括两端保护装置、通信设备和通信通道。

二、线路纵联保护的分类

随着计算机和数字通信技术的发展，光纤及微波通信系统在电力系统中得到了广泛应用，可供继电保护使用的信号传输通道不再单一，可选择的保护信号传输通道方式主要有：导引线（只能用在短线路上）；专用载波通道、复用载波机、复用微波通道；专用光纤通道、复用光纤通道。

（1）按利用通道的不同类型分类

线路纵联保护按照所利用通道的不同类型可以分为 4 种：

1）导引线纵联保护，简称导引线保护。

2）电力线载波纵联保护，简称高频保护。

3）微波纵联保护，简称微波保护。

4）光纤纵联保护，简称光纤保护。

（2）按保护动作原理分类

纵联保护按照保护动作原理可以分两类。

1）纵联差动保护（纵差保护）。这类保护利用通道将本侧电流的波形或代表电流相位的信号传送到对侧，每侧保护根据对两侧电流的幅值和相位比较的结果区分是区内还是区外故障，可见这类保护在每一侧都直接比较两侧的电气量。因为类似于元件差动保护，所以称为纵联差动保护。

2）方向纵联保护与距离纵联保护。两侧保护元件仅反映本侧的电气量，利用通道将保护元件对故障方向判别的结果传送到对侧，每侧保护根据两侧保护元件的动作结果经过逻辑判断区分是区内还是区外故障。这类保护是间接比较线路两侧的电气量，在通道中传送的是逻辑信号。按照保护判别方向所用的方向元件不同又可分为方向纵联保护和距离纵联保护。

方向纵联保护与距离纵联保护传输简单的逻辑信号。按照正常时通道中有无高频电流可分为故障时发信和长期发信两种方式；按照信号的作用可分为闭锁信号、允许信号和跳闸信号。目前应用较广泛的是闭锁信号和允许信号。

采用闭锁信号方式时，收不到信号是保护作用于跳闸的必要条件；采用允许信号方式时，收到对侧允许信号是保护作用于跳闸的必要条件。按照信号的定义，正常状态下不论有无高频电流都不是信号，只有高频电流改变其状态才认为是信号。

三、线路纵联保护的通道

通道虽然只是传送信息的手段，但纵联保护采用的原理往往受到通道的制约。纵联保护在应用上述 4 种通道时有以下特点：

1. 导引线通道

这种通道需要铺设电缆，其投资随线路长度而增加。当线路较长时就不经济了。导引线越长，安全性越低。导引线中传输的是电信号。在中性点接地系统中，除了雷击外，在接地故障时地中电流会引起地电位升高，也会产生感应电压，对保护装置和人身安全构成威胁，也会造成保护不正确动作。所以导引线的电缆必须有足够的绝缘水平，例如15kV的绝缘水平一般还要使用隔离变压器从而使投资增大。导引线直接传输交流电量，故导引线保护广泛采用差动保护原理，但导引线的参数（电阻和分布电容）直接影响保护性能，从而在技术上也限制了导引线保护用于较长的线路。

2. 电力线载波通道（高频通道）

输电线路高频通道是利用输电线路载波通信方式构成的，以输电线路作为高频保护的通道，传输高频信号。为了使输电线路既传输工频电流同时又传输高频电流，必须对输电线路进行必要的改造，即在线路两端装设高频耦合设备和分离设备。

输电线路高频通道广泛采用"相—地"制，即利用"导线—大地"作为高频通道。它只需要在一相线路上装设构成通道的设备，比较经济。它的缺点是高频信号的衰耗和受到的干扰都比较大。输电线路高频通道的频率在 40～500kHz 之间，频率太低干扰大，频率太高衰耗大。

输电线路高频通道的构成如图5-3所示。高频通道应能区分高频与工频电流，使高压一次设备与二次回路隔离；使高频信号电流只限于在本线路流通，不能传递到外线路；高频信号电流在传输中的衰耗应最小。因此，高频通道中应装设下列设备，现将其作用分述如下：

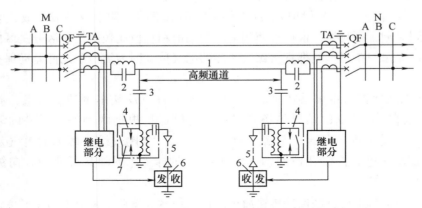

图5-3 "相—地"回路高频通道构成示意图

1—输电线一相导线 2—高频阻波器 3—耦合电容器 4—连接滤波器
5—高频电缆 6—高频收发信机 7—放电间隙、接地刀开关

（1）阻波器

阻波器串联在线路两端，其作用是阻止本线路的高频信号传递到外线路。它由一电感线圈与可变电容器并联组成，对高频信号工作在并联谐振状态。并联谐振，其阻抗最大。使谐振频率为所用的高频信号频率，这样它就对高频电流呈现很大的阻抗，从而将高频信号限制在输电线路两个阻波器之间的范围内。而对于工频电流，阻波器呈现的阻抗很小（约为 0.4Ω），不影响工频电流的传输。

（2）耦合电容器

耦合电容器又称结合电容器，它与连接滤波器共同配合，将高频信号传递到输电线路上，同时使高频收发信机与工频高压线路隔离。耦合电容器对工频电流呈现极大的阻抗，故工频泄漏电流极小。

（3）连接滤波器

连接滤波器由一个可调节的空心变压器及连接至高频电缆一侧的电容器组成。连接滤波器与耦合电容器共同组成高频串联谐振回路，高频电缆侧线圈的电感与电容也组成高频串联谐振回路，让高频电流顺利通过。

耦合电容器与连接滤波器共同组成一个"带通滤波器"。从线路一侧看，带通滤波器的输入阻抗应与输电线路的波阻抗（约为 400Ω）相匹配，而从电缆一侧看，则应与高频电缆的波阻抗（约为 100Ω）相匹配，从而避免高频信号的电磁波在传送过程中发生反射而引起高频能量的附加衰耗，使收信机得到的高频信号的能量最大。

（4）放电间隙、接地刀开关

并联在连接滤波器两侧的接地刀开关是当检查连接滤波器时，作为耦合电容器接地之用。放电间隙是作为过电压保护用，当线路上受雷击产生过电压时，通过放电间隙被击穿而接地，保护高频收发信机不致被击毁。

（5）高频电缆

高频电缆用来连接室内继电保护屏高频收发信机到室外变电站的连接滤波器。因为传送高频电流的频率很高，采用普通电缆会引起很大衰耗，所以一般采用同轴电缆，它的高频损耗小、抗干扰能力强。

（6）高频收发信机

高频收发信机是发送和接收高频信号的装置。高频发信机将保护信号进行调制后，通过高频通道送到对端的收信机中，也可为自己的收信机所接收，高频收信机收到本端和对端发送的高频信号后进行解调，变为保护所需要的信号，作用于继电保护，使之跳闸或闭锁。

3. 微波通道

微波通道与输电线没有直接的联系，输电线发生故障时不会对微波通信系统产生任何影响，因而保护利用微波信号的方式不受限制。微波通信是一种多路通信系统，可以提供足够的通道，彻底解决通道拥挤的问题。微波通信具有很宽的频带，线路故障时信号不会中断，可以传送交流电流的波形。数字式微波通信可以进一步扩大信息传输量，提高抗干扰能力，也更适用于数字保护。微波通信是较理想的通信系统，但是保护专用微波通信设备是不经济的。

4. 光纤通道

光纤通道与微波通道有相同的优点。光纤通信也广泛采用数字通信方式。线路保护在很短时可以通过光缆直接将光信号送到对侧，在每端的保护装置中都将电信号变成光信号送出，又将所接收的光信号变为电信号供保护使用。由于光与电之间互不干扰，所以光纤保护没有导引线保护的那些问题，光纤的价格不高，是目前主要的纵联保护通道。另外，在架空输电线的接地线中铺设光纤的方法可使光纤通道的纵联保护既经济又安全。

第二节　纵联电流差动保护

一、纵联电流差动保护概述

电流差动保护是较为理想的一种保护原理，曾被誉为有绝对选择性的保护原理。因为其选择性不是靠延时，不是靠方向，也不是靠定值，而是靠基尔霍夫电流定律：流向一个节点的电流之和等于零。它已被广泛地应用于发电机、变压器、母线等诸多重要电力系统的元件保护中。它具有良好的选择性，能灵敏、快速地切除保护区内的故障。可以说，凡是有条件实现的地方，均毫无例外地使用了这种原理的保护，而且都是主保护。

将电流差动保护的原理应用于输电线时，需要解决将线路一侧电流的波形完整地传送到线路对侧的问题，为此必须占用两个通道。微波通信是一种多路通信系统，可以提供足够的通道，曾经是电流差动保护较理想的通道。随着光纤通信技术的飞速发展和广泛应用，光纤纵差保护得到大量应用，成为电流纵差保护的主要保护方式。光纤作为高压线路的保护通道比导引线更安全。现在保护专用光纤通道实现双向传输共两根缆芯，投资不大。只有在线路长度较短时（3km 以内），导引线保护才能得到一些应用。我国已开始大量使用光纤纵联电流差动保护。

纵联电流差动保护和纵联方向（距离）保护相比，具有如下优点：

1）原理简单，基于基尔霍夫定律。

2）整定简单，只有分相差动电流、零序差动电流等定值。

3）用分相电流计算差电流，具有天然的选相功能。

4）不需要振荡闭锁，任何时候故障都能较快速地切除。

5）不需要考虑功率倒向，其他纵联保护都要考虑功率倒向时不误动。

6）不受 TV 断线影响，但所有的方向保护都受 TV 断线影响。

7）耐受过渡电阻能力强，受零序电压影响小。

8）特别适用于短线路、串补线路和 T 形接线。

9）自带弱馈保护，自适应于系统运行方式的变化。

10）一侧先重合于永久性故障，两侧同时跳闸，可以做到后合侧不再重合，对电网和断路器有好处。

11）复用光纤通道，在通信回路上有后备复用通道。

12）通道抗干扰能力强，保护时刻在收发数据、检查通道，可靠性高，远远优于载波通道。

二、输电线路电流纵联差动保护原理

1. 基本工作原理

电流纵联差动保护是用辅助导线（或称导引线）将被保护线路两侧的电量连接起来，比较被保护的线路始端与末端电流的大小及相位，其原理接线如图 5-4 所示。在线路两侧装设性能和电流比完全相同的电流互感器，两侧电流互感器一次回路的正极性均置于靠近母线的一侧，二次回路用电缆同极性相连，差动继电器则并联接在电流互感器二次侧的环路上。

在正常运行情况下，导引线中形成环流，称为环流法纵联差动保护。

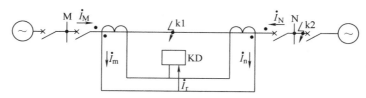

图 5-4 电流纵联差动保护原理接线

电流互感器 TA 对其二次侧负荷而言，可等效为电流源。所以，在分析纵联差动保护工作原理时，可将电流互感器的二次等效阻抗看成无穷大，即 $Z_{TA} = \infty$；差动继电器线圈的等效阻抗看作零，即 $Z_{KD} = 0$。

线路内部 k1 点短路时电流分布如图 5-4（规定正方向）所示。按照图中所给出的电流方向，流入继电器线圈的电流为

$$\dot{I}_r = \dot{I}_m + \dot{I}_n = \frac{1}{n_{TA}}(\dot{I}_M + \dot{I}_N) \qquad (5-1)$$

式中　$\dot{I}_m$、$\dot{I}_n$ ——电流互感器二次绕组电流；

$\dot{I}_M$、$\dot{I}_N$ ——电流互感器一次绕组电流，即线路两侧的电流。

正常运行及区外故障（如 k2 点短路）时，流经线路两侧的电流大小相等、方向相反，即 $\dot{I}_M = -\dot{I}_N$；若不计电流互感器的误差，则 $\dot{I}_m = -\dot{I}_n$，流入继电器的电流 $\dot{I}_r = 0$，继电器不动作。

在保护范围内部故障，即在两电流互感器之间的线路上故障（如 k1 点短路）时，电流分布如图 5-4 所示。两侧电源分别向短路点供给短路电流 $\dot{I}_M$ 和 $\dot{I}_N$，可看出流入继电器的电流为

$$\dot{I}_r = \dot{I}_m + \dot{I}_n = \frac{1}{n_{TA}}(\dot{I}_M + \dot{I}_N) = \frac{1}{n_{TA}}\dot{I}_k \qquad (5-2)$$

式中　$\dot{I}_k$ ——故障点短路电流。

流入继电器的电流为短路电流归算到二次侧的数值，当 I_r 大于继电器动作电流时，继电器动作，瞬时跳开线路两侧的断路器。

纵联差动保护测量线路两侧的电流并进行比较，它的保护范围是两侧电流互感器之间的线路全长。在其保护范围内部故障时，保护瞬时动作快速切除故障。在其保护范围外部故障时，保护不动作。它不需要与相邻线路的保护在整定值上配合，这一点比单端测量的电流保护及距离保护要优越。

纵联差动保护的基本原理还可用基尔霍夫第一定理即 $\sum \dot{I} = 0$ 来说明，$\sum \dot{I} = 0$ 是反映电流连续性的定理。对纵联差动保护而言，当流入保护区的电流等于流出保护区的电流（$\sum \dot{I} = 0$）时，说明保护区内没有发生故障，保护不动作；当流入保护区的电流不等于流出保护区的电流（$\sum \dot{I} \neq 0$）时，说明保护区内发生故障，保护动作。因此，电流差动保护可利用 $\sum \dot{I} = 0$ 作为判据，当 $\sum \dot{I} = 0$ 时保护不动作，当 $\sum \dot{I} \neq 0$ 保护就动作。

2. 纵联差动保护的不平衡电流

在上述分析保护原理时，正常运行及外部故障不计电流互感器的误差，流入差动继电器中的电流 $I_r = 0$，这是理想的情况。实际上电流互感器存在励磁电流，并且两侧电流互感器的励磁特性不完全一致，则在正常运行或外部故障时流入差动继电器的电流为

$$\dot{I}_r = \dot{I}_m - \dot{I}_n = \frac{1}{n_{TA}}[(\dot{I}_M - \dot{I}_{\mu M}) - (\dot{I}_N - \dot{I}_{\mu N})] = \frac{1}{n_{TA}}(\dot{I}_{\mu N} - \dot{I}_{\mu M}) = \dot{I}_{unb} \tag{5-3}$$

式中　　$\dot{I}_{\mu M}$、$\dot{I}_{\mu N}$——两侧电流互感器的励磁电流。

此时流入继电器的电流称为不平衡电流，用 $\dot{I}_{unb}$ 表示，它等于两侧电流互感器的励磁电流相量差。外部故障时，短路电流使铁心严重饱和，励磁电流急剧增大，从而使 $\dot{I}_{unb}$ 比正常运行时的不平衡电流大很多。

由于差动保护是瞬时动作的，因此，还需进一步考虑在外部短路暂态过程中，差动回路出现的不平衡电流。在外部短路开始时，一次侧短路电流中含有非周期分量，它很难变换到二次侧，而大部分成为电流互感器的励磁电流。同时电流互感器励磁回路及二次回路电感中的磁通不能突变，将在二次回路引起非周期分量电流。因此，暂态过程中，励磁电流大大地超过稳态值，并含有大量缓慢衰减的非周期分量，使 I_{unb} 大为增加。暂态不平衡电流可能超过稳态不平衡电流好几倍，而且由于两个电流互感器的励磁电流含有很大的非周期分量，从而使不平衡电流偏向时间轴一侧。由于励磁回路具有很大的电感，励磁电流上升缓慢，不平衡电流最大值出现在短路开始稍后。

为了避免在不平衡电流作用下差动保护误动作，需要提高差动保护的整定值，使它躲开最大不平衡电流，但这样就降低了保护的灵敏度，因此必须采取措施减小不平衡电流及其影响。

纵联差动保护是测量两端电气量的保护，能快速切除被保护线路全线范围内的故障，不受过负荷及系统振荡的影响，灵敏度较高。它的主要缺点是需要装设与被保护线路一样长的辅助导线，增加了投资。同时为了增强保护装置的可靠性，要装设专门的监视辅助导线是否完好的装置，以防当辅助导线发生断线或短路时纵联差动保护误动或拒动。

由于存在上述问题，所以在输电线路上只有当其他保护不能满足要求，且在长度小于10km 的线路上才考虑采用。而纵联差动保护在元件（如发电机、变压器等）保护中得到广泛应用。

3. 平行线路横联差动保护

电力系统中常采用双回线路供电方式。平行线路是指参数相同且平行供电的双回线路，采用这种供电方式可以提高供电可靠性，当一条线路发生故障时，另一条非故障线路仍正常供电。为此，要求保护能判别出平行线路是否发生故障及哪条线路故障。判别平行线路是否发生故障，采用测量横差回路电流大小的方法；判别是哪条线路故障，采用测量横差回路电流方向的方法。

三、纵联电流差动保护特性

线路差动保护利用通道将本侧电流的波形或代表电流相位的信号传送到对侧，每侧保护根据对两侧电流的幅值和相位比较的结果区分是区内还是区外故障。因此，保护在每侧都直接比较两侧的电气量。

对一条线路而言，在正常运行情况下差动电流为零。线路区内故障时差动电流为故障点短路电流，区外短路时 TA 特性误差及饱和都将产生较大的不平衡电流，为了防止这个不平衡电流引起差动保护误动作，线路纵差保护广泛采用带制动特性的电流差动特性。制动特性可以由若干条直线组成，如图 5-5 所示。直线的斜率反映差动电流与制动电流的比值，该特性称为比率制动的差动保护动作特性，简称比率差动特性。

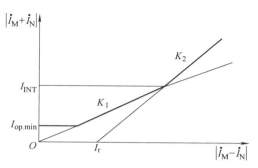

图 5-5　带比率制动的电流差动保护动作特性

电流差动保护的动作判据大致分为全电流差动保护和相电流突变量差动保护。

分相电流差动保护的常用判据为

$$| \dot{I}_{\varphi M} + \dot{I}_{\varphi N} | > I_{op. \, min} \tag{5-4}$$

$$| \dot{I}_{\varphi M} + \dot{I}_{\varphi N} | > K_1 | \dot{I}_{\varphi M} - \dot{I}_{\varphi N} | \tag{5-5}$$

式（5-4）和式（5-5）是电流差动判据，$\dot{I}_{\varphi M}$、$\dot{I}_{\varphi N}$ 为本侧（M）和对侧（N）分相（A、B、C）电流相量，电流的方向均为指向线路。$I_{op. \, min}$ 为分相差动起动电流定值，必须躲过在正常运行时的最大不平衡电流。式（5-5）是主判据，也称比率差动判据，K_1 为比率制动特性斜率。式（5-4）和式（5-5）同时满足时跳闸。

在实际应用时，可以选取三线段比率差动特性，如图 5-5 所示，其动作方程为

$$| \dot{I}_{\varphi M} + \dot{I}_{\varphi N} | > I_{op. \, min} \tag{5-6}$$

$$| \dot{I}_{\varphi M} + \dot{I}_{\varphi N} | > K_1 | \dot{I}_{\varphi M} - \dot{I}_{\varphi N} | \quad (当 | \dot{I}_{\varphi M} + \dot{I}_{\varphi N} | \leqslant I_{INT}) \tag{5-7}$$

$$| \dot{I}_{\varphi M} + \dot{I}_{\varphi N} | > K_2 [| \dot{I}_{\varphi M} - \dot{I}_{\varphi N} | - I_r] \quad (当 | \dot{I}_{\varphi M} + \dot{I}_{\varphi N} | > I_{INT}) \tag{5-8}$$

式中　I_{INT}——两段比率差动特性曲线交点处的差动电流值，取为 TA 额定电流的 4 倍，即 $4I_N$；

K_1、K_2——两段比率制动率，分别取为 0.5、0.7。

I_r—— 常数，$I_r = I_{INT}(K_2 - K_1)/K_2 K_1$，即 2.28$I_N$。

由于两侧电流互感器的误差影响，考虑外部短路时两侧 TA 的相对误差为 10%；两侧装置中的互感器和数据的采集、传输也会有误差，按 15% 考虑，则外部短路时的误差为 0.25。所以比率差动特性的斜率应满足 0.25<K<1，由保护装置自动选取，不需整定。

第三节　方向纵联保护的基本原理

为快速切除高压输电线路上任一点的短路故障，将线路两端的电气量转化为高频信号，然后利用高频通道，将此信号送至对端进行比较，决定保护是否动作，这种保护称为高频保护。因为它不反映被保护输电线路范围以外的故障，在定值选择上也无须与下一条线路相配合，故可不带延时。

方向纵联保护与距离纵联保护都是利用高频通道将保护装置对故障方向判别的结果传送到对侧，每侧保护根据两侧保护装置的动作过程逻辑来判断和区分是区内还是区外故障。

方向纵联保护是由线路两侧的方向元件分别对故障的方向做出判断，然后通过对两侧的故障方向进行比较以决定是否跳闸，一般规定从母线指向线路的方向为正方向，从线路指向母线的方向为反方向。

一、闭锁式纵联保护的基本原理

闭锁式纵联保护包括闭锁式方向纵联保护和闭锁式距离纵联保护，它们的基本原理、绝大多数逻辑都是相同的，只是方向元件有所不同。

传送闭锁信号的通道大多数是专用载波通道即专用收发信机，闭锁信号也可以使用光纤通道来传送。目前在电力系统中广泛使用由电力线载波通道实现的闭锁式方向纵联保护，采用正常无高频电流，而在区外故障时发闭锁信号的方式构成。

闭锁式纵联保护的基本工作原理是利用闭锁信号来比较线路两侧正方向测量元件的动作情况，以综合判断故障是发生在被保护线路内部还是外部。当装置收到闭锁信号时，就判断为被保护线路外部故障，保护不跳闸；当收不到闭锁信号，且本侧正方向测量元件又动作时，就判断为线路区内故障，允许发出跳闸出口命令。

此闭锁信号由功率方向为负的一侧发出，被两端的收信机接收，闭锁两端的保护，故称为闭锁式方向纵联保护。

在图5-6所示的双电源网络中，设在线路BC上发生短路，各保护配置如图所示，其中保护1、3、4、6处电流由母线流向线路，保护2、5处电流由线路流向母线。假设上述网络中的各线路均安装有闭锁式纵联保护。当k点发生故障时，对线路AB而言，B侧功率方向为负，其保护发闭锁信号，故A侧收到B侧的闭锁信号，所以线路AB两侧的纵联保护1、2都不会动作；对线路BC而言，两侧功率方向均为正，两侧都不发送闭锁信号，两侧方向元件均动作，线路BC两侧保护3、4均瞬时动作于跳闸；对线路CD而言，与线路AB相同，两侧纵联保护均不动作。

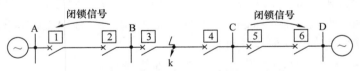

图 5-6　闭锁式纵联保护动作原理示意图

闭锁信号存在发送和接收回路，在需要发信的时候即起动发信元件动作时，开始发送闭锁信号，在需要停信的时候即停信控制元件动作时，即使起动发信元件动作也会强制停信。

当发生区外故障时，如果本侧的正方向测量元件动作但收不到对侧的闭锁信号时，保护将误动作。因此保证闭锁信号的正确传输对闭锁式纵联保护是极为重要的。

闭锁式方向纵联保护基本逻辑图如图5-7所示。图中方向性启动元件根据故障电流的方向输出逻辑"0"或"1"，当方向元件判断为反方向故障时输出逻辑"0"，不停止发信机，且出口逻辑与门的输出为"0"，不跳闸。当方向元件判断为正方向故障时输出逻辑"1"，停止发信机，同时出口逻辑与门的上端输入为"1"，如果这时对端

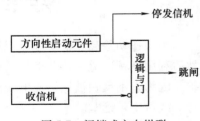

图 5-7　闭锁式方向纵联
保护基本逻辑图

保护的方向元件判断为正方向故障，对端也停发信机，则收信机的输出为"0"，经过"非门"后，出口逻辑与门的下端输入为"1"，出口逻辑与门输出"1"，即发出跳闸命令。

故障时发信的闭锁式方向保护原则上应有两个主要元件：

1）跳闸准备元件：它在正方向故障时动作，若无闭锁信号就作用于跳闸。

2）启动元件：在发生任何故障时都要启动，在外部故障时近故障侧的启动元件必须启动发信机，以实现对远离故障侧保护的闭锁。

当信号工作在闭锁式时，因仅在区外故障时传送闭锁信号，而在区内短路故障时不传送信号，所以采用输电线路高频通道传送信号即使因内部短路故障通道阻塞对保护也无影响，不会造成拒动。而当通道破坏时，区外故障要造成保护误动，因此，要采用定期检查的方式对通道进行监视。

二、闭锁式方向保护应满足的基本要求

1）在外部故障时近故障点侧的启动元件应比远离故障侧的跳闸准备元件的灵敏度高。换言之，只要后者动作准备跳闸，前者必然动作使发信机发出闭锁信号。

2）在外部故障时近故障点侧的启动元件的动作要比远离故障侧的跳闸准备元件更快，两者的动作时间差应大于高频电流沿通道（包括收发信机内部）的传输时间。为防止区外故障时，由于对侧高频信号传输延时造成远故障点侧保护误动，采取先收信后停信的方法。需要指出，采用电力线载波通道，且内部故障时通道可能不通，由于一般都采用单频制，收信机可以接收本侧发信机的信号，因而仍然能使跳闸准备元件投入工作。

3）发信机的返回应带延时，以保证对侧跳闸准备元件确已返回后闭锁信号才消失。

4）在环网中发生外部故障时短路功率的方向可能发生转换（简称功率倒向），在倒向过程中不应失去闭锁信号。

5）在单侧电源线路上发生内部故障时保护应能动作。

对方向纵联保护中的启动元件的要求是动作速度快、灵敏度高。方向元件的作用是判断故障的方向，所以对方向纵联保护中的方向元件的要求是能反映所有类型的故障；不受负荷的影响；不受振荡影响，即在振荡无故障时不误动，振荡中再故障时仍能动作；在两相运行时仍能起保护作用。

三、传统高频闭锁方向保护的构成及工作原理

高频闭锁方向保护的继电部分由两种主要元件组成：一是启动元件，主要用于故障时启动发信机，发出高频闭锁信号；二是方向元件，主要测量故障方向，在保护的正方向故障时准备好跳闸回路。下面介绍一种非方向性启动元件的高频闭锁方向保护的工作原理。

电流元件启动的高频闭锁方向保护构成框图如图 5-8 所示。被保护线路两侧装有相同的半套保护。图中，KA1、KA2 为电流启动元件，故障时启动发信机和跳闸回路，KA1 的灵敏度高（整定值小），用于启动发信机；KA2 的灵敏度较低（整定值较高），用于启动跳闸回路。S 为方向元件，只有测得正方向故障时才动作。图 5-8 所示保护的工作原理如下：

1）正常运行时，启动元件不动作，发信机不发信，保护不动作。

2）区外故障，启动元件动作，启动发信机发信，但靠近故障点的那套保护接收的是反方向电流，方向元件 S 动作，两侧收信机均能收到这侧发信机发出的高频信号，保护被闭

锁，有选择地不动作。

3）内部故障时，两侧保护的启动元件启动。KA1 启动发信机，KA2 启动跳闸回路，两侧方向元件均测得正方向故障而动作，经 t_2 延时后，将控制门 JZ1 闭锁，使两侧发信机均停信，此时两侧收信机收不到信号，两侧控制门 JZ2 均开放，故两侧保护都动作于跳闸。

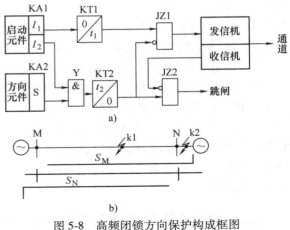

图 5-8　高频闭锁方向保护构成框图
a）保护逻辑图　b）方向元件

采用两个灵敏度不同的电流启动元件，是考虑到被保护线路两侧电流互感器的误差不同和两侧电流启动元件动作值的误差。如果只用一个电流启动元件，在被保护线路外部短路而短路电流接近启动元件动作值时，近短路点侧的电流启动元件可能拒动，导致该侧发信机不发信；而远离短路侧的电流启动元件可能动作，导致该侧收信机收不到高频信号，从而引起该侧断路器误跳闸。采用两个动作电流不等的电流启动元件，就可以防止这种无选择性动作。用动作电流较小的电流启动元件 KA1 启动发信机，用动作电流较大的启动元件 KA2 启动跳闸回路，这样，被保护线路任一侧的启动元件 KA2 动作之前，两侧的启动元件 KA1 都已先动作，从而保证了在外部短路时发信机能可靠发信，避免了上述误动作。

时间元件 KT1 是瞬时动作、延时返回的时间电路，它的作用是在启动元件返回后，使接收反向功率那一侧的发信机继续发闭锁信号。这是为了在外部短路切除后，防止非故障线路接收正向功率的那一侧，方向元件在闭锁信号消失后来不及返回而发生误动。

时间元件 KT2 是延时动作、瞬时返回的时间电路，它的作用是为了推迟停信和接通跳闸回路的时间，以等待对侧闭锁信号的到来。在区外故障时，让远故障点侧的保护收到对侧送来的高频闭锁信号，从而防止保护误动。

四、传统高频闭锁距离保护的原理

高频闭锁方向保护可以快速地切除保护范围内部的各种故障，但不能作为下一条线路的后备保护。而距离保护，当内部故障时，利用高频闭锁保护的特点，瞬时切除线路任一点的故障；当外部故障时，利用距离保护的特点，起到后备保护的作用。它兼有高频方向和距离两种保护的优点，并能简化保护的接线。

高频闭锁距离保护原理框图如图 5-9 所示。它由距离保护和高频闭锁两部分组成。距离保护为三段式，Ⅰ、Ⅱ、Ⅲ段都采用独立的方向阻抗继电器作为测量元件。高频闭锁部分与距离保护部分共用同一个负序电流启动元件 KA（对称故障瞬间该元件也能动作），方向判别元件与距离保护Ⅱ段（也可用Ⅲ段）共用方向阻抗继电器 $Z_{\mathrm{Ⅱ}}$。

当被保护线路发生区内故障时，两侧保护的负序电流启动元件 KA 和测量元件 $Z_{\mathrm{Ⅱ}}$ 都启动，经 $t_{\mathrm{Ⅱ}}$ 延时，分别跳开两侧断路器，其高频闭锁部分工作情况与前述基本相同。此时线路一侧或两侧（故障发生在线路中间（60% ~ 70%）长度以内时）的距离Ⅰ段保护（I_2、$Z_{\mathrm{Ⅰ}}$、出口跳闸继电器 KOM 跳闸）也可动作于跳闸，但要受振荡闭锁回路的控制。

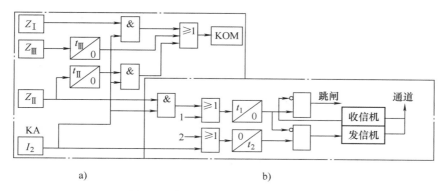

图 5-9 高频闭锁距离保护原理框图

a）距离保护部分 b）高频闭锁部分

若发生区外故障，近故障点侧保护的测量元件 Z_{II} 不启动，跳闸回路不会启动。近故障点侧的负序电流启动元件 KA 启动发信机，两侧收信机收到信号，闭锁两侧跳闸回路。此时，远故障点侧距离保护的 II 或 III 段可以经出口继电器 KOM 跳闸，作为相邻线路保护的后备。

高频闭锁距离保护能正确反映并快速切除各种对称和不对称短路故障，且保护有足够的灵敏度。高频闭锁距离保护中的距离保护可兼作相邻线路和元件的远后备保护，当高频部分故障时，距离保护仍可继续工作，对线路进行保护。

图 5-9 中的端子 1 和端子 2 如果与零序电流方向保护的有关部分相连，则可构成高频闭锁零序电流方向保护。

五、允许式纵联保护的基本原理

允许式纵联保护也包括允许式纵联距离保护和允许式纵联方向保护，两者只是方向元件不同，原理、逻辑是相同的。国内的允许式纵联保护都使用超范围允许式纵联保护。超范围允许式是指控制发信的正方向元件的动作区超过线路全长，如距离 II 段。当正方向区外的一部分内发生故障时保护也发允许信号，反方向故障立即停信。事实上，纵联距离保护中阻抗方向元件也是一种方向元件，故理论上讲，纵联距离保护应是纵联方向保护的一种特例。

传送允许信号的通道大多数为复用载波通道，随着光纤通信的普及，使用光纤通道传送允许信号也较多。复用载波通道和光纤通道只是通道介质不同，其原理、逻辑基本是相同的。

允许式方向纵联保护利用通道传输允许信号，由线路两侧的方向元件分别对故障的方向做出判断，决定是否发出允许信号。

当任一侧判断故障在保护正方向时，向对侧发允许信号，同时接收对侧发来的允许信号（一定不能接收本侧自己发出的允许信号）。在内部故障时，两侧方向元件都判断为正方向，都发送高频允许信号，两侧收信机都接收到高频允许信号。若本侧正方向元件动作，并且收到对侧发来的允许信号，则两侧保护均作用于跳闸。在外部故障时，近故障侧的方向元件判断为反方向故障，不仅本侧保护不跳闸，而且不发允许信号，则远故障侧收不到允许信号，所以两侧保护均不动作。

在图 5-10 所示的双电源网络中，假设网络中的各线路均安装有允许式纵联保护。设在线路 BC 上发生短路，各保护配置如图所示，当 k 点发生故障时，对线路 AB 而言，A 侧功率方向为正，其保护发允许信号，B 侧功率方向为负，保护一直不发允许信号，故 A 侧收不到 B 侧的允许信号，B 侧正方向元件没有动作，所以线路 AB 两侧的纵联保护 1、2 都不会动作；对线路 BC 而言，两侧功率方向均为正，两侧都向对侧发送允许信号，两侧都收到对侧的允许信号，于是两侧方向元件均动作，线路 BC 两侧保护 3、4 均瞬时动作于跳闸；对线路 CD 而言，与线路 AB 相同，两侧纵联保护均不动作。

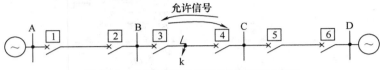

图 5-10　允许式纵联保护动作原理示意图

允许式方向纵联保护基本逻辑图如图 5-11 所示。图中方向性启动元件根据故障电流的方向输出逻辑 "0" 或 "1"，当方向元件判断为反方向故障时输出逻辑 "0"，不发允许信号，同时出口逻辑与门的输出为 "0"，不跳闸。当方向元件判断为正方向故障时输出逻辑 "1"，向对侧发出允许信号，同时出口逻辑与门的上端输入为 "1"，如果这时对端保护的方向元件判断为正方向故障，对端也启动发信机，则收信机的输出为 "1"，出口逻辑与门的下端输入为 "1"，出口逻辑与门输出 "1"，即发出跳闸命令。

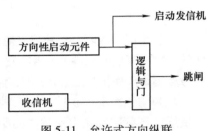

图 5-11　允许式方向纵联保护基本逻辑图

允许式方向纵联保护在内部故障时要求传送高频电流信号，用于高频保护要考虑克服信号衰减的问题，还要求采用双频率制。而闭锁式方向纵联保护，在内部故障时不要求传送高频电流，在高频保护中应用较普遍。允许式方向纵联保护与闭锁式方向纵联保护信号发送、接收及保护跳闸的关系如图 5-12 所示。

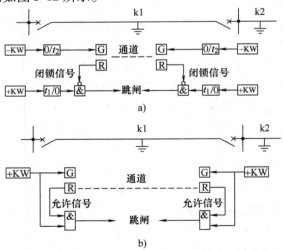

图 5-12　闭锁式和允许式方向纵联保护信号示意图
a）闭锁式方向纵联保护　b）允许式方向纵联保护
−KW—反方向元件　+KW—正方向元件
G—发信机　R—收信机

六、相差高频保护的基本原理

利用高频信号将电流的相位传到对侧进行比较，决定是否动作的保护，称为相差高频保护。如图 5-13 所示的线路 MN，假定电流的正方向由母线指向线路，当线路内部 k1 点故障时，两端电流 $\dot{I}_M$、$\dot{I}_N$ 相位相同，它们之间的相位差 $\varphi = 0°$；当线路外部 k2 点故障时，靠近故障点一侧的电流由线路指向母线，远故障点侧的电流由母线指向线路，$\dot{I}_M$ 与 $\dot{I}_N$ 的相位差 $\varphi = 180°$，因此相差高频保护可以根据线路两侧电流之间的相位角 φ 的不同，来判别线路是内部故障还是外部故障。

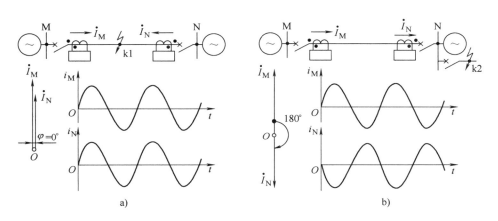

图 5-13 相差高频保护的原理

a）区内故障 b）区外故障

本 章 小 结

反映单端电气量的保护由于无法实现全线速动，对于超高压线路来说，不能满足系统稳定对保护切除故障时间的严格要求。因此，在超高压线路上需要配置实现全线速动的输电线路纵联保护。它利用通信通道将输电线路两端的保护装置纵向连接起来，将两端的电气量同时比较，以判断故障在区内还是区外。纵联保护在理论上具有绝对的选择性，可以实现全线速动。本章主要介绍了输电线路纵联保护的构成、纵联保护通道、纵联电流差动保护原理和方向纵联保护的基本原理。电力线载波通道（或称为高频通道）由于直接利用电力线作为通信介质，无须另外架设通道，因此在我国已得到广泛应用。随着光纤以及光纤通信设备成本的降低，光纤通道由于其带宽高、抗干扰性强等特点正在获得越来越多的应用，光纤差动保护在线路保护中的应用已步入普及推广阶段。

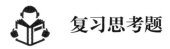 复习思考题

1. "相—地"制高频通道由哪些元件组成？各元件作用如何？

2. 什么是闭锁信号、允许信号和跳闸信号？试比较采用闭锁信号或允许信号的优、缺点。

3. 参照图 5-8，说明闭锁式纵联保护的基本工作原理。

4. 什么是距离纵联保护？其与方向纵联保护有何异同？

5. 试简述电流差动保护的基本原理。

6. 纵联差动保护为什么要采用制动特性？常见的制动特性有哪些？

第六章
电力变压器保护

第一节　电力变压器的故障、 不正常运行状态及保护方式

电力变压器是电力系统中十分重要的供电元件，变压器与高压输电线路元件相比，故障概率比较小，但其故障后对电力系统的影响很大。并且对于大容量变压器，本身结构复杂、造价昂贵、运输检修困难，如果发生故障不能及时清除，将会造成电网冲击、变压器的严重损坏，不仅造成巨大的经济损失，而且在很长时间内给电网造成巨大的负荷缺口。因此，必须根据变压器的容量和重要程度考虑装设性能良好、工作可靠的继电保护装置。

一、变压器的故障

变压器的故障主要包括以下几类：

1. 相间短路

这是变压器最严重的故障类型。它包括变压器箱体内部的相间短路和引出线（从套管出口到电流互感器之间的电气一次引出线）的相间短路。由于相间短路给电网造成巨大冲击，会严重地烧损变压器本体设备，严重时使得变压器整体报废，因此，当变压器发生这种类型的故障时，要求瞬时切除故障。

2. 接地（或对铁心）短路

这种短路故障只会发生在中性点接地的系统一侧。对这种故障的处理方式和相间短路故障是相同的，但同时要考虑接地短路发生在中性点附近时保护的灵敏度。

3. 匝间或层间短路

对于大型变压器，为改善其冲击过电压性能，广泛采用新型结构和工艺，匝间短路问题显得比较突出。当短路匝数少，保护对其反应灵敏度又不足时，在短路环内的大电流往往会引起铁心的严重烧损。如何选择和配置灵敏的匝间短路保护，对大型变压器就显得比较重要。

4. 铁心局部发热和烧损

由于变压器内部磁场分布不均匀、制造工艺问题、绕组绝缘水平下降等因素，会使铁心局部发热和烧损，继而引发更加严重的相间短路。因此，应检测这类故障并及时采取措施。

二、变压器不正常运行状态

变压器不正常运行状态，是指变压器本体没有发生故障，但外部环境变化后引起的变压器非正常工作状态。

1. 过负荷

变压器有一定的过负荷能力，但若长期过负荷下运行，会加速变压器绕组绝缘的老化，降低绝缘水平，缩短使用寿命。

2. 过电流

过电流一般是由于外部短路后，大电流流经变压器而引起的。如果不及时切除，变压器在这种电流下会烧损，一般要求和区外保护配合后，经延时切除变压器。

3. 油面下降

由于变压器漏油等原因造成变压器内油面下降，油位下降使液面低于变压器顶部，变压器上部的引线和铁心将暴露于空气下，会造成变压器引线闪络、铁心和绕组过热，从而造成严重事故。故应在变压器油位下降到危险液面前发出信号，通知值班员及时处理。

4. 过电压

在正常运行情况下，变压器承受电网的额定电压，但由于雷击、操作、故障等原因产生的电压，其值可能大大超过正常状态下的数值。如果电压超过它的最大允许工作电压，称为变压器的过电压。过电压往往会对变压器的绝缘造成很大的危害，甚至使绝缘击穿，威胁变压器的稳定运行。

5. 过励磁

由公式 $B = KU/f$ 可知，电压的升高和频率的降低均可导致磁感应强度 B 的增大，当超过变压器的饱和磁感应强度时，变压器即发生过励磁。现代大型变压器，额定工作磁感应强度 $B_e = 1.7 \sim 1.8\text{T}$，饱和磁感应强度 $B_s = 1.9 \sim 2.0\text{T}$，两者相差已不大，很容易发生过励磁。

变压器的铁心饱和后，铁损增加，使铁心温度上升。铁心饱和后还要使磁场扩散到周围的空间中去，使漏磁场增强。靠近铁心的绕组导线、油箱壁以及其他金属结构件，由于漏磁场而产生涡流，使这些部位发热，引起高温，严重时会造成局部变形和损伤周围的绝缘介质。

6. 冷却器故障

对于强迫油循环风冷和自然油循环风冷变压器，当变压器冷却器故障时，变压器散热条件急剧恶化，导致变压器油温和绕组、铁心温度升高，长时间运行会导致变压器各部件过热和变压器油劣化。

变压器运行规程规定：变压器满负荷运行时，当全部冷却器退出运行后，允许继续运行时间至少 20min，当油面温度不超过 75℃时，允许上升到 75℃，但变压器切除冷却器后允许继续运行 1h。

三、变压器的保护配置

变压器保护的任务是对上述的故障和不正常运行状态应做出灵敏、快速、正确的反应。因此，目前在变压器保护中普遍采用的保护方式有：

1. 纵联差动保护

纵联差动保护是变压器主保护，能反映变压器内部各种相间、接地以及匝间短路故障，同时还能反映引出线套管的短路故障。它能瞬时切除故障，是变压器最重要的保护。

2. 气体（重/轻瓦斯）保护

气体保护反映油箱内部所产生的气体或油流而动作。其中，轻瓦斯保护动作于信号，重瓦斯保护动作于跳开变压器各电源侧的断路器。气体保护能反映油箱内铁心内部烧损、绕组内部短路（相间和匝间）、断线、绝缘性能逐渐劣化、油面下降等故障，但动作时间较长。

差动保护和气体保护是目前变压器内部故障普遍采用的保护，它们各有所长，也各有其不足。气体保护灵敏度高，几乎能反映变压器本体内部的所有故障，但不能反映变压器油箱以外的故障，对绝缘突发性击穿的反应不及差动保护快，而且在地震预报期间和变压器新投入的初始阶段等，气体保护不能投跳闸。新型差动保护虽然在灵敏度、快速性方面大有提高，但对上述油箱内的部分故障不能反应。例如，对于有的变压器，内部发生一相断线差动保护就不能动作，气体保护则可通过开断处电弧对绝缘油的作用而反映出来。

3. 过负荷保护

对 400kVA 以上的变压器，当数台并列运行，或单独运行并作为其他负荷的备用电源时，应根据可能过负荷的情况，装设过负荷保护。过负荷保护接于一相电流上，并延时作用于信号。对于无经常值班人员的变电站，必要时过负荷保护可动作于自动减负荷或跳闸。

单侧电源的三绕组降压变压器，三侧绕组容量不同时，在电源侧和容量较小的绕组侧装设过负荷保护。对于发电机-变压器组，发电机比变压器的过负荷能力低，一般发电机已装设对称和不对称过负荷保护，故变压器可不再装设过负荷保护。

4. 相间短路后备保护

它能反映变压器外部相间短路引起的变压器过电流，并作为气体保护和纵差保护（或电流速断保护）的后备，保护动作后带时限动作于跳闸。过电流保护、欠电压起动的过电流保护、复合电压起动的过电流保护、负序电流保护和阻抗保护，这几种保护方式都能反映变压器的过电流状态。但它们的灵敏度不同，阻抗保护的灵敏度最高，简单过电流保护的灵敏度最低。通常应用如下：

1）过电流保护：一般用于降压变压器，保护装置的整定值应考虑事故状态下可能出现的过负荷电流。

2）复合电压起动的过电流保护：一般用于升压变压器、系统联络变压器及过电流保护灵敏度不满足要求的降压变压器上。

3）负序电流及单相式欠电压起动的过电流保护：一般用于容量为 63MVA 及以上的升压变压器。

4）阻抗保护：对于升压变压器和系统联络变压器，当采用2）、3）的保护不能满足灵敏性及选择性要求时，可采用阻抗保护。

5. 零序电流保护

零序电流保护能反映变压器内部或外部发生的接地性短路故障。一般由零序电流、间隙零序电流、零序电压共同构成完善的零序电流保护。

6. 过励磁保护

为了正确地设计过励磁保护，必须知道变压器的过励磁倍数曲线 $n = f(t)$，式中 n 为工作磁感应强度和额定磁感应强度之比，过励磁保护反映过励磁倍数的增加而动作。

7. 过电压保护

为了防止变压器绕组绝缘在过电压时被击穿，必须采取适当的过电压保护措施，目前主要措施有避雷器保护、加强绝缘以及增大匝间电容。

8. 非电量（开入量）保护

非电量保护包括温度保护、油位保护、通风故障保护、冷却器故障保护等。它能反映相应的温度、油位、通风等故障，这些非电量保护均采用继电器触点形式接入继电保护装置。

四、典型变压器保护配置

电力变压器的微机保护，由于软件的特点，一般配置较齐全、灵活。以下分别介绍高压和中、低压变电所主变压器的典型微机保护配置。

1. 中、低压变电所主变压器的保护配置

（1）主保护配置

1）比率制动式差动保护：中、低压变电所主变压器容量不会很大，通常采用 2 次谐波闭锁原理的比率制动式差动保护。

2）差动速断保护。

3）本体主保护：本体重瓦斯、有负荷调压重瓦斯和压力释放。

（2）后备保护配置

主变压器后备保护均按侧配置，各侧后备保护之间、各侧后备保护与主保护之间软件、硬件均相互独立。

（3）小电流接地系统变压器后备保护的配置

1）三段复合电压闭锁方向过电流保护：Ⅰ段动作跳开本侧分段断路器，Ⅱ段动作跳开本侧断路器，Ⅲ段动作跳开变压器各侧的断路器。

2）三段过负荷保护：Ⅰ段发信，Ⅱ段起动风冷，Ⅲ段闭锁有负荷调压。

3）冷控失电，主变压器过温告警（或跳闸）。

4）TV 断线告警或闭锁保护。

（4）大电流接地系统变压器后备保护的配置

对于高压侧中性点接地的变压器，除上述保护外应考虑设置接地保护。通常针对如下 3 种接地方式配置不同的保护。

1）中性点直接接地运行，配置两段式零序过电流保炉。

2）中性点可能接地或不接地运行，配置一段两时限零序无电流闭锁零序过电压保护。

3）中性点经放电间隙接地运行，配置一段两时限间隙零序过电流保护。

对于双绕组变压器，后备保护可以只配置一套，装于降压变压器的高压侧（或升压变压器的低压侧）；对于三绕组变压器，后备保护可以配置两套：一套装于高压侧作为变压器本身的后备保护，另一套装于中压或低压的电源一侧，并只作为相邻元件的近后备保护，而不作变压器本身的后备保护。

2. 高压、超高压变电所主变压器的保护配置

（1）主保护配置

1）比率制动式差动保护：除采用 2 次谐波闭锁原理外，还可以采用波形鉴别闭锁原理或对称识别原理克服励磁涌流误动。

2）工频变化量比率差动保护。

3）差动速断保护。

4）本体主保护：本体重瓦斯、有负荷调压重瓦斯和压力释放。

（2）后备保护配置

高压侧后备保护可按如下方式配置：

1）相间阻抗保护，方向阻抗元件带 3%的偏移度。

2）两段零序方向过电流保护。

3）反时限过励磁保护。

4）过负荷报警。

中压侧后备保护同高压侧。低压侧后备保护设两时限过电流保护及零序过电压保护。

第二节　变压器纵联差动保护原理

变压器纵联差动保护（或称纵差保护）用于反映变压器绕组的相间短路故障、绕组的匝间短路故障、中性点接地侧绕组的接地故障及引出线的相间短路故障、中性点接地侧引出线的接地故障。发电厂中的主变压器（发电机-变压器组）、高压厂变、高压启备变均配置有纵联差动保护，其保护原理都一样，所不同的主要是引入的电流量有差异。变压器差动保护的灵敏度比发电机差动保护低一些。它不仅能反映变压器内部的相间短路，也能反映变压器内部的匝间短路故障。

一、变压器纵联差动保护的基本原理

图 6-1 为变压器纵联差动保护单相原理接线图，其中变压器 T 两侧电流 $\dot{I}_1$、$\dot{I}_2$ 流入变压器为其电流正方向。

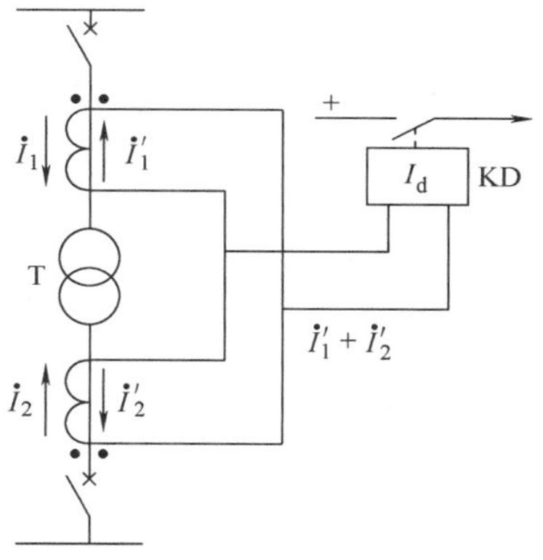

当变压器正常运行或外部短路故障时，$\dot{I}_1$ 与 $\dot{I}_2$ 反相，有 $\dot{I}_1 + \dot{I}_2 = 0$，若对两侧电流互感器的电流比进行合理选择，则在理想状态下有 $I_\mathrm{d} = |\dot{I}_1' + \dot{I}_2'| = 0$（实际是不平衡电流），差动元件 KD 不动作。

当变压器发生短路故障时，$\dot{I}_1$ 与 $\dot{I}_2$ 同相位（假设变压器两侧均有电源），有 $\dot{I}_1 + \dot{I}_2 = \dot{I}_\mathrm{k}$（短路电流），于是 I_d 流过相应短路电流，KD 动作，将变压器从电网中切除。

可以看出，变压器纵联差动保护的保护区是两侧 TA 之间的电气部分。

图 6-1　变压器纵联差动保护
单相原理接线图

从理论上说，正常运行时流入变压器的电流等于流出变压器的电流，但是由于变压器内部结构，变压器各侧的额定电压不同，接线方式不同，各侧电流互感器电流比不同，各侧电流互感器的特性不同产生的误差，以及有负荷调压产生的电压比变化等，产生了一系列特有的技术问题。

二、变压器差动保护的不平衡电流问题

在正常运行及区外故障情况下，变压器差动保护的不平衡电流均比较大，其原因有：

1）变压器差动保护两侧电流互感器的电压等级、电压比、容量以及铁心饱和特性不一致，使差动回路的稳态和暂态不平衡电流都可能比较大。

2）变压器正常运行时由励磁电流引起的不平衡电流。

变压器正常运行时，励磁电流为额定电流的 3%~5%。当外部短路时，由于变压器电压降低，此时的励磁电流更小，因此，在整定计算中可以不考虑。

3）空载变压器突然合闸，或者变压器外部短路切除而变压器端电压突然恢复时，暂态励磁电流的大小可达额定电流的 6~8 倍，可与短路电流相比拟。

4）正常运行中的有负荷调压，根据变压器运行要求，需要调节分接头，这又将增大变压器差动保护的不平衡电流。

5）由于变压器 Yd 联结的关系，变压器两侧电流间存在相位差而产生不平衡电流。

电力系统中变压器常采用 Yd11 联结，因此，变压器两侧电流的相位差为 30°，必须补偿由于两侧电流相位不同而引起的不平衡电流。

6）由电流互感器计算电流比与实际电流比不同而产生的不平衡电流。

另外，变压器差动保护还要考虑以下两种情况下的灵敏度：

1）变压器差动保护能反映高、低压绕组的匝间短路。虽然匝间短路时短路环中电流很大，但流入差动保护的电流可能并不大。

2）变压器差动保护应能反映高压侧（中性点直接接地系统）的单相接地短路，但经高阻接地时故障电流也比较小。

综上所述，差动保护用于变压器，一方面由于各种因素产生较大或很大的不平衡电流，另一方面又要求能反映轻微内部短路，变压器差动保护要比发电机差动保护复杂。微机型的差动保护装置在软件设计上充分考虑了上述因素。

三、微机型变压器差动保护的相位校正

双绕组变压器常采用 Yd 11联结，因此，变压器两侧电流的相位差为 30°。为保证在正常运行或外部短路故障时动作电流计算式中的高压侧电流 i_1' 与低压侧电流 i_2' 有反相关系，必须进行相位校正。对于 Yyd 11及 Yd 11d 11联结的三绕组变压器，也应通过相位校正的方法保证星形侧与三角形侧电流有反相关系。

对于微机型纵联差动保护，一种方法是按常规纵联差动保护接线，通过电流互感器二次接线进行相位校正，称为"外转角"方式。另一种方法是变压器各侧电流互感器二次接线同为星形联结，利用微机保护软件计算的灵活性，直接由软件进行相位校正，称为"内转角"方式。

当变压器各侧电流互感器二次均采用星形联结时，可简化 TA 二次接线，增加电流回路的可靠性。因此，微机型变压器差动保护中，一般各侧 TA 都按星形接入到微机差动保护装置，TA 的匹配和变压器接线方式引起的各侧电流之间的相位关系全部由微机差动保护装置自动进行处理，即采用"内转角"方式进行相位校正。

内转角的计算方法又可分为星形侧向三角形侧（Y →D）校正的算法及三角形侧向星形侧（D→ Y）校正的算法两种。电流互感器 TA 二次接线如图 6-2 所示。当

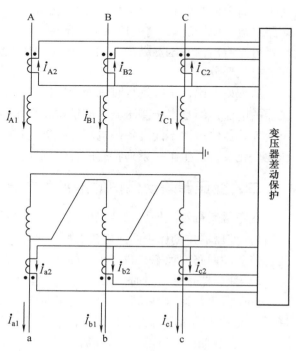

图 6-2　Yd11 联结变压器内转角相位校正接线图

变压器为 Yd11 联结时，图 6-3a 给出了 TA 一次侧的电流相量图，为消除各侧 TA 二次电流之间的 30°角度差，必须由保护软件通过算法进行调整。

1. 星形侧向三角形侧（Y→D）校正的算法

大部分保护装置采用星形侧向三角形侧（Y→D）校正相位的方法，其校正方法如下：

$$星形侧 \quad \begin{cases} \dot{I}'_{A2} = (\dot{I}_{A2} - \dot{I}_{B2})/\sqrt{3} \\ \dot{I}'_{B2} = (\dot{I}_{B2} - \dot{I}_{C2})/\sqrt{3} \\ \dot{I}'_{C2} = (\dot{I}_{C2} - \dot{I}_{A2})/\sqrt{3} \end{cases} \tag{6-1}$$

$$三角形侧 \quad \begin{cases} \dot{I}'_{a2} = \dot{I}_{a2} \\ \dot{I}'_{b2} = \dot{I}_{b2} \\ \dot{I}'_{c2} = \dot{I}_{c2} \end{cases} \tag{6-2}$$

式中　$\dot{I}_{A2}$、$\dot{I}_{B2}$、$\dot{I}_{C2}$ ——星形侧 TA 二次电流；

$\dot{I}'_{A2}$、$\dot{I}'_{B2}$、$\dot{I}'_{C2}$ ——星形侧校正后的各相电流；

$\dot{I}_{a2}$、$\dot{I}_{b2}$、$\dot{I}_{c2}$ ——三角形侧 TA 二次电流；

$\dot{I}'_{a2}$、$\dot{I}'_{b2}$、$\dot{I}'_{c2}$ ——三角形侧校正后的各相电流。

经过软件校正后，差动回路两侧电流之间的相位一致，如图 6-3b 所示。同理，对于三绕组变压器，若采用 Yyd11 联结，两星形侧的相位校正方法都是相同的。

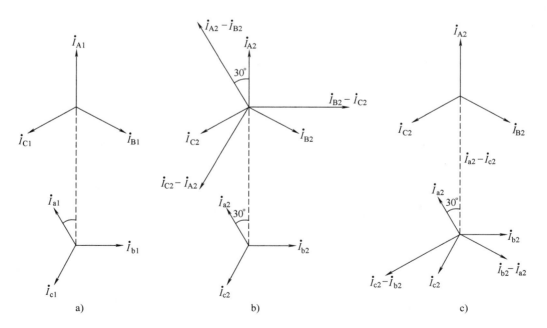

图 6-3　Yd11 联结变压器内转角相位校正相量图

a）TA 一次电流相量　b）星形侧向三角形侧调整　c）三角形侧向星形侧调整

需要说明，采用 Y 侧进行相位校正的方法，当 Y 侧为中性点接地运行发生接地短路故障时，差动回路不反映零序分量电流，保护对接地短路故障的灵敏度将受到影响。

2. 三角形侧向星形侧（D→Y）**校正的算法**

保护装置采用三角形侧向星形侧（D→Y）变化调整差流平衡时，其校正方法如下：

星形侧
$$\begin{cases} \dot{I}'_{A2} = (\dot{I}_{A2} - \dot{I}_0) \\ \dot{I}'_{B2} = (\dot{I}_{B2} - \dot{I}_0) \\ \dot{I}'_{C2} = (\dot{I}_{C2} - \dot{I}_0) \end{cases} \tag{6-3}$$

三角形侧
$$\begin{cases} \dot{I}'_{a2} = (\dot{I}_{a2} - \dot{I}_{c2})/\sqrt{3} \\ \dot{I}'_{b2} = (\dot{I}_{b2} - \dot{I}_{a2})/\sqrt{3} \\ \dot{I}'_{c2} = (\dot{I}_{c2} - \dot{I}_{b2})/\sqrt{3} \end{cases} \tag{6-4}$$

式中　$\dot{I}_{A2}$、$\dot{I}_{B2}$、$\dot{I}_{C2}$——星形侧 TA 二次电流；

$\dot{I}'_{A2}$、$\dot{I}'_{B2}$、$\dot{I}'_{C2}$——星形侧校正后的各相电流；

$\dot{I}_{a2}$、$\dot{I}_{b2}$、$\dot{I}_{c2}$——三角形侧 TA 二次电流；

$\dot{I}'_{a2}$、$\dot{I}'_{b2}$、$\dot{I}'_{c2}$——三角形侧校正后的各相电流；

$\dot{I}_0$——星形侧零序二次电流。

经过软件校正后，差动回路两侧电流之间的相位一致，如图 6-3c 所示。同理，对于三绕组变压器，若采用 Yyd11 联结，星形侧的软件算法都是相同的，三角形侧同样进行相位校正。

Yd11 联结电力变压器构成纵联差动保护接线时，由于变压器高压侧与低压侧相位差 30°，为了消除相位不同产生的不平衡电流，要对其进行相位校正。相位校正的方法不同，在变压器内部单相接地短路时差动保护的灵敏度也不同。

传统由电磁型构成的差动保护采用"外转角"方式，将变压器的星形侧电流互感器二次侧接成三角形，三角形侧电流互感器二次侧接成星形，以此来满足相位补偿关系。若变压器星形侧中性点直接接地，当外部发生单相接地短路时，变压器星形侧有零序分量电流，而变压器三角形侧电流互感器不反映零序分量电流，这样在差动回路中不会引起不平衡电流。但是采用这种补偿方式也带来了另外一个问题，那就是在变压器星形侧发生单相接地短路时，星形侧流入差动继电器的电流就不包含零序分量的电流，差动保护的灵敏度将降低。

微机型变压器差动保护中，电流互感器接线可以采用常规接线，也可以采用全星形联结即"内转角"方式，由软件补偿相位和幅值。若电流互感器采用三角形联结，无法判断三角形联结内的断线，只能判断引出线断线。显然，差动保护用的电流互感器采用全星形联结较采用常规接线有其优越性，应推广采用。

由软件在变压器星形侧实现的相位校正与由常规电磁型构成的差动保护的作用相同。同理，在变压器星形侧发生单相接地短路时，保护的灵敏度也将受到影响。

考虑到在变压器星形侧发生单相接地短路与在保护区外发生单相接地短路，流过差动回路星形侧电流互感器的零序分量电流与变压器中性点零序电流互感器的零序分量电流的方向不同。保护装置采用三角形侧向星形侧（D→Y）变化调整，如式（6-3）、式（6-4）所示，加入变压器中性点零序电流分量补偿后，在变压器外部发生单相接地短路故障时不会产生不平衡电流，而在变压器内部发生单相接地短路时又可以提高变压器差动保护的灵敏度，因此是值得推广的一种补偿方式。

四、微机型变压器差动保护的幅值校正

通过相位校正，满足了正常运行和区外短路时电流的反相关系。但由于变压器各侧的额定电压、接线方式及差动 TA 电流比都不相同，因此在正常运行时，流入差动保护的各侧电流也不相同。

为保证区外故障时差动保护不误动，微机保护应在相位校正的基础上进行幅值校正（幅值校正通常称为电流平衡调整），将各侧大小不同的电流折算成大小相等、方向相反的等效电流，使得在正常运行或区外故障时，差动电流（称为不平衡电流）尽可能小。

将各侧不同的电流值折算成作用相同的电流，相当于将某一侧或某两侧的电流乘以一修正系数，称为平衡系数。

设有 Yyd11 联结的三绕组变压器，变压器各侧 TA 均为星形联结，则各侧流入差动保护某相的一次额定电流计算公式为

$$I_{1N} = \frac{S_N}{\sqrt{3}\, U_{N.\varphi\varphi}} \tag{6-5}$$

式中　　S_N——变压器额定容量；

I_{1N}——变压器计算侧一次额定计算电流；

$U_{N.\varphi\varphi}$——变压器计算侧的额定线电压。

变压器各侧电流互感器二次额定计算电流为

$$I_{2N} = \frac{I_{1N}}{n_{TA}} = \frac{S_N}{\sqrt{3}\, U_{N.\varphi\varphi} n_{TA}} \tag{6-6}$$

式中　　I_{2N}——变压器计算侧二次额定计算电流；

n_{TA}——变压器计算侧电流互感器的电流比。

注意，当式（6-1）和式（6-4）计及系数 $\sqrt{3}$ 后，此处不再计及。否则在计算电流 I_{2N} 时要乘以系数 $\sqrt{3}$。

设变压器高、中、低压各侧的额定电压、额定二次计算电流及差动 TA 的电流比分别为 $U_{N.h}$、$I_{2N.h}$、n_h、$U_{N.m}$、$I_{2N.m}$、n_m、$U_{N.1}$、$I_{2N.1}$、n_1，一般以高压侧（电源侧）$I_{2N.h}$ 电流为基准，将其他两侧的电流 I_m 和 I_1 折算到高压侧的平衡系数分别为 $K_{b.m}$ 及 $K_{b.1}$。

$$K_{b.m} = \frac{I_{2N.h}}{I_{2N.m}} = \frac{U_{N.m} n_m}{U_{N.h} n_h} \tag{6-7}$$

$$K_{b.1} = \frac{I_{2N.h}}{I_{2N.1}} = \frac{U_{N.1} n_1}{U_{N.h} n_h} \tag{6-8}$$

注意，当式（6-1）没有计及系数 $\sqrt{3}$ 时，和电流互感器 TA 外部采用三角形联结类似，使星形侧差动电流增大为 $\sqrt{3}$ 倍，则变压器三角形侧 $K_{b.1}$ 计算式中要乘以系数 $\sqrt{3}$。

变压器纵联差动保护各侧电流平衡系数 $K_{b.m}$ 及 $K_{b.1}$ 求出后，电流平衡调整自然实现了，

即只需将各侧相电流与其对应的平衡系数相乘即可。应当指出，由于微机保护电流平衡系数取值是二进制方式，不是连续的，因此不可能使纵联差动保护达到完全平衡，但引起的不平衡电流极小，完全可以不计。引入平衡系数之后差动电流的计算方法为

$$I_d = |\dot{I}_h + K_{b.m}\dot{I}_m + K_{b.1}\dot{I}_1| \tag{6-9}$$

变压器微机保护各侧电流互感器采用星形联结，不仅可明确区分励磁涌流和短路故障，有利于加快保护的动作速度；而且有利于电流互感器二次回路断线的判别。但是，对于中性点直接接地的自耦变压器，变压器外部接地时，高压侧和中压侧的零序电流可以相互流通，为防止纵联差动保护误动作，两侧的电流互感器必须接成三角形。

另外，由于变压器绕组开焊或断路器一相偷跳，形成的正序、负序电流对变压器而言是穿越性的，相当于保护区外短路故障，因此纵联差动保护不反应。

第三节　比率差动元件原理

一、比率制动差动的基本原理

为避开区外短路不平衡电流的影响，同时区内短路要有较高的灵敏度，理想的办法就是采用比率制动特性。

比率制动的差动保护是分相设置的，以双绕组变压器单相来说明其原理。以流入变压器的电流方向为正方向，差动电流为 $I_d = |\dot{I}_1 + \dot{I}_2|$，为了使区外故障时制动作用最大，区内故障时制动作用最小或等于零，制动电流可采用 $I_{res} = |\dot{I}_1 - \dot{I}_2|/2$。

以 I_d 为纵轴，I_{res} 为横轴，比率制动的微机差动保护的特性曲线如图 6-4 所示，图中的纵轴表示差动电流，横轴表示制动电流，a、b 线表示差动保护的动作整定值，这就是说 a、b 线的上方为动作区，a、b 线的下方为非动作区。a、b 线的交点通常称为拐点。c 线表示区内短路时的差动电流。d 线表示区外短路时的差动电流。

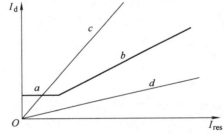

图 6-4　比率制动差动保护的特性曲线

二、两折线比率制动特性

微机型变压器差动保护中，差动元件的动作特性最基本的是采用具有两段折线形的动作特性曲线，如图 6-5 所示。图中，$I_{op.min}$ 为差动元件起始动作电流幅值，也称为最小动作电流；$I_{res.min}$ 为最小制动电流，又称为拐点电流（一般取 $(0.5\sim1.0)I_{2N}$，I_{2N} 为变压器计算侧电流互感器二次额定计算电流）；K 为制动段的斜率，$K=\tan\alpha$。

微机变压器差动保护的差动元件采用分相差

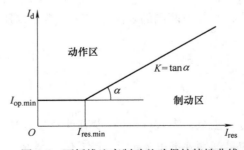

图 6-5　两折线比率制动差动保护特性曲线

动，其比率制动特性可表示为

$$I_{\mathrm{d}} \geqslant I_{\mathrm{op.min}} \qquad (I_{\mathrm{res}} \leqslant I_{\mathrm{res.min}}) \tag{6-10}$$

$$I_{\mathrm{d}} \geqslant I_{\mathrm{op.min}} + K(I_{\mathrm{res}} - I_{\mathrm{res.min}})(I_{\mathrm{res}} > I_{\mathrm{res.min}}) \tag{6-11}$$

式中　I_{d}——差动电流的幅值；

　　　I_{res}——制动电流的幅值。

变压器差动保护的差动电流，取各侧电流互感器（TA）二次电流相量和的绝对值。对于双绕组变压器，有

$$I_{\mathrm{d}} = |\dot{I}_1 + \dot{I}_2| \tag{6-12}$$

对于三绕组变压器或引入三侧电流的变压器，有

$$I_{\mathrm{d}} = |\dot{I}_1 + \dot{I}_2 + \dot{I}_3| \tag{6-13}$$

式中　$\dot{I}_1$、$\dot{I}_2$、$\dot{I}_3$——变压器高、中、低压侧 TA 的二次电流。

三、制动电流的取法

在微机保护中，变压器制动电流的取得方法比较灵活，关键是应在灵敏度和可靠性之间做一个最合适的选择。

1）对于双绕组变压器、两侧差动保护，一般有以下几种取法：

①制动电流为高、低压两侧 TA 二次电流相量差的一半，即

$$I_{\mathrm{res}} = |\dot{I}_1 - \dot{I}_2|/2 \tag{6-14}$$

②制动电流为两侧 TA 二次电流幅值和的一半，即

$$I_{\mathrm{res}} = (|\dot{I}_1| + |\dot{I}_2|)/2 \tag{6-15}$$

③制动电流为两侧 TA 二次电流幅值的最大值，即

$$I_{\mathrm{res}} = \max\{ |\dot{I}_1| , |\dot{I}_2| \} \tag{6-16}$$

2）对于三侧及多侧差动保护，一般有以下取法：

①制动电流取各侧 TA 二次电流幅值和的一半，即

$$I_{\mathrm{res}} = (|\dot{I}_1| + |\dot{I}_2| + |\dot{I}_3| + |\dot{I}_4|)/2 \tag{6-17}$$

②制动电流取各侧 TA 二次电流幅值的最大值，即

$$I_{\mathrm{res}} = \max\{ |\dot{I}_1| , |\dot{I}_2| , |\dot{I}_3| , |\dot{I}_4| \} \tag{6-18}$$

注意，无论是双侧绕组还是多侧绕组，电流都要折算到同一侧进行计算和比较。

四、三折线比率制动特性

图 6-6 所示为三折线比率制动差动保护特性曲线，有两个拐点电流 I_{res1} 和 I_{res2}，通常 I_{res1} 固定为 $0.5I_{2\mathrm{N}}$。比率制动特性由 3 个直线段组成，制动特性可表示为

$$I_{\mathrm{d}} > I_{\mathrm{op.min}} \qquad (I_{\mathrm{res}} \leqslant I_{\mathrm{res1}}) \tag{6-19}$$

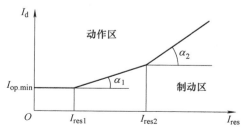

图 6-6　三折线比率制动差动保护特性曲线

$$I_d > I_{op.min} + K_1(I_{res} - I_{res1}) \qquad (I_{res1} < I_{res} \leqslant I_{res2}) \qquad (6\text{-}20)$$

$$I_d > I_{op.min} + K_1(I_{res2} - I_{res1}) + K_2(I_{res} - I_{res2}) \qquad (I_{res} > I_{res2}) \qquad (6\text{-}21)$$

式中 K_1、K_2——两个制动段的斜率。

此种制动特性通常 I_{res1} 固定为 $0.5I_{2N}$ 或 $(0.3 \sim 0.75)I_{2N}$ 可调，I_{res2} 固定为 $3I_{2N}$ 或 $(0.5 \sim 3)$ I_{2N} 可调，K_2 固定为 1。这种比率制动特性容易满足灵敏度的要求。

五、工频变化量比率制动特性

反映稳态量的差动保护由于负荷电流产生制动电流，因此在重负荷下发生的轻微故障（例如少匝数的匝间短路）灵敏度可能不够。变压器有 70% 左右的故障是匝间短路，为了提高少匝数的匝间短路时差动保护的灵敏度，比率制动特性中的起动电流往往整定得较小，例如整定成额定电流的 30% ~ 50%，而且初始部分没有制动特性。运行实践证明，这样的差动保护往往在区外短路或短路切除的恢复过程中，由于各侧电流互感器暂态或稳态特性不一致或者二次回路时间常数的差异或者电流互感器饱和程度的不同造成保护的误动。

利用工频变化量比率制动能提高变压器内部故障时的灵敏度。

1. 工频变化量比率差动保护的动作方程

工频变化量比率差动保护的动作方程为

$$\begin{cases} \Delta I_d > 1.25\Delta I_{dt} + I_{dt} \\ \Delta I_d > 0.6\Delta I_r & (\Delta I_r < 2I_N) \\ \Delta I_d > 0.75\Delta I_r - 0.3I_N & (\Delta I_r > 2I_N) \end{cases} \qquad (6\text{-}22)$$

$$\Delta I_d = \left| \Delta \sum_{i=1}^{m} \dot{I}_{i\varphi} \right|$$

$$\Delta I_r = \max\Delta \sum_{i=1}^{m} \left| I_{i\varphi} \right|$$

式中 $\Delta\dot{I}_{i\varphi}$——变压器各侧流入的故障分量电流；

$\Delta\sum\dot{I}$——各支路工频变化量电流的相量和；

$\Delta\sum|I|$——各支路工频变化量电流的标量和；

ΔI_{dt}——浮动门槛，随变化量输出增大而自动增大，取 1.25 倍可保证门槛电压始终高于不平衡输出，可保证在系统发生振荡或频率有偏移时保护不误动。

理论上，工频变化量比率差动制动系数可取较高的数值，这样有利于防止区外故障 TA 饱和等因素所造成的差动保护误动。工频变化量比率差动动作特性如图 6-7 所示。

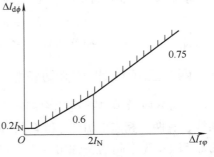

图 6-7 工频变化量比率差动动作特性

2. 工频变化量比率差动保护的逻辑框图

工频变化量比率差动保护的逻辑框图如图 6-8 所示。

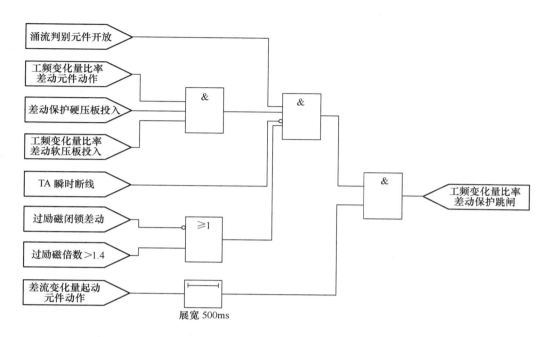

图 6-8　工频变化量比率差动保护的逻辑框图

3. 工频变化量比率差动保护的特点

1）负荷电流对它没有影响。对于稳态量的比率差动，负荷电流是一个制动量，会影响内部短路的灵敏度。随着内部故障严重程度的增大，其灵敏度会下降。

2）受过渡电阻影响小。

3）由于上述原因工频变化量比率差动保护比较灵敏。它提高了小匝数的匝间短路时的灵敏度；由于制动系数取得较高，在发生区外各种故障、功率倒方向、区外故障中出现 TA 饱和与 TA 暂态特性不一致等状态下也不会误动作；使得保护的安全性与灵敏度同时得到了兼顾。

第四节　变压器励磁涌流的识别

一、变压器励磁涌流的特点

正常运行时变压器的励磁电流很小，通常只有变压器额定电流的 3%～6% 或更小，所以差动保护回路的不平衡电流也很小。区外短路时，由于系统电压下降，变压器的励磁电流也不大，故差动回路的不平衡电流也较小。所以在稳态运行情况下，变压器的励磁电流对差动保护的影响可略去不计。但是，在电压突然增加的特殊情况下，例如在空载投入变压器或区外故障切除后恢复供电等情况下，就可能产生很大的变压器励磁电流，这种暂态过程中的变压器励磁电流通常称为励磁涌流。由于励磁涌流的存在，将使差动保护误动作，所以差动保护装置必须采取相应对策防止差动保护误动作。

三相变压器的励磁涌流与合闸时电源电压初相位、铁心剩磁、饱和磁感应强度、系统阻抗等有关，而且直接受三相绕组的接线方式和铁心结构型式的影响。此外，励磁涌流还受电流互感器接线方式及其特性的影响。

分析和实践均表明：在 Yd11 或 YNd11 联结的变压器励磁涌流中，差动回路中有一相电流呈对称性涌流，另两相呈非对称性涌流，其中一相为正极性，另一相为负极性。励磁涌流有如下特点：

1）励磁涌流幅值大且衰减，含有非周期分量电流。对中、小型变压器，励磁涌流可达额定电流的 10 倍以上，且衰减较快；对大型变压器，励磁涌流一般不超过额定电流的 4.5 倍，衰减慢，有时可达 1min。当合闸初相位不同时，对各相励磁涌流的影响也不同。

2）励磁涌流含有大量谐波，以 2 次谐波为主。在励磁涌流中，除基波和非周期电流外，含有明显的 2 次谐波和偶次谐波，以 2 次谐波为最大，这个 2 次谐波电流是变压器励磁涌流的最明显特征，因为在其他工况下很少有偶次谐波发生。2 次谐波的含量在一般情况下不会低于基波分量的 15%，而短路电流中几乎不含有 2 次谐波分量。

3）波形呈间断特性。图 6-9 所示为短路电流和励磁涌流波形，由图可见，短路电流波形连续，正、负半周的波宽 θ_w 为 180°，波形间断角 θ_j 几乎为 0°，如图 6-9a 所示波形。励磁涌流波形如图 6-9b、c 所示，其中图 6-9b 为对称性涌流，波形不连续，出现间断；图 6-9c 为非对称性涌流，波形偏于时间轴一侧，同样不连续，出现间断。

显然，检测差动回路电流波形的 θ_w、θ_j，可判别出是短路电流还是励磁涌流。通常取 $\theta_{w.set} = 140°$、$\theta_{j.set} = 65°$，即 $\theta_j > 65°$ 判为励磁涌流，$\theta_j \leqslant 65°$ 同时 $\theta_w \geqslant 140°$ 判为内部故障时的短路电流。

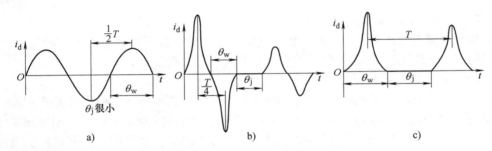

图 6-9 短路电流和励磁涌流波形

a）短路电流波形 b）对称性涌流波形 c）非对称性涌流波形

二、变压器励磁涌流的识别方法

1. 二次谐波电流制动

测量纵联差动保护中三相差动电流中的 2 次谐波含量识别励磁涌流。判别式为

$$I_{d2\varphi} > K_{2\varphi} I_{d\varphi} \tag{6-23}$$

式中 $I_{d2\varphi}$——差动电流中的 2 次谐波电流；

$K_{2\varphi}$——2 次谐波制动系数；

$I_{d\varphi}$——差动电流。

当式（6-23）满足时，判为励磁涌流，闭锁纵联差动保护；当式（6-23）不满足时，开放纵联差动保护。

2 次谐波电流制动原理因判据简单，在电力系统的变压器纵联差动保护中获得了普遍应用。

2. 利用波形对称识别原理识别励磁涌流

波形对称识别原理是通过判别差动回路电流波形对称性来识别励磁涌流的。所谓波形对称是指工频半周时间内的差动电流波形延迟半周与相邻半周时间内的电流波形关于时间轴对称。

波形对称的判据为

$$|i_d(\alpha) - i_d(\alpha-\pi)| > K| i_d(\alpha) + i_d(\alpha-\pi)| \tag{6-24}$$

式中　$i_d(\alpha)$——某一时刻差动电流的瞬时值；

$i_d(\alpha-\pi)$——超前 $i_d(\alpha)$ 半个工频周期的差动电流瞬时值；

K——常数。

利用式（6-24）对电流进行连续半周比较，满足式（6-24）的电流波形视为对称，否则视为不对称。对于正弦波形的短路电流，半周内均有 $i_d(\alpha)$ 与 $i_d(\alpha-\pi)$ 大小相等、方向相反，满足式（6-24）。实际上变压器区内短路时，差动回路电流并非理想正弦波，但是适当选择 K 值，仍能满足式（6-24）判据的要求。

波形对称识别元件能有效地识别励磁涌流引起的差动电流波形畸变，使差动保护躲开励磁涌流的能力大大提高，并在变压器空载投入伴随区内故障时，差动保护能快速、可靠动作。

3. 判别电流间断角识别励磁涌流

判别电流间断角识别励磁涌流的判据为

$$\theta_j > 65°, \theta_w < 140° \tag{6-25}$$

只要 $\theta_j > 65°$ 就判为励磁涌流，闭锁纵联差动保护；而当 $\theta_j \leqslant 65°$ 且 $\theta_w \geqslant 140°$ 时，则判为故障电流，开放纵联差动保护。可见，对于非对称性励磁涌流，能够可靠闭锁纵联差动保护；对于对称性励磁涌流，虽然 $\theta_{j.\min} = 50.8° < 65°$，但是 $\theta_{w.\max} = 120° \leqslant 140°$，同样也能可靠闭锁纵联差动保护。

第五节　变压器相间短路的后备保护

为反映变压器外部相间短路故障引起的过电流以及作为差动保护和气体保护的后备，变压器应装设反映相间短路故障的后备保护。根据变压器容量和保护灵敏度要求，后备保护的方式主要有后备阻抗保护、复合电压起动（方向）过电流保护、欠电压起动过电流保护及简单过电流保护等。而复合电压起动（方向）过电流保护应用最广。为防止变压器长期过负荷运行带来的绝缘加速老化，还应装设过负荷保护。

对于单侧电源的变压器，后备保护装设在电源侧，作为纵联差动保护、气体保护的后备或相邻元件的后备。对于多侧电源的变压器，后备保护装设于变压器各侧。当作为纵联差动保护和气体保护的后备时，装设在主电源侧的保护动作后跳开各侧断路器，而且主电源侧的保护对变压器各电压侧的故障均应满足灵敏度的要求。变压器各侧装设的后备保护，主要作为各侧母线保护和相邻线路的后备保护，动作后跳开本侧断路器，如高压厂变低压侧过电流保护作为厂用母线的保护。此外，当变压器断路器和电流互感器间发生故障时（称死区范围），只能由后备保护反映。

一、过电流保护

变压器过电流保护的单相原理接线图如图 6-10 所示，其工作原理与线路定时限过电流保护相同。保护动作后，跳开变压器两侧的断路器。保护的起动电流按躲过变压器可能出现的最大负荷电流来整定，即

$$I_{set} = \frac{K_{rel}}{K_{re}} I_{L.max} \qquad (6-26)$$

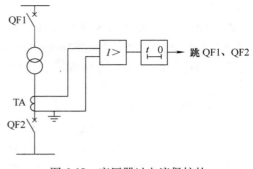

图 6-10　变压器过电流保护的单相原理接线图

式中　K_{rel}——可靠系数，一般取为 1.2～1.3；

　　　K_{re}——返回系数，取为 0.85～0.95；

　　　$I_{L.max}$——变压器可能出现的最大负荷电流。

变压器的最大负荷电流应按下列情况考虑：

1）对并联运行的变压器，应考虑切除一台最大容量的变压器后，在其他变压器中出现的过负荷。当各台变压器的容量相同时，有

$$I_{L.max} = \frac{n}{n-1} I_N \qquad (6-27)$$

式中　n——并联运行变压器的最少台数；

　　　I_N——每台变压器的额定电流。

2）对降压变压器，应考虑负荷中电动机自起动时的最大电流，即

$$I_{L.max} = K_{ss} I'_{L.max} \qquad (6-28)$$

式中　K_{ss}——综合负荷的自起动系数，其值与负荷性质及用户与电源间的电气距离有关，对 110kV 降压变电站的 6～10kV 侧，取 1.5～2.5；35kV 侧，取 1.5～2.0。

　　　$I'_{L.max}$——正常工作时的最大负荷电流（一般为变压器的额定电流）。

保护的动作时限及灵敏度校验与定时限过电流保护相同。按以上条件选择的起动电流，其值一般较大，往往不能满足作为相邻元件后备保护的要求，为此需要提高灵敏性。

二、欠电压起动的过电流保护

过电流保护按躲过最大负荷电流整定，起动电流较大，对升压变压器及大容量降压变压器，灵敏度常常不满足要求，采用欠电压起动的过电流保护。欠电压起动的过电流保护原理接线图如图 6-11 所示，保护的起动元件包括电流元件和欠电压元件。

电流元件的动作电流按躲过变压器的额定电流整定，即

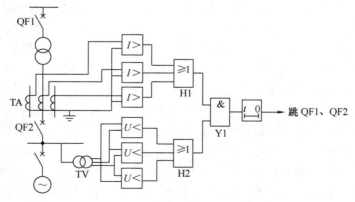

图 6-11　欠电压起动的过电流保护原理接线图

$$I_{\text{set}} = \frac{K_{\text{rel}}}{K_{\text{re}}} I_{\text{N}} \qquad\qquad (6\text{-}29)$$

因而其动作电流比过电流保护的起动电流小，从而提高了保护的灵敏性。

欠电压继电器的动作电压 U_{set} 可按躲过正常运行时的最低工作电压整定。一般取 $U_{\text{set}} = 0.7U_{\text{N}}$（$U_{\text{N}}$ 为变压器的额定电压）。

对升压变压器，如欠电压继电器只接在一侧电压互感器上，则当另一侧短路时，灵敏度往往不能满足要求。为此，可采用两套欠电压继电器分别接在变压器高、低压侧的电压互感器上，并将其触点并联，以提高灵敏度。

三、复合电压起动（方向）过电流保护

若欠电压起动的过电流保护的欠电压继电器灵敏度不满足要求，可采用复合电压起动的过电流保护，其原理接线图如图 6-12 所示。

复合电压起动过电流保护的复合电压起动部分由负序过电压元件与欠电压元件组成。在微机保护中，接入微机保护装置的电压为三个相电压或三个线电压，负序过电压与欠电压功能由算法实现。过电流元件的实现通过接入三相电流由保护算法实现，两者相与构成复合电压起动过电流保护。

各种不对称短路时存在较大的负序电压，负序过电压元件将动作，一方面开放过电流保护，

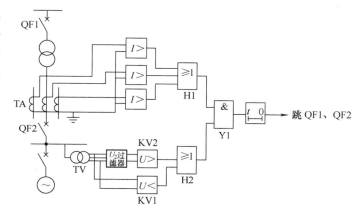

图 6-12　复合电压起动的过电流保护原理接线图

当过电流保护动作后经过设定的延时动作于跳闸；另一方面使欠电压保护的数据窗的数据清零，使欠电压元件动作。对称性三相短路时，由于短路初瞬间也会出现短时的负序电压，负序过电压元件将动作，欠电压保护的数据窗的数据被清零，欠电压元件也动作。当负序电压消失后，欠电压元件可设定在电压达到较高值时才返回，三相短路后电压一般都会降低，若它低于欠电压元件的返回电压，则欠电压元件仍处于动作状态不返回。在特殊的对称性三相短路情况下，短路初瞬间不会出现短时的负序电压，这时只要电压低于欠电压元件的动作值，复合电压起动元件也将动作。

保护装置中电流元件和相间电压元件的整定原则与欠电压起动过电流保护相同。负序电压继电器的动作电压 $U_{2\text{set}}$，按躲开正常运行情况下负序电压滤过器输出的最大不平衡电压整定。据运行经验，取 $U_{2\text{set}} = (0.06 \sim 0.12)U_{\text{N}}$。

与欠电压起动的过电流保护比较，复合电压起动的过电流保护具有以下优点：

1）由于负序电压继电器的整定值较小，因此，对于不对称短路，电压元件的灵敏度较高。

2）由于保护反映负序电压，因此，对于变压器后面发生的不对称短路，电压元件的工作情况与变压器采用的接线方式无关。

3）在三相短路时，由于瞬间出现负序电压，负序电压元件动作，只要欠电压元件不返回，就可以保证保护装置继续处于动作状态。由于欠电压继电器返回系数大于1，因此，实际上相当于灵敏度提高为 1.15~1.2 倍。

由于具有上述优点且接线比较简单，因此，复合电压起动的过电流保护已代替了低电压起动的过电流保护，从而得到了广泛应用。

对于大容量的变压器和发电机组，由于额定电流很大，而在相邻元件末端两相短路时的短路电流可能较小，因此，采用复合电压起动的过电流保护往往不能满足灵敏度的要求。在这种情况下，应采用负序过电流保护，以提高不对称短路时的灵敏性。

四、负序过电流保护

变压器负序过电流保护由电流元件和负序电流滤过器 I_2 等组成，反映不对称短路；由过电流元件和电压元件组成单相欠电压起动的过电流保护，反映三相对称短路。

负序电流保护的动作电流按以下条件选择：

1）躲开变压器正常运行时负序电流滤过器出口的最大不平衡电流，其值一般为 $(0.1 \sim 0.2)I_N$。

2）躲开线路一相断线时引起的负序电流。

3）与相邻元件上的负序电流保护在灵敏度上配合。

由于负序电流保护的整定计算比较复杂，实用上允许根据下列原则进行简化计算：

1）当相邻元件后备保护对其末端短路具有足够的灵敏度时，变压器负序电流保护可以不与这些元件后备保护在灵敏度上相配合。

2）进行灵敏度配合计算时，允许只考虑主要运行方式。

3）在大接地电流系统中，允许只按常见的接地故障进行灵敏度配合，例如只与相邻线路零序电流保护相配合。

为简化计算，可暂取 $I_{2set} = (0.5 \sim 0.6)I_N$，然后取在负序电流最小的运行方式下，远后备保护范围末端不对称短路时，流过保护的最小负序电流校验保护的灵敏度。

五、阻抗保护

对于发电机或变压器，其后备保护的选型总是首先采用电流、电压保护，若电流、电压保护不能满足灵敏度要求或根据网络保护间配合的要求，变压器相间故障后备保护可采用阻抗保护。阻抗保护通常应用在 330~500kV 大型升压变压器、联络变压器及降压变压器上，作为变压器引线、母线、相邻线路相间故障的后备保护。通常选用偏移特性阻抗元件或全阻抗元件来实现阻抗保护。由偏移特性造成的反向动作阻抗一般取正向动作阻抗的 5%~10%。

如主变压器高压侧后备阻抗保护采用偏移特性阻抗元件，正方向由母线指向变压器。正向整定阻抗可按发电机机端故障有足够灵敏度整定；反向整定阻抗应小于本侧母线引出线最短线路距离Ⅰ段定值。阻抗元件的动作特性如图 6-13 中的圆 1 所示。它主要用于母线及变压器故障的后备保护。保护设两个时限，第一时限跳母联断路器，第二时限动作于解列灭磁。

当偏移特性阻抗元件的正方向由变压器指向母线时，正向整定阻抗应与母线上的引出线阻抗保护段配合；反向整定阻抗保护到本侧变压器引线。此时不能作为变压器相间故障后备保护，而主要用于母线及高压侧出线故障的后备保护。动作特性如图 6-13 中的虚线圆 2 所示。

六、过负荷保护（信号）

变压器的过负荷电流在大多数情况下是三相对称的，过负荷保护作用于信号，同时闭锁有负荷调压。

过负荷保护安装地点，要能反映变压器所有绕组的过负荷情况。因此，对于双绕组升压变压器，过负荷保护应装设在低压侧（主电源侧）。对于双绕组降压变压器，过负荷保护应装设在高压侧。一侧无电源的三绕组升压变压器，过负荷保护应装设在发电机电压侧和无电源一侧。三侧均有电源的三绕

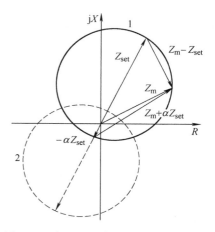

图 6-13 变压器后备阻抗保护动作特性

组升压变压器，各侧均应装设过负荷保护。单侧电源的三绕组降压变压器，当三侧绕组容量相同时，过负荷保护仅装设在电源侧；当三侧容量不同时，则在电源侧和容量较小的绕组侧装设过负荷保护。两侧电源的三绕组降压变压器或联络变压器，各侧均装设过负荷保护。

自耦变压器过负荷保护与自耦变压器各侧的容量比值以及负荷的分布有关，而负荷分布又与运行方式等有关，故自耦变压器的过负荷保护装设地点视具体情况而定。对于仅有高压侧电源的降压自耦变压器，过负荷保护一般装设在高压侧和低压侧。对于高压侧、中压侧均有电源的降压自耦变压器，当高压侧向中压侧及低压侧送电时，高压侧及低压侧可能过负荷；中压侧向高压侧及低压侧送电时，公共绕组先过负荷，而高压侧和低压侧尚未过负荷，因此这种变压器一般在高压侧、低压侧、公共绕组上装设过负荷保护。对于升压自耦变压器，当低压侧和中压侧向高压侧送电时，低压侧和高压侧过负荷，公共绕组可能不过负荷；当低压侧和高压侧向中压侧送电时，公共绕组先过负荷，而高压侧和低压侧尚未过负荷，因此这种变压器一般也在高压侧、低压侧、公共绕组上装设过负荷保护。对于大容量升压自耦变压器，低压绕组处于高压绕组及公共绕组之间，且当低压侧断开时，可能产生很大的附加损耗而产生过热现象，因此应限制各侧输送容量不超过 70% 的通过容量（额定容量），为了在这种情况下能发出过负荷信号，应增设低压绕组无电流时投入的特殊过负荷保护，其整定值按允许的通过容量选择。

此外，有些过负荷保护采用反时限特性以及测量过负荷倍数有效值来构成。需要指出，变压器过负荷表现为绕组的温升发热，它与环境温度、过负荷前所带负荷、冷却介质温度、变压器负荷曲线以及变压器设备状况等因素有关，因此定时限过负荷保护或反时限过负荷保护不能与变压器的实际过负荷能力有较好的配合。显而易见，前述的过负荷保护不能充分发挥变压器的过负荷能力；当过负荷电流在整定值上、下波动时，保护可能不反应；过负荷状态变化时不能反映变化前的温升情况。较好的变压器过负荷保护应是直接测量计算出绕组上升的温度，与最高温度比较，从而可确定出变压器的真实过负荷情况。

第六节　变压器接地短路的保护

　　在电力系统中，接地故障是主要的故障形式，所以对于中性点直接接地电网中的变压器，都要求装设接地保护（零序保护）作为变压器主保护的后备保护和相邻元件接地短路的后备保护。

　　电力系统接地短路时，零序电流的大小和分布，是与系统中变压器中性点接地的数目和位置有很大关系的。通常，对只有一台变压器的升压变电所，变压器都采用中性点直接接地的运行方式。对有若干台变压器并联运行的变电所，则采用一部分变压器中性点接地运行的方式。因此，对只有一台变压器的升压变电所，通常在变压器上装设普通的零序过电流保护，保护接于中性点引出线的电流互感器上。

　　变压器接地保护方式及其整定值的计算与变压器的型式、中性点接地方式及所连接系统的中性点接地方式密切相关。变压器接地保护要在时间上和灵敏度上与线路的接地保护相配合。

一、变压器接地保护的零序方向元件

　　普通三绕组变压器高压侧、中压侧中性点同时接地运行时，若任一侧发生接地短路故障，在高压侧和中压侧都会有零序电流流通，需要两侧变压器的零序电流保护相互配合，有时需要零序方向元件。对于三绕组自耦变压器，高压侧和中压侧除电的直接联系外，两侧共用一个中性点并接地，任一侧发生接地故障时，零序电流可在高压侧和中压侧间流通，同样需要零序电流方向元件以使变压器两侧的零序电流保护配合。双绕组变压器的零序电流保护，一般不需要零序方向元件。

二、变压器零序（接地）保护的配置

　　1. 中性点接地运行变压器的零序保护

　　变压器中性点直接接地运行时，零序电流取自中性点回路的零序电流。零序电流保护原理图如图6-14所示。通常接于中性点回路的电流互感器 TA 一次侧的额定电流选为高压侧额定电流的$1/4 \sim 1/3$。

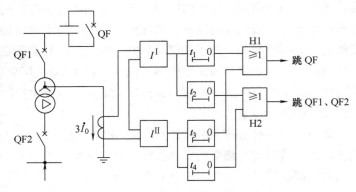

图 6-14　零序电流保护原理图

　　零序保护由两段零序电流构成。Ⅰ段整定电流（动作电流）与相邻线路零序过电流保护Ⅰ段（或Ⅱ段）或快速主保护配合。

Ⅰ段保护设两个时限t_1和t_2，t_1时限与相邻线路零序过电流Ⅰ段（或Ⅱ段）配合，取$t_1 = 0.5 \sim 1s$，动作于母线解列或跳分段断路器 QF，以缩小停电范围；$t_2 = t_1 + \Delta t$，断开变压器两侧断路器 QF1、QF2。Ⅱ段与相邻元件零序电流保护后备段配合；Ⅱ段保护也设两个时限t_3和t_4，时限t_3比相邻元件零序电流保护后备段最长动作时限大一个级差，动作于母线解列或跳分段断路器 QF；$t_4 = t_3 + \Delta t$ 断开变压器两侧断路器 QF1、QF2。

三绕组升压变压器高、中压侧中性点不同时接地或同时接地，但低压侧等效电抗等于零时，装设在中性点接地侧的零序保护与双绕组升压变压器的零序保护基本相同。

2. 中性点不接地运行的分级绝缘变压器零序保护

对分级绝缘的变压器，中性点一般装设放电间隙。中性点有放电间隙的分级绝缘变压器的零序保护原理图如图 6-15 所示。当变压器中性点接地（QS 接通）运行时，投入中性点接地的零序电流保护；当变压器中性点不接地（QS 断开）运行时，投入间隙零序电流保护和零序电压保护，作为变压器中性点不接地运行时的零序保护。

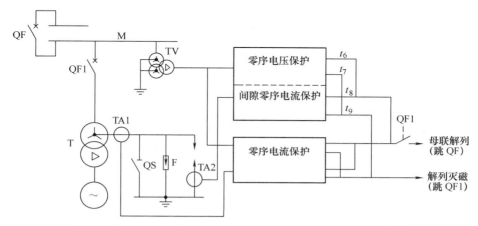

图 6-15　中性点有放电间隙的分级绝缘变压器的零序保护原理图

电网内发生一点接地短路故障，若变压器零序后备保护动作，则首先切除其他中性点直接接地运行的变压器。倘若故障点仍然存在，变压器中性点电位升高，放电间隙击穿，间隙零序电流保护动作，经短延时 t_8（取 $t_8 = 0 \sim 0.1s$）先跳开母联或分段断路器，经较长延时 t_9（取 $t_9 = 0.3 \sim 0.5s$）切除不接地运行的变压器；若放电间隙未被击穿，零序电压保护动作，经短延时 t_6（取 $t_6 = 0.3s$，可躲过暂态过程影响）将母联解列，经稍长延时 t_7（取 $t_7 = 0.6 \sim 0.7s$）切除不接地运行的变压器。不过，对于 220kV 及以上的变压器，间隙零序电流保护和零序电压保护动作后，经短延时（$0.3 \sim 0.5s$）后也可直接跳开变压器断路器。

间隙零序电流保护一次动作电流值通常取 100A；作为开放间隙零序电流保护的起动元件，动作值的灵敏度是测量元件的 3~4 倍，如动作值取 25~35A。

对于分级绝缘的双绕组降压变压器，零序保护动作后先跳开高压分段断路器或桥断路器；若接地故障在中性点接地运行的一台变压器侧，则零序保护可使该变压器高压侧断路器跳闸；若接地故障在中性点不接地运行的一台变压器侧，则需靠线路对侧的接地保护切除故障。此时，变压器的零序保护应与线路接地保护在时限上配合。

3. 全绝缘变压器的零序保护

全绝缘变压器中性点绝缘水平较高（220kV 变压器可达 110kV），按规定装设零序电流保护外，还应装设零序电压保护。当发生接地故障时，若接地故障在中性点接地运行的一台变压器侧，则零序保护可使该变压器高压侧断路器跳闸；若接地故障在中性点不接地运行的一台变压器侧，则由零序电压保护切除中性点不接地运行的变压器。

当中性点接地运行时，投入零序电流保护，工作原理与图 6-15 相同。当中性点不接地运行时，投入零序电压保护，零序电压的整定值应躲过电网存在接地中性点情况下单相接地时开口三角侧的最大零序电压（要低于电压互感器饱和时开口三角侧的零序电压）。为避免单相接地时暂态过程的影响，零序电压带 $t_6 = 0.3 \sim 0.5s$ 时限。零序电压保护动作后，切除变压器。

三、自耦变压器零序（接地）保护特点

自耦变压器高、中压侧间有电的联系，有共同的接地中性点且要求直接接地。当系统在高压或中压电网发生接地故障时，零序电流可在高、中压电网间流动，而流经接地中性点的零序电流数值及相位，随系统的运行方式不同会有较大变化。因此，自耦变压器高压侧和中压侧零序电流保护不能取用接地中性点回路电流，而应分别在高压及中压侧配置，并接在由本侧三相套管电流互感器组成的零序电流滤过器上。自耦变压器中性点回路装设的一段式零序过电流保护，只在高压或中压侧断开，内部发生单相接地故障，未断开侧零序过电流保护的灵敏度不够时才用。高压和中压侧的零序过电流保护应装设方向元件，动作方向由变压器指向该侧母线，即指向本侧系统。

考虑到自耦变压器的阻抗比较小，当变压器某侧（如中压侧）母线接地、而另一侧（如高压侧）相邻线路对端的零序电流保护 II 段整定值躲不过而可能动作时，此种情况可在故障母线侧（中压侧）装设两段式零序电流保护来保证选择性。其中，I 段与该侧（中压侧）线路零序电流保护 I 段配合，动作时限为 0.5s；II 段与其后备段配合。若另一侧相邻线路对端的零序电流保护 II 段的整定值能躲过该侧母线接地时的故障电流而不动作，则可不设零序电流保护 II 段。

第七节　变压器非电量保护

非电量保护是变压器的重要保护形式，通常非电量保护也称本体保护，它是相对于变压器各侧的电气量保护而言的，是通过监视、检测变压器的非电气状态参数（如瓦斯气体、油温、油位等）以及变压器辅助设备（如冷却器等）的状态，判断变压器的运行状态和外部环境，从而达到保护变压器的目的。变压器的非电量保护主要包括：本体气体保护、有负荷调压气体保护、压力释放、冷却器故障、冷风消失、油温升高等。微机型变压器保护一般采用专门的非电量保护装置。

一、非电量保护形式

1. 气体保护

变压器非电量保护形式中最重要的是气体保护（也称瓦斯保护）。在油浸式变压器油箱内发生故障时，短路点电弧使变压器油及其他绝缘材料分解，产生气体（含有气体成分），从油箱向储油柜流动，反映这种气流与油流动作的保护称为气体保护。气体保护的测量元件为气体继电器，气体继电器安装于变压器油箱和储油柜的通道上，为了便于气体的排放，安装时需要有一定的倾斜度，连接管道有 2%~4% 的坡度，如图 6-16 所示。

气体继电器的上触点为轻瓦斯触点，保护动作后发延时信号。继电器的下触点为重瓦斯触点，保护动作后要跳开变压器断路器。由于重瓦斯保护反映油流流速的大小，而油流的流

速在故障过程中往往很不稳定，所以重瓦斯保护动作后必须有自保持回路，以保证断路器能可靠跳闸。若变压器是有负荷调压变压器，则气体保护包括主变压器的气体保护（本体重瓦斯、本体轻瓦斯）和调压变压器的气体保护（调压重瓦斯、调压轻瓦斯）。

气体保护能反映油箱内的各种故障，且动作迅速，灵敏度高，特别对于变压器绕组的匝间短路（当短路匝数很少时），灵敏度好于其他保护。所以气体保护目前仍然是大、中、小型变压器必不可少的油箱内部故障最有效的主保护。但气体保护不能反映油箱外的引出线和套管上的任何故障，因此不能单独作为变压器的主保护，需与纵联差动保护或电流速断保护配合使用。

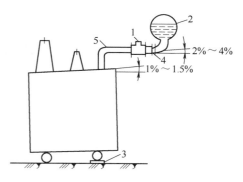

图 6-16　气体继电器安装位置
1—气体继电器　2—储油柜　3—钢垫块
4—阀门　5—导油管

2. 压力释放保护

当变压器过载或故障时，会引起油箱内部压力升高，如果压力达到一定程度而始终得不到释放，可能会引起变压器的爆炸，所以油浸式变压器需要装设过压力保护装置——压力释放阀。当变压器内部达到一定压力时，压力释放阀便动作，释放阀的膜盘跳起，变压器油排出，从而可靠地释放压力，压力释放阀动作的同时，释放阀的电气开关触点闭合，发出压力释放的跳闸信号。

3. 冷却器故障、风冷消失保护

由于变压器的铁损和铜损的影响，大中型变压器在运行中会产生较大的热量，尤其在高温的环境时，发热问题更加严重，因此大中型变压器一般都装有冷却装置。

当变压器采用风冷却方式时，在变压器油箱壁或散热管上加装风扇，利用风扇改变进入散热器与流出散热器的油温差，提高散热器的冷却效率。当风扇的电源或风扇因故障停转时，风扇的保护系统发出"风冷消失"的告警信号。

当变压器采用强迫油循环冷却方式时，利用油泵将变压器油打入油冷却器冷却后再送回油箱。变压器可以装设多台冷却器和备用冷却器，根据温度和（或）负荷控制冷却器的投切。一般情况下，若冷却器全停，应发出跳闸信号；若冷却器出现故障，则投入其他冷却器或备用冷却器，并发出告警信号。

4. 油温高保护

若变压器长时间在较高温度下运行，将导致变压器的老化加速，因此必须对变压器的温度进行监测，如变压器的顶层油温、强迫油循环冷却器进出口温度等。变压器温度的测量采用变压器专用的温度计，如变压器用压力式温度计，它通过感温介质的压力变化来显示变压器的油温，并带有电气接点来控制变压器冷却系统及发出报警信号。

除以上几种外，变压器的非电量保护还有绕组过热、本体油位异常、调压油位异常等。

二、非电量保护的实现

非电量保护实际上就是通过监测变压器本体及辅助设备的状态和非电量，根据这些状态和参量进行判断，控制各监测元件电气触点的闭合，以发出跳闸或报警信号，最终达到保护变压器的目的。

对微机保护装置来说,来自变压器非电量保护的触点信号有三种类型:不需要延时跳闸的触点、需要延时跳闸的触点、只需发信号告警的触点。不需要延时跳闸的触点通过硬压板直接去启动保护装置的跳闸继电器跳闸;需要延时跳闸的触点通过 CPU 延时后,由 CPU 发出跳闸命令启动保护装置的跳闸继电器;只需发信号告警的触点,仅启动保护装置的信号继电器。

一般情况下,不需要延时跳闸的非电量有本体重瓦斯、调压重瓦斯、压力释放、绕组过热等;需要延时跳闸的非电量有冷却器故障;只需发信号告警的非电量有本体轻瓦斯、调压轻瓦斯、本体油位异常、有负荷油位异常、油温高、绕组温高、风冷消失等。实际应用中应根据变压器的具体情况灵活选择适当的保护配置。

第八节　变压器保护配置与整定应用实例

一、变压器保护配置整定的规定

110kV 主变压器保护应配置主保护、非电量保护及各侧后备保护,要求各保护装置硬件独立;差动保护具备比率制动特性、二次谐波制动特性或间断角判别特性,差动保护选择在 TA 断线下是否闭锁差动保护;后备保护有高中低压各侧复压(方向)过电流保护、高压侧两段式零序(方向)过电流保护、高压侧中性点零序过电流保护、高压侧间隙零序电流保护、零序电压告警保护及其他辅助保护等。

与电网配合有关的变压器各侧的零序电流和相电流保护,其主要作用是作为变压器、母线、母线上的出线及其他元件的后备保护,在某些情况下,例如母线本身未配置专用的母线保护时,还起到母线主保护作用。整定计算的基本原则如下:

1. 差动保护的整定

差动动作电流的整定应满足区内故障时可靠动作,区外故障时可靠不动作。保护对主变内部故障应校验最小灵敏度不小于 2。单折线式微机差动保护其比率制动系数一般取为 0.5,最小动作电流取为 $0.5I_n$,差动速断保护一般按 6~8 倍主变压器的额定电流整定。

主变差动 CT 断线,要求闭锁低值段差动保护,高值差动保护不受 CT 断线闭锁。

2 次谐波制动系数在 0.15~0.20 之间,一般取 0.15。

2. 复压(方向)过电流保护配置

1)变压器保护区内外发生故障,如短路电流超过各侧绕组的热稳定电流时,相电流速断保护应以不大于 2s 的时间切除故障,相电流速断保护不宜经复合电压闭锁。

2)各侧延时相电流保护的主要作用是本侧母线、母线的连接元件以及变压器的后备保护,对于两侧或三侧电源的变压器,为简化配合关系,缩短动作时间,相电流保护可带方向,方向宜指向各侧母线,同时,在各电源侧以不带方向的长延时相电流保护作为总后备保护。

3)为提高灵敏度、增加安全性,相电流保护宜经复合电压闭锁,各侧电压闭锁元件可以并联使用。

4)为缩短变压器后备保护的动作时间,变压器各侧不带方向的长延时相电流保护跳三侧的时间可以相同。如各侧方向过电流保护均指向本侧母线，跳本侧母联断路器和本侧断路器的时间也允许相同。

3. 躲变压器负荷电流的过电流保护整定原则

单侧电源 3 个电压等级（或单侧电源两个电压等级）的变压器，电源侧的复合电压闭锁过电流保护作为保护变压器安全的最后一级跳闸保护，同时兼作无电源侧母线和出线故障的后备保护。电源侧过电流保护一般应对无电源侧母线故障有 1.5 的灵敏系数。

1）变压器的电源侧复合电压闭锁过电流保护的定值应与两个负荷侧的复合电压闭锁过电流保护定值配合整定，配合系数一般取 1.05～1.1，动作后，跳三侧断路器。

2）主负荷侧的复合电压闭锁过电流保护的电流定值按躲额定负荷电流整定，时间定值应与本侧出线保护最长动作时间配合，动作后，跳本侧断路器，如有两段时间，可先跳本侧断路器，再跳三侧断路器；在变压器并列运行时，还可先跳本侧母联断路器，再跳本侧断路器，后跳三侧断路器。

3）由于低压母线无快速保护，可考虑低压负荷侧过电流保护为两段式，Ⅰ段电流定值按保低压母线故障有灵敏度整定，时间定值与本侧出线保护或母联保护的Ⅰ段配合，跳本侧断路器；Ⅱ段电流定值按躲负荷电流整定，时间定值与本侧出线保护或母联保护最末段时间配合，跳本侧断路器、再跳三侧断路器。

多侧电源变压器方向过电流保护宜指向本侧母线，各电源侧过电流保护作为总后备，其定值按下述原则整定。

1）方向过电流保护作为本侧母线的后备保护，其电流定值按保本侧母线有灵敏度整定，时间定值应与出线保护相应段配合，动作后，跳本侧断路器；在变压器并列运行时，也可先跳本侧母联断路器，再跳本侧断路器。

2）主电源侧的过电流保护作为变压器、其他侧母线、出线的后备保护，电流定值按躲本侧负荷电流整定，时间定值应与出线保护最长动作时间配合，动作后，跳三侧断路器。

3）小电源侧的过电流保护作为本侧母线和出线的后备保护，电流定值按躲本侧负荷电流整定，时间定值应与出线保护最长动作时间配合，动作后，跳三侧断路器。在其他侧母线故障时，如该过电流保护没有灵敏度，应由小电源侧并网线路的保护装置切除故障。

4. 零序（方向）电流保护配置

1）只有高压侧中性点接地的变压器零序电流保护不应经零序方向元件控制，零序电流取自变压器中性点电流互感器。

2）自耦变压器、高中压侧中性点均直接接地的变压器零序电流Ⅰ段保护，如选择性需要，可经零序方向元件控制，方向宜指向本侧母线。零序电流Ⅱ段保护不带方向。对于三绕组变压器，零序电流取自变压器中性点电流互感器，各侧零序电流Ⅱ段保护跳三侧的时间可以相同。

5. 零序电流保护整定原则

1）中性点直接接地变压器的零序电流保护主要作为变压器内部、接地系统母线和线路接地故障的后备保护，一般由两段零序电流保护组成。变压器零序电流保护中，应有对本侧母线接地故障灵敏系数不小于 1.5 的保护段。

2）单侧中性点直接接地变压器的零序电流Ⅰ段电流定值，按保母线有 1.5 灵敏系数整定，动作时间与线路零序电流Ⅰ段或Ⅱ段配合，动作后跳母联断路器，如有第二时间，则可跳本侧断路器。零序电流Ⅱ段电流和时间定值应与线路零序电流保护最末一段配合，动作后跳变压器各侧断路器，如有两段时间，动作后以较短时间跳本侧断路器（或母联断路器），以较长时间跳变压器各侧断路器。

3）两侧中性点直接接地的3个电压等级的变压器，高压侧、中压侧零序电流Ⅰ段宜带方向，方向宜指向本侧母线，电流定值按保本侧母线有1.5的灵敏系数整定，动作时间与本侧线路零序电流Ⅰ段或Ⅱ段配合，动作后跳母联断路器，如有第二时间，则可跳本侧断路器。零序电流Ⅱ段不带方向，对于三绕组变压器，零序电流取自变压器中性点电流互感器，高压侧零序电流Ⅱ段定值应与本侧线路零序电流保护最末一段配合，也应与中压侧零序电流Ⅱ段配合。中压侧零序电流Ⅱ段定值应与本侧线路零序电流保护最末一段配合，同时还应与

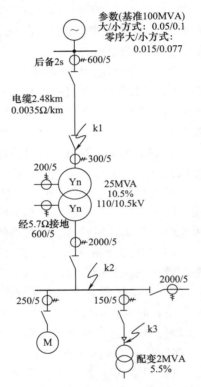

图6-17 某110kV变压器接线图及参数

高压侧的方向零序电流Ⅰ段或线路零序电流保护酌情配合。零序电流Ⅱ段动作后，跳变压器各侧断路器，如有两段时间，动作后以较短时间跳本侧断路器（或母联断路器），以较长时间跳变压器各侧断路器。

4）变压器110kV中性点放电间隙零序电流保护的一次电流定值一般可整定为40~100A，保护动作后带0.3~0.5s延时跳变压器各侧断路器。为防止中性点放电间隙在瞬时暂态过电压误击穿，导致保护装置误动作，根据实际情况，动作时间可以适当延长，按与本侧出线后备保护动作时间配合整定。

5）中性点经放电间隙接地的110kV变压器的零序电压保护，其$3U_0$定值一般整定为150~180V（额定值为300V），保护动作后带0.3~0.5s延时跳变压器各侧断路器。当变压器中性点绝缘水平低于半绝缘水平时，其中性点一般应直接接地运行。间隙零序电压保护应接于本侧母线电压互感器开口三角绕组。

二、变压器保护整定实例

图6-17给出某110kV变压器及系统参数标幺值，互感器TA电流比为300/5及2000/5。短路计算结果见表6-1，试配置并整定变压器保护。保护定值用二次侧有名值表示，时限级差取0.3s。

表6-1　短路电流计算结果表　　　　　　　　（单位：kA）

短路点	相间短路电流		接地短路零序电流	
	大方式	小方式	大方式	小方式
k1	9.37	4.85	11.35	5.11
k2	11.6	10.5	1	1
k3	10.31	7.61		

按规程 110kV 主变压器配置主保护差动保护及非电量保护；后备保护高/低压侧配置复压过电流保护；接地保护高压侧配置两段式零序过电流保护、间隙零序电流保护及零序电压保护。另外，低压侧小电阻接地配置两段式零序过电流保护。

（一）变压器（比率制动）差动保护

1. 比率差动保护启动值

1）躲过最大负荷时的不平衡电流；

$$I_{\text{op. min}} \geq K_{\text{rel}}(K_{\text{cc}}K_{\text{ap}}K_{\text{er}} + \Delta U + \Delta m)\frac{I_{\text{L. max}}}{n_{\text{TA}}}$$

$$= [\,1.2 \times (1 \times 1.5 \times 0.1 + 0.1 + 0.05) \times 1.3 \times (25/1.732/110) \times$$
$$1000/(300/5)\,]\text{A} = 1.024\text{A}$$

取 1.3A（一次值 78A）。

2）系统最小方式下各侧的灵敏度均大于 2。

2. 差动速断定值

1）躲过变压器低压侧三相短路时的最大短路不平衡电流

$$I_{\text{op. max}} \geq (K_{\text{cc}}K_{\text{ap}}K_{\text{er}} + \Delta U + \Delta m)\frac{I_{\text{k. max}}}{n_{\text{TA}}}$$

$$= [\,(1 \times 1.5 \times 0.1 + 0.1 + 0.05) \times 11600/(110/10.5)/(300/5)\,]\text{A} = 5.536\text{A}$$

2）躲过变压器空载投入及外部故障后电压恢复时的励磁涌流

$$I_{\text{op. max}} \geq [\,7 \times (25/1.732/110) \times 1000/(300/5)\,]\text{A} = 15.3\text{A}$$

3）满足系统最小方式变压器高压侧两相短路时灵敏度 ≥2

$$I_{\text{op. max}} \leq [\,0.866 \times 4850/2/(300/5)\,]\text{A} = 35\text{A}$$

取 18A（一次值 1080A）。

3. 比率制动特性斜率

取 0.5。

4. 二次谐波制动系数

取 0.15。

5. TA 断线报警定值

取 ≥0.5$I_{\text{op. min}}$：取 0.7A。

6. 各侧平衡系数

高压侧：基准取 1.0（$I_{\text{2N. h}} = 2.187\text{A}$）。

低压侧：$I_{\text{2N. h}}/I_{\text{2N. l}} = 2.187/3.437 = 0.6364$。

（二）变压器后备保护（复压过电流）

1. 低压 10kV 侧（负荷侧）

复压闭锁过电流 I 段保护与 10kV 出线保护电流 I 段配合，复压闭锁过电流 II 段保护按主变压器额定电流整定，短延时跳变压器本侧断路器，长延时跳两侧断路器。

1）I 段与 10kV 侧负荷（2MVA 配变）电流速断保护配合。

$$I_{\text{op. I}} \geq [\,1.1 \times (18 \times 2 \times 1000/1.732/10.5)/(2000/5)\,]\text{A} = 5.44\text{A}$$

2）II 段按躲变压器额定电流整定。

$$I_{op.\,II} \geqslant [1.2 \times (25/1.732/10.5) \times 1000/(2000/5)/0.9]A = 4.58A$$

3）保证最小运行方式下 10kV 出线末端（k3）相间故障时的灵敏度 ≥1.3。

$$I_{op} \leqslant [0.866 \times 7610/(2000/5)/1.3]A = 12.67A$$

时间与 10kV 出线过电流保护配合。

Ⅰ段取 6A（一次值 2400A），0.9s；Ⅱ段取 5A（一次值 2000A），1.2s。

4）低电压动作值取 65V，负序电压动作值取 6V。

2. 高压 110kV 侧

复压闭锁方向过电流Ⅰ段保护与变压器 10kV 侧过电流Ⅰ段配合；复压闭锁过电流Ⅱ段保护与变压器 10kV 侧过电流Ⅱ段配合，并要与线路保护末段配合，不带方向。低压侧母线 k2 短路校验灵敏度。

1）Ⅰ段与变压器低压侧过电流保护Ⅰ段（6A，0.9s）配合。

$$I_{op.\,I} \geqslant [1.1 \times 6 \times 400/(110/10.5)/(300/5)]A = 4.2A$$

2）Ⅱ段与变压器低压侧过电流保护Ⅱ段（5A，1.2s）配合。

$$I_{op.\,II} \geqslant [1.1 \times 5 \times 400/(110/10.5)/(300/5)]A = 3.5A$$

3）躲过正常运行的最大负荷电流

$$I_{op} \geqslant [1.2 \times (25/1.732/110) \times 1000/(300/5)/0.9]A = 2.92A$$

4）保证系统最小运行方式主变压器 10kV 侧相间故障有足够的灵敏度。

$$I_{op} \leqslant 0.866 \times 10500/(110/10.5)/1.5/(300/5)]A = 9.64A$$

时间与变压器低压侧过电流保护配合。

Ⅰ段取 4.5A（270A），1.2s；Ⅱ段取 3.5A（210A），1.5s。

5）低电压动作值取 65V，负序电压动作值取 6V。

（三）变压器零序电流保护整定

1. 高压 110kV 侧

零序过电流Ⅰ段保护按与 110kV 侧线路零序Ⅱ段保护（608A，0.3s）配合整定；零序过电流Ⅱ段保护按与 110kV 线路零序Ⅲ段保护（240A，1.2s）配合整定；由高压母线接地短路流过变压器 110kV 侧的最小零序电流校灵验敏度。

（1）零序电流Ⅰ段（接地运行时投入）

1）躲过变压器低压侧（k2）三相短路时的最大不平衡电流

$$3I_{op.\,0} \geqslant [(1 \times 1.5 \times 0.1) \times 11600/(110/10.5)/(200/5)]A = 4.15A$$

2）与 110kV 侧出线零序电流Ⅱ段配合。

$$3I_{op.\,0} \geqslant [1.1 \times 608/(200/5)]A = 16.7A$$

3）保证单相接地故障有足够灵敏度。

$$3I_{op.\,0} \leqslant [5110/(200/5)/2]A = 63.8A$$

取 18A（一次值 720A），0.6s。

（2）零序电流Ⅱ段（接地运行时投入）

与 110kV 侧出线零序电流Ⅲ段配合

$$3I_{op.\,0} \geqslant [1.1 \times 240/(200/5)]A = 6.6A$$

取 7A（一次值 280A），1.5s。

（3）零序电压和间隙零序电流（不接地运行时投入）

1）间隙零序电流取：2.5A（一次值100A），0.3s。

2）零序电压保护取：180V，0.3s。

2. 10kV 小电阻接地侧

零序过电流Ⅰ段保护按10kV侧母线接地短路灵敏度≥2整定，并与10kV侧出线零序Ⅰ段保护配合；零序过电流Ⅱ段保护与10kV侧出线零序Ⅱ段保护配合整定。

（1）零序电流Ⅰ段

1）按灵敏度大于2整定。

$$3I_{op.0} \leq \left[1000/2/(600/5) \right] A = 4.17A$$

2）与10kV侧出线零序电流Ⅰ段保护配合。

$$3I_{op.0} \geq \left[1.1 \times 360/(600/5) \right] A = 3.3A$$

取3.3A（一次值400A），0.6s。

（2）零序电流Ⅱ段

与10kV侧出线零序电流Ⅱ段保护配合，一般小于400A。

取3A（一次值360A），0.9s。

本 章 小 结

本章主要介绍了电力变压器的故障、不正常运行状态及保护方式，变压器纵联差动保护的不平衡电流问题，幅值校正和相位校正，比率制动特性的差动元件，变压器励磁涌流及其识别方法，变压器相间短路的后备保护及配置，变压器接地短路的保护及配置，变压器非电量保护；最后给出了一个110kV变压器保护配置与整定的工程应用实例。

由于计算机技术的发展，计算速度与存储量大幅度提高，使微机化的变压器保护的整体性能大大提高，许多以前受硬件限制的变压器保护新原理得到应用。针对变压器励磁涌流的识别提出了许多有效识别方法，如基于励磁涌流波形特征的识别方法。微机型变压器差动保护可用数字运算补偿由 TA 电流比标准化带来的误差（幅值校正），较常规补偿方法更为准确，从而可进一步减小不平衡电流的影响。也可用数字运算补偿 Yd 联结变压器的角度差（相位校正），更为灵活、方便，并能提高保护灵敏度。

 复习思考题

1. 变压器可能发生哪些故障和异常运行状态？一般应配置哪些保护？

2. 实现变压器纵联差动保护应考虑哪些特殊问题？

3. 变压器纵联差动保护不平衡电流产生的原因有哪些？通常采取什么措施来克服不平衡电流的影响？

4. 什么是差动保护的比率制动特性和比率制动系数？

5. 变压器的励磁涌流有哪些主要特点？常采取哪些措施减小或消除励磁涌流的影响？

6. 说明变压器纵联差动保护的整定原则。为什么具有制动特性的差动保护灵敏度高？

7. 在变压器保护中，什么情况下可以采用电流速断保护？什么是差动电流速断保护？后者与前者以及常用的差动保护有何区别？

8. 在变压器后备过电流保护中，为什么要采用低电压或复合电压起动？

9. 什么是复合电压起动？试比较复合电压起动的过电流保护和负序电流保护的优、缺点。

10. 变压器的零序电流保护为什么要在各段中设两个时限？

第七章

发电机保护

第一节　发电机的故障、不正常运行状态及其保护方式

发电机的安全运行对保证电力系统的正常工作和电能质量起着决定性的作用，同时发电机本身也是十分贵重的电气设备，保障发电机在电力系统中的安全运行非常重要。因此，应该针对各种不同的故障和不正常运行状态，装设性能完善的继电保护装置。

一、发电机的故障

发电机正常运行时发生的故障类型主要有以下几种：

1）定子绕组的相间短路。发电机定子绕组发生相间短路若不及时切除，将烧毁整个发电机，引起极为严重的后果，必须有两套或两套以上的快速保护反映此类故障。

2）定子一相绕组内的匝间短路。发电机定子绕组发生匝间短路会在短路环内产生很大电流，因此发生定子绕组匝间短路时也应快速将发电机切除。随着发电机设计技术的改进，同相同槽的绕组越来越少，发生匝间短路的可能性也大大减少。

3）定子绕组单相接地。定子单相接地并不属于短路性故障，但由于以下几方面的原因，对单相接地故障却要求灵敏而又可靠地反应。因为大型发电机组中性点都经高阻接地，接地时将有电流流过接地点；接地的电容电流会灼伤故障点的铁心；而绝大部分短路都是由于单相接地未及时进行处理发展而成；接地故障时非接地相电压升高，影响绝缘。

4）转子励磁回路励磁电流消失（失磁）。由于励磁设备故障、励磁绕组短路等会引发失磁（全失磁或部分失磁），使发电机进入异步运行，对系统和发电机的安全运行都有很大影响。发电机组要求及时、准确地监测出失磁故障。

5）转子绕组一点接地或两点接地故障。转子一点接地对汽轮发电机组的影响不大，一般都允许继续运行一段时间；水轮发电机发生一点接地后会引起机组的振动，一般要求切除发电机组。发生两点接地时，部分转子绕组被短路，气隙磁场不对称，从而引起转子烧伤和振动，要求两点接地时尽快将发电机组切除。

二、发电机不正常运行状态

由于发电机是旋转设备，一般发电机在设计制造时，考虑的过载能力都比较弱，一些不正常的运行状态将会严重威胁发电机的安全运行，因此必须及时、准确地处理。不正常运行状态主要有：

1）定子绕组负序过电流。由外部不对称短路或不对称负荷（如单相负荷、非全相运行等）而引起的发电机负序过电流。发电机承受负序过电流能力非常弱，很小的负序电流流经定子绕组，就可能会引起转子铁心的严重过热，甚至烧损发电机的铁心、槽楔和护环。大

机组上一般都配置两套反映负序过电流的保护。

2）定子对称过电流。当外部发生对称三相短路时，会引起发电机定子过热，因此应有反映对称过电流的保护。

3）过负荷。负荷超过发电机额定容量会引起三相对称过负荷。当发电机过负荷时，应及时告警。

4）过电压。突然甩负荷会引起定子绕组过电压，会影响发电机的绝缘寿命，因此必须有反映过电压的保护。

5）过励磁。当电压升高、频率降低时，可引起发电机和主变压器过励磁，从而使发电机过热而损坏，需装设反映过励磁的保护。

6）频率异常。发电机在非额定频率下运行，可能会引起共振，使发电机疲劳损伤，应配置频率异常保护。

7）发电机与系统之间失步。当发电机和系统失步时，巨大的交换功率使发电机无法承受而损坏，应配有监测失步的保护装置。

8）误上电。大型发电机-变压器组出线一般为3/2断路器接线，在发电机并网前有误合发电机断路器的可能，有可能导致发电机损伤。

9）启停机故障。发电机组在没有给励磁前，有可能发生了绝缘破坏的故障，若能在并网前及时检测，就可以避免重大事故发生。对于大型发电机组，具有启停机故障检测功能对发电机组的安全将十分有利。

10）逆功率。发电机组在运行中，由于汽轮机主汽门突然关闭而引起发电机逆功率，会引起汽轮机的鼓风损失而导致汽轮机发热损坏。

三、发电机的保护配置

发电机保护配置的原则是在发电机故障时应能将损失减到最小，在非正常状况时应在充分利用发电机自身能力的前提下确保机组本身的安全。发电机通常应配置的保护有：

1）发电机纵联差动保护：作为发电机定子绕组及引线相间短路故障的主保护，瞬时跳开机组。

2）发电机匝间保护：传统的纵联差动保护不能反映绕组匝间短路故障。一般应配置专门的匝间保护切除发电机定子绕组匝间短路故障。

3）发电机定子接地保护：应能反映发电机定子绕组100%范围内的单相接地故障。

4）发电机负序过电流保护：区外发生不对称短路或非全相运行时，保证机组转子不会过热损坏，一般采用反时限特性。

5）发电机对称过电流保护：当区外发生对称短路时，保证不因定子过电流引起发电机过热，一般也采用反时限特性。

6）发电机失磁保护：反映发电机全部失磁或部分失磁。

7）发电机过负荷保护：发电机过负荷时发出告警信号。

8）转子接地保护：其中一点接地保护反映转子发生一点接地，动作于发信号；两点接地保护反映转子发生两点接地或匝间短路，动作于跳闸。

对大容量发电机保护的配置比较全，一般还包括有：

9）发电机失步保护：反映发电机和电力系统之间失步。

10）发电机过电压保护：反映发电机定子绕组过电压。

11）发电机过励磁保护：反映发电机过励磁。

12）后备保护：发电机阻抗保护、复合电压或低电压过电流保护。作为后备保护，这些保护可根据不同机组灵活配置。

13）发电机频率保护：反映发电机低频、过频、频率累积的保护。

14）励磁绕组过负荷保护：反映发电机励磁机（变）过负荷，采用反时限特性或定时限特性。

15）逆功率保护：当发电机组在运行中主汽门关闭产生逆功率时动作断开主断路器。

16）误上电保护：检测发电机在并网前可能出现的误合闸。

17）启停机保护：在启停机过程中检测发电机绕组的绝缘变化。

以上各保护所述作用仅是它们的主要任务，事实上有些保护如过电流、阻抗保护等既是外部短路的远后备，同样也是发电机本身故障的近后备。大型发电机-变压器组的保护配置见表7-1。

表 7-1　大型发电机-变压器组继电保护的典型配置及其出口的控制对象

序号	保护装置名称		组别	保护装置出口							处理方式
				全停	解列灭磁	程序跳闸	解列	母线解列	减出力	发信号	
I	**短路故障保护**										
1	发电机差动保护		A	+							全　停
2	主变压器差动保护		A	+							全　停
3	高厂变差动保护		A	+							全　停
4	发变组差动保护		B	+							全　停
5	主变阻抗保护	短延时 t_1	B					+			母线解列
		长延时 t_2			+						解列灭磁
6	主变零序保护	短延时 t_1	B					+			母线解列
		长延时 t_2			+						解列灭磁
7	定子绕组匝间短路保护		B	+							全　停
8	转子回路两点接地保护		B	+							全　停
II	**异常运行保护**										
9	定子绕组接地保护 I 段		A							+	发信号
	II 段		B		Δ						可选跳闸
10	转子回路一点接地保护		A			Δ				+	发信号
11	定子过负荷保护	定时限	A							+	发信号
		反时限	A							+	发信号
12	负序过电流保护	定时限	A							+	发信号
		反时限	A		+						解列灭磁
13	转子过负荷保护	定时限	A							+	发信号
		反时限	A		+						解列灭磁
14	低频保护				+						解列灭磁
15	低励失磁保护	t_0	B							+	发信号
		t_1，t_3	A			+			+		程序跳闸
		t_2			+						解列灭磁

（续）

序号	保护装置名称	组别	保护装置出口							处理方式
			全停	解列灭磁	程序跳闸	解列	母线解列	减出力	发信号	
Ⅱ	**异常运行保护**									解列灭磁
16	过电压保护				+					解列灭磁
17	逆功率保护　短延时 t_1	B			+					解列灭磁
	长延时 t_2	A	△							全　停
18	失步保护					△	+			程序跳闸
19	过励磁保护	B			+					解列灭磁
20	断路器失灵保护	B			+					解列灭磁
21	非全相保护	B				+				解　列

注：+为保护动作结果；△为可选项。

　　发电机保护是电网最后一级后备保护，又是发电机本身的主保护。为了快速消除发电机内部的故障，在保护动作于发电机断路器跳闸的同时，还必须动作于自动灭磁开关，断开发电机励磁回路，使定子绕组中不再感应出电动势，继续供给短路电流。

　　保护的配置框图是指在一次主接线图的基础上用规定的图形符号和文字符号，反映继电保护的配置及模拟量电流、电压的输入情况。

　　大型发电机-变压器组单元差动保护典型配置方案如图 7-1 所示，包括发电机纵联差动、主变差动、发变组差动、高厂变差动、励磁变（励磁机）差动、发电机匝间短路（横联差动）。

　　发电机纵联差动保护 87G 由机端电流互感器 TA6 和中性点侧电流互感器 TA7 构成；主变差动保护 87MT 由高压侧电流互感器 TA1、TA2 以及低压侧电流互感器 TA4 构成；发变组差动保护 87GT 由主变高压侧电流互感器 TA3、高厂变高压侧电流互感器 TA5 以及发电机中性点侧电流互感器 TA7 构成，实现双重化保护；高厂变差动保护 87AT 由高压侧电流互感器 TA8、TA5 和低压侧电流互感器 TA9、TA10 构成双重化保护。另外，还包括励磁变差动 87ET 及发电机匝间短路（横联差动）保护 87GS。发电机、主变压器及发变组差动保护分别置于 A 柜及 B 柜的 CPU 中。

　　大型发电机-变压器组单元后备保护配置方案如图 7-2 所示。

　　发电机后备保护和异常运行保护：两段相间阻抗保护 21、两段复合电压过电流保护 51V、零序电压保护 59N、95%定子接地保护 64G、100%定子接地保护 64G、转子一点接地保护 64F1、转子两点接地保护 64F2、定反时限定子过负荷保护 51、定反时限负序过电流保护 46、失磁保护 40、失步保护 78、过电压保护 59、定反时限过励磁保护 95G、逆功率保护 32R、程序跳闸逆功率 32RP、低频率保护 81、起停机保护 51、TV 断线（电压平衡）及 TA 断线判别等功能。

　　高厂变过电流保护包括：高压侧复合电压过电流保护 51ST 作为高厂变的后备保护，低

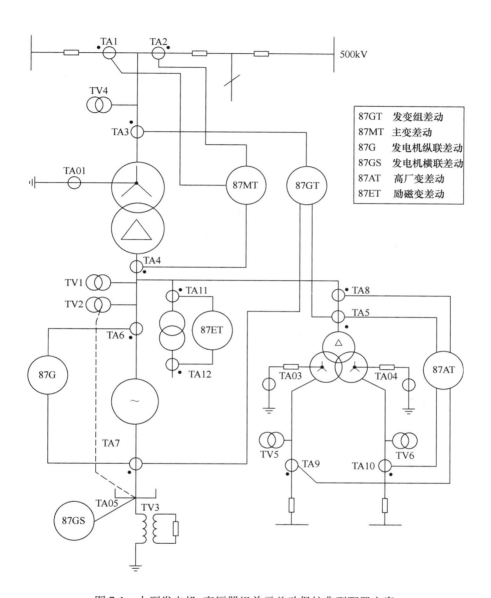

图 7-1　大型发电机-变压器组单元差动保护典型配置方案

压侧 A 分支过电流保护 51A、低压侧 B 分支过电流保护 51B，分别作为厂用电母线短路的保护。

　　由于一套保护装置包括了所有电量保护，一个发变组单元一般配置两套完整的电量保护（A、B，两面屏），配置一套非电量保护及操作回路装置（C，一面屏）。

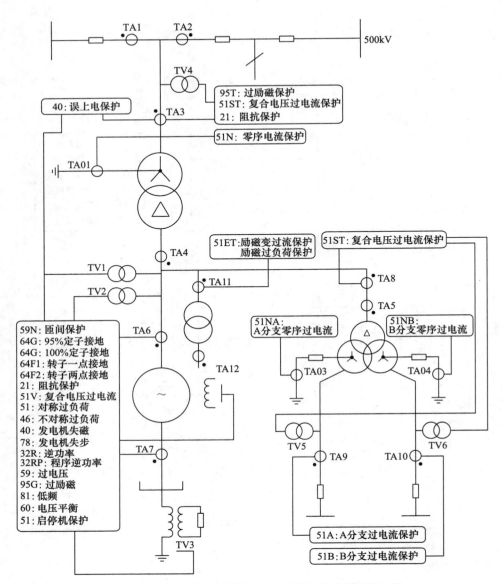

图 7-2 大型发电机-变压器组单元后备保护典型配置方案

第二节 发电机定子绕组短路故障的保护

发电机内部短路故障主要是指定子绕组的各种相间和匝间短路故障，短路时在发电机被短接的绕组中将会出现很大的短路电流，严重损伤发电机本体，甚至使发电机报废，危害十分严重。

一、发电机纵联差动保护

发电机纵联差动保护反映发电机定子绕组的两相或三相短路，是发电机-变压器组保护中最重要的保护之一。它的特点是灵敏度高、动作时间短、可靠性高，能及时切除发电机内部绝大部分短路性故障，因此是发电机-变压器组保护首选的保护之一。但发电机完全纵联差动保护不能反映匝间短路故障。目前发电机纵联差动保护广泛采用的有比率制动式和标积制动式两种原理。

1. 比率制动式纵联差动保护原理

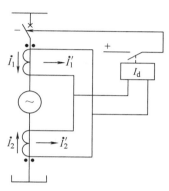

发电机纵联差动保护原理与其他差动保护相同，其基本原理可用图 7-3 来说明。图中以一相为例，规定一次电流 $\dot{I}_1$、$\dot{I}_2$ 以流入发电机为正方向。当正常运行以及发电机保护区外发生短路故障时，$\dot{I}_1$ 与 $\dot{I}_2$ 反相，即有 $\dot{I}_1 + \dot{I}_2 = 0$，流入差动元件的差动电流 $I_d = |\dot{I}'_1 + \dot{I}'_2| \approx 0$（实际不为 0，称为不平衡电流 I_{unb}），差动元件不会动作。当发生发电机内部短路故障时，在不计各种误差条件下，$\dot{I}_1$ 与 $\dot{I}_2$ 同相位，即有 $\dot{I}_1 + \dot{I}_2 = \dot{I}_k$，流入差动元件的差动电流将会出现较大的数值，当该差动电流超过整定值时，差动元件

图 7-3 发电机纵联差动保护原理图

判为发生了发电机内部故障而动作于跳闸。

上述原理的纵联差动保护，为防止差动保护在区外短路时误动，差动元件的动作电流 I_d 应躲过区外短路时产生的最大不平衡电流 $I_{unb.max}$，这样差动元件的动作电流将比较大，降低了内部故障时保护的灵敏度，甚至有可能在发电机内部相间短路时拒动。为了解决区外短路时不误动和区内短路时有较高的灵敏度这一矛盾，考虑到不平衡电流随着流过 TA 电流的增加而增加的因素，提出了比率制动式纵联差动保护，使差动保护动作值随着外部短路电流的增大而自动增大。

设 $I_d = |\dot{I}'_1 + \dot{I}'_2|$，$I_{res} = |(\dot{I}'_1 - \dot{I}'_2)/2|$，比率制动式差动保护的动作方程为

$$\begin{cases} I_d \geq I_{d.min} \ (I_{res} \leq I_{res \cdot min}) \\ I_d \geq I_{d.min} + K(I_{res} - I_{res \cdot min}) \ (I_{res} > I_{res \cdot min}) \end{cases} \tag{7-1}$$

式中　I_d——差动电流或称动作电流；

　　　I_{res}——制动电流；

　　　$I_{res.min}$——最小制动电流或称拐点电流；

　　　$I_{d.min}$——最小动作电流或称启动电流；

　　　K——制动特性直线的斜率。

式（7-1）对应的比率制动特性如图 7-4 所示。由式（7-1）可以看出，它在动作方程中引入了启动电流和拐点电流，制动线 BC 一般已不再经过原点，从而能够更好地拟合 TA 的误差特性，进一步提高差动保护的灵敏度。注意，以往传统保护中常使用过原点的 OC 连线的斜率表示制动系数，而在这里比率制动线 BC 的斜率是 $K(K=\tan\alpha)$。

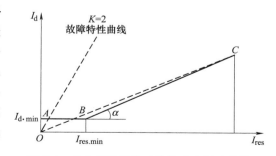

图 7-4 发电机纵联差动保护比率制动特性

当发电机正常运行，或区外较远的地方发生短路时，差动电流接近为零，差动保护不会误动。而在发电机区内发生短路故障时，$\dot{I}_1$ 与 $\dot{I}_2$ 相位接近相同，差动电流明显增大，减小了制动量，从而可灵敏动作。当发生发电机内部轻微故障时，虽然有负荷电流制动，但制动量比较小，保护一般也能可靠动作。

比率制动方式差动保护是在传统差动保护原理的基础上逐步完善起来的。它有如下优点：①灵敏度高；②在区外发生短路或切除短路故障时躲不平衡电流能力强；③可靠性高。缺点是：不能反映发电机内部匝间短路故障。

2. 标积制动式发电机纵联差动保护

当发生区外故障电流互感器严重饱和时，比率制动原理的纵联差动保护可能误动作。为防止这种误动作，利用标积制动原理构成纵联差动保护，而且在内部故障时具有更高的灵敏度。

标积制动是比率制动原理的另一种表达形式。仍以图 7-3 所示电流流入发电机为正方向说明标积制动式纵联差动保护的工作原理。由图 7-3 所示电流参考正方向，标积制动式纵联差动保护的动作量为 $|\dot{I}_1 + \dot{I}_2|^2$，制动量由两侧二次电流的标积 $|\dot{I}_1||\dot{I}_2|\cos\varphi$ 决定。其动作判据为

$$|\dot{I}_1 + \dot{I}_2|^2 \geq -K_{res}|\dot{I}_1||\dot{I}_2|\cos\varphi \tag{7-2}$$

式中　φ——电流 $\dot{I}_1$ 和 $\dot{I}_2$ 的相位差；

K_{res}——标积制动系数。

标积制动式差动保护动作量和比率制动式的基本相同，其差别就在于制动量。理想情况下，区外短路时，$\varphi = 180°$，即 $\dot{I}_1 = -\dot{I}_2 = \dot{I}$、$\cos\varphi = -1$，动作量为零，而制动量达最大值 $K_{res}I^2$，保护可靠不动作，标积制动式和比率制动式有同等的可靠性。区内短路时，$\varphi \approx 0$，$\cos\varphi \approx 1$，制动量为负，负值的制动量即为动作量，即此时动作量为 $(I_1 + I_2)^2 + K_{res}I_1I_2$，制动量为零，大大提高了保护动作的灵敏度。特别是，当发电机单机送电或空载运行时发生区内故障，因机端电流 $\dot{I}_1 = 0$、制动量为零、动作量为 I_2^2，保护仍能灵敏动作。而比率制动式差动保护在这种情况下会有较大的制动量，降低了保护的灵敏度。

由此可见，标积制动式纵联差动保护的灵敏度较高，作为发电机保护有利于减小保护死区。但其原理较比率制动式差动保护复杂，在微机型保护中是很容易实现的。在比率制动式差动保护不能满足灵敏度要求的情况下考虑采用标积制动式纵联差动保护。

标积制动式差动保护原理在理论上可以从比率制动式推得。但由于在同等内部故障的条件下，标积制动式差动保护的动作量和制动量的差异要远比比率制动式的大，因此灵敏度更高。

3. 发电机纵联差动保护的动作逻辑

分别从发电机机端和发电机中性点引入三相电流实现纵联差动保护。其动作逻辑有两种方式即循环闭锁方式和单相差动方式。

（1）单相差动方式动作逻辑

任一相差动保护动作即出口跳闸。这种方式另外配有 TA 断线检测功能。在 TA 断线时瞬时闭锁差动保护，且延时发 TA 断线信号。单相差动方式保护跳闸出口逻辑如图 7-5 所示。

（2）循环闭锁方式动作逻辑

由于发电机中性点为非直接接地，当发电机区内发生相间短路时，会有两相或三相的差动元件同时动作。根据这一特点，在保护跳闸逻辑设计时可以做相应的考虑。当两相或两相以上差动元件动作时，可判断为发电机内部发生短路故障；而仅有一相差动元件动作时，则判为 TA 断线。循环闭锁方式保护跳闸出口逻辑如图 7-6 所示。

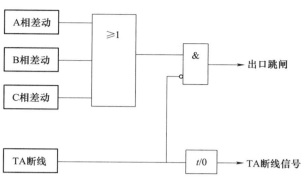

图 7-5　单相差动方式保护跳闸出口逻辑

为了反映发生一点在区内而另外一点在区外的异地两点接地（此时仅有一相差动元件动作）引起的短路故障，当有一相差动元件动作且同时有负序电压时也判定为发电机内部短路故障。若仅一相差动保护动作，而无负序电压时，认为是 TA 断线。这种动作逻辑的特点是单相 TA 断线不会误动，因此可省去专用的 TA 断线闭锁环节，且保护安全可靠。

（3）发电机比率差动保护动作逻辑实例

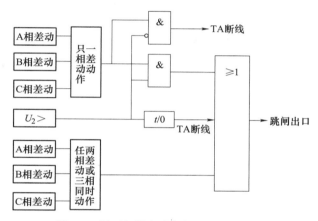

图 7-6　循环闭锁方式保护跳闸出口逻辑

图 7-7 为一典型发电机比率差动保护的动作逻辑。为防止在区外故障时 TA 的暂态与稳态饱和可能引起的稳态比率差动保护误动作，装置采用各侧相电流的波形判别作为 TA 饱和的判据。故障发生时，保护装置先判断出是区内故障还是区外故障，如是区外故障，投入 TA 饱和闭锁判据，当判断为 TA 饱和时，闭锁比率差动保护。

为避免区内严重故障时 TA 饱和等因素引起的比率差动延时动作，装置设有一高比例和高起动值的高值比率差动保护，利用其比率制动特性抗区外故障时 TA 的暂态和稳态饱和，而在区内故障 TA 饱和时能可靠正确动作。高值比率差动的各相关参数均由装置内部设定。

设有差动速断保护，当任一相差动电流大于差动速断整定值时瞬时动作于出口。

设有带比率制动的差流异常告警功能，开放式瞬时 TA 断线、短路闭锁功能。通过"TA 断线闭锁差动控制字"整定选择，瞬时 TA 断线和短路判别动作后可只发告警信号或闭锁全部差动保护。当"TA 断线闭锁比率差动控制字"整定为"1"时，闭锁比率差动保护。

4. 发电机不完全纵联差动保护

一般纵联差动保护引入发电机定子机端和中性点的全部相电流 $\dot{i}_1$ 和 $\dot{i}_2$ 构成差动，称为

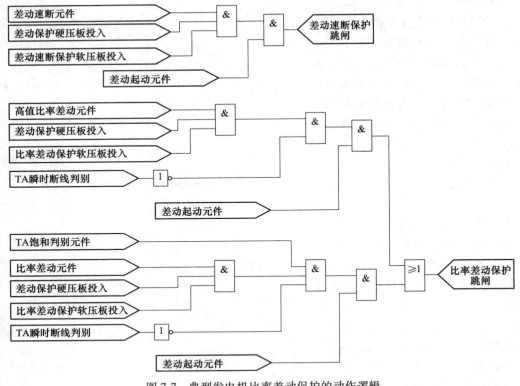

图 7-7　典型发电机比率差动保护的动作逻辑

完全差动。在定子绕组发生同相匝间短路时两电流仍然相等，保护将不能动作。而通常大型的汽轮或水轮发电机每相定子绕组均为两个或者多个并联分支，中性点可引出多个分支，如图 7-8 所示。在这种情况下，若仅引入发电机中性点侧部分分支电流 i_2' 来构成纵联差动保护，适当地选择 TA 电流比，也可以保证正常运行及区外故障时没有差流。而在发生发电机相间与匝间短路时均会形成差流，当差流超过定值时，保护可动作切除故障。这种纵联差动保护被称为不完全纵联差动保护，同时可以反映匝间短路故障。

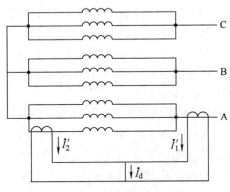

图 7-8　发电机不完全纵联
差动保护原理接线

二、发电机定子绕组匝间短路保护

短路故障的统计数据表明，发电机及其机端引出线的故障中相间短路是最多的，虽然定子绕组匝间短路发生的概率相对较少，但也有发生的可能性，也需要配置保护。

在大容量发电机中，由于额定电流很大，其每相一般都是由两个或两个以上并联分支绕组组成的，且采用双层绕组。定子绕组的匝间短路故障主要是指同属一分支的位于同槽上下层线棒间发生的短路或同相但不同分支的位于同槽上下层线棒间发生的短路。此外，定子相同绕组端部两点接地也可形成匝间短路。匝间短路回路的阻抗较小，短路电流很大，会使局部绕组和铁心遭到严重损伤，因此定子绕组匝间短路是发电机的一种严重故障。但由于短路发生在同一相绕组内，故纵联差动保护不能反映匝间短路。因此，发电机应专门装设高灵敏度的定子绕组匝间短路保护，并兼顾反映定子绕组开焊故障，瞬时动作于停机。

根据发电机中性点引出分支线的不同，匝间短路保护的方式主要有以下两种。

1. 发电机单元件横联差动保护

单元件横联差动保护适用于具有多分支的定子绕组且有两个以上中性点引出端子的发电机，能反映定子绕组匝间短路、分支线棒开焊及机内绕组相间短路。

对于定子绕组每相具有两个并联分支绕组、采用双星形联结、中性点有 6 个或 4 个引出端的发电机，单元件横联差动保护的原理可由图 7-9 来说明。在正常运行时，各绕组中的电动势相等，且三相对称，两个星形联结中性点等电位，中性点连线中无电流流过。当同相内非等电位点发生匝间短路等不对称故障时，各短路绕组中的电动势就不再相等。由于两星形绕组间电动势平衡遭到破坏，在中性点连线上将

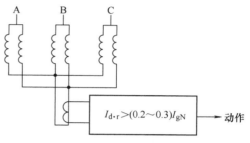

图 7-9　单元件横联差动保护接线原理

引起故障环流。中性点连线中会有电流流过，利用测量这种环流可构成反映匝间短路故障的单元件横联差动保护。

图 7-9 中保护所用电流互感器 TA 接在两中性点连线上。正常运行及外部短路时，两星形绕组三相基波电动势对称，两中性点连线上主要存在由发电机电动势中高次谐波产生的不平衡电流，其中以 3 次谐波幅值最大。横差保护元件的动作电流必须要大于最大不平衡电流。为减小不平衡电流影响，降低动作电流，提高保护灵敏度，横差保护中应滤除 3 次谐波。

单元件横差保护具有接线简单、灵敏度较高，能反映匝间短路、绕组相间短路及分支开焊故障等优点。对于中性点有 6 个引出端子的发电机，装设单元件式横差保护是一种最简单可靠且灵敏度较高的发电机内部保护方案。但大型机组由于一些技术上和经济上的考虑，发电机中性点侧常常只引出 3 个端子，更大的机组甚至只引出一个中性点，这就不可能装设单元件式横差保护。对此应考虑下述纵向零序电压原理的匝间短路保护。

2. 纵向零序电压发电机匝间短路保护

（1）纵向零序电压定子绕组匝间短路保护基本原理

发电机定子绕组在其同一分支匝间或同相不同分支间发生匝间短路故障或开焊时，由于三相电动势出现纵向不对称（即机端相对于中性点出现不对称），从而产生所谓的纵向零序电压。该电压由专用电压互感器（互感器一次中性点与发电机中性点通过高压电缆连接起来，而不允许接地）的开口三角形绕组两端取得。利用反映纵向零序电压超过定值时保护动作，可构成零序电压匝间短路保护。

零序电压式匝间短路保护主要由零序电压元件、负序功率方向闭锁元件和 TV 断线闭锁元件组成。

零序电压元件由专用电压互感器取得纵向零序电压，专用电压互感器原理接线如图 7-10

所示。为取得纵向零序电压，而不受单相接地产生的零序电压影响，专用电压互感器的一次侧中性点直接与发电机中性点相连接，并与地绝缘。

当发电机定子绕组一相发生匝间短路（设 A 相），且短路匝数比 α 不大时，可认为三相电动势仍存在 120° 相位差，此时机端三相电压为

$$\begin{cases} \dot{U}_{AN} = \dot{E}_A = (1 - \alpha)\dot{E} \\ \dot{U}_{BN} = \dot{E}_B = \dot{E}e^{-j120°} \\ \dot{U}_{CN} = \dot{E}_C = \dot{E}e^{j120°} \end{cases} \quad (7\text{-}3)$$

式中 E——故障前 A 相电动势。

发电机三相对中性点 N 出现纵向零序电压

$$3\dot{U}_0 = \dot{U}_{AN} + \dot{U}_{BN} + \dot{U}_{CN} = -\alpha\dot{E} \quad (7\text{-}4)$$

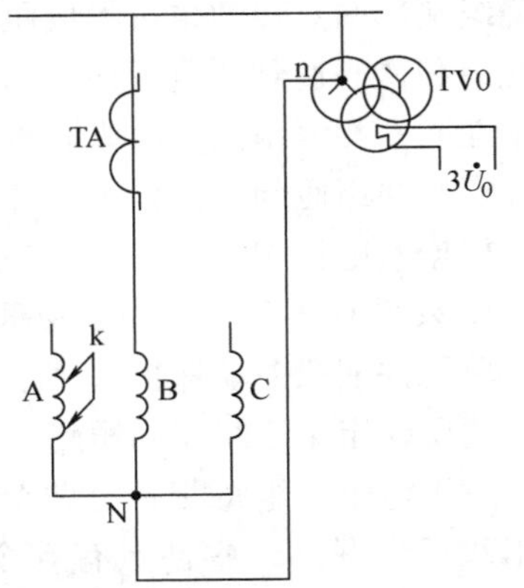

由于电压互感器一次绕组中性点 n 与发电机中性点 N 直接相连，故电压互感器开口三角形绕组输出的零序电压为

$$3U_0' = -\frac{\alpha E}{n_{TV}} \quad (7\text{-}5)$$

当发电机一相定子绕组开焊时，发电机三相绕组对中性点也将出现纵向零序电压。同理，电压互感器开口三角绕组亦有零序电压输出。

当发电机定子绕组单相接地时，虽然发电机定子三相绕组对地出现零序电压，但由于发电机中性点不直接接地，其定子三相对中性点 N 仍保持对称。因此，一次侧与发电机三相绕组并联的电压互感器开口三角绕组无零序电压输出。

显然，当发电机正常运行或外部发生相间短路时，电压互感器开口三角绕组也无零序电压输出。实际上，由于发电机气隙磁通的非正弦分布及磁饱和等影响，正常运行时，电压互感器开口三角绕组仍有不平衡电压，其中主要是 3 次谐波电压，其值随定子电流的增大而增大。为此，应有效地滤去不平衡电压中的 3 次谐波分量，以提高保护灵敏度，减小死区。

（2）负序功率方向闭锁

当发电机区外短路电流较大时，往往滤除 3 次谐波后，仍有较大的不平衡电压值。为防止匝间短路保护误动，且不增大保护的动作值，可设置负序功率方向元件用以测量机端负序功率方向。不同故障情况下，机端的负序功率方向可由图 7-11 所示发电机负序等效电路图进行分析，图中，Z_{S2} 为系统负序阻抗，其阻抗角为 φ_{S2}。当定子绕组匝间短路或开焊以

图 7-10 纵向零序电压匝间短路保护专用电压互感器原理接线图

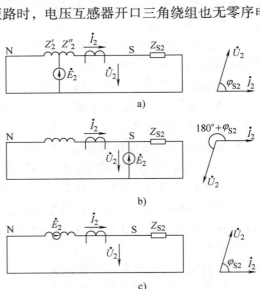

图 7-11 定子回路的负序等效电路及分析

a）区内故障 b）区外故障 c）匝间短路

及区内不对称短路时均有 $\arg\left(\dfrac{\dot{U}_2}{\dot{I}_2}\right) = \varphi_{S2} < 90°$；而区外不对称短路时，$\arg\left(\dfrac{\dot{U}_2}{\dot{I}_2}\right) = 180° + \varphi_{S2}$。
可见，利用负序功率方向元件可正确区分匝间短路和区外短路，在区外短时闭锁保护。这样，保护的动作值可仅按躲过正常运行时的不平衡电压整定。当 3 次谐波过滤器的过滤比大于 80，保护的动作电压可取额定电压的 3%～4%。若电压互感器开口三角侧额定电压为 100V，则电压元件的动作电压为 3~4V。

为防止专用电压互感器 TV1 断线，在开口三角绕组侧出现很大的零序电压导致保护误动，保护装置中要增设电压回路断线闭锁元件。断线闭锁元件是利用比较专用电压互感器 TV1 和机端测量电压互感器 TV2 的二次正序电压原理工作的。正常运行时，TV1 与 TV2 的二次正序电压相等，断线闭锁元件不动作。当任一电压互感器断线时，其正序电压低于另一正常电压互感器的正序电压，断线闭锁元件动作，闭锁保护装置。可见，负序功率方向闭锁零序电压匝间短路保护的灵敏度较高，死区较小，在大型发电机中得到广泛应用。

（3）发电机纵向零序电压匝间短路保护动作逻辑

微机型匝间短路保护常采用零序电压原理构成，为提高保护灵敏度，引入 3 次谐波电压变化量进行制动，即构成 3 次谐波电压变化量制动的零序电压匝间短路保护。

3 次谐波电压变化量制动的零序电压匝间短路保护程序逻辑如图 7-12 所示，保护分为 I、II 两段。

I 段为次灵敏段，由纵向零序电压元件构成，其动作判据为 $3U_0 > U_{set}$，动作电压按躲过区外故障时出现的最大基波不平衡电压整定，保护瞬时动作出口。

II 段为灵敏段，由零序电压变化量元件实现，灵敏段的动作电压应可靠躲过正常运行时出现的最大

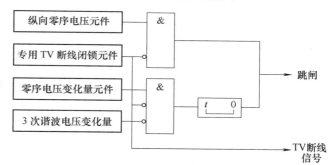

图 7-12　3 次谐波电压变化量制动的零序电压匝间短路保护程序逻辑框图

基波不平衡电压，并引入 3 次谐波电压变化量进行制动，以防止区外故障时出现的最大基波不平衡电压引起保护的误动。其动作判据为

$$3U_0 - U_{unb} > K(U_{3\omega} - U_{3\omega N}) \tag{7-6}$$

式中　$3U_0$——专用 TV 开口绕组输出电压；

　　　　U_{unb}——正常运行时出现的最大不平衡电压；

　　　　$U_{3\omega}$——专用 TV 开口绕组输出电压的 3 次谐波分量；

　　　　$U_{3\omega N}$——发电机额定运行时，专用 TV 开口绕组输出电压的 3 次谐波分量；

　　　　K——制动特性曲线的斜率。

令 $3U_0 - U_{unb} = \Delta U_\omega$，$U_{3\omega} - U_{3\omega N} = \Delta U_{3\omega}$，则式（7-6）表示为

$$\Delta U_\omega > K\Delta U_{3\omega} \tag{7-7}$$

灵敏段可带 0.1～0.5s 延时动作出口，以躲过外部故障暂态过程的影响。

用零序电压中的 3 次谐波分量来闭锁匝间保护，使得匝间保护的安全性得以大大提高。

需要说明，600MW 发电机定子绕组都是单匝线棒，不存在匝间绝缘。同相同一槽内的上下线棒之间的绝缘则是两倍对地主绝缘，匝间短路故障概率极小。

第三节　发电机定子绕组单相接地故障的保护

发电机定子绕组中性点一般不直接接地，而是通过高阻（接地变压器）接地、消弧线圈接地或不接地，故发电机的定子绕组都设计为全绝缘。尽管如此，发电机定子绕组仍可能由于绝缘老化、过电压冲击、机械振动等原因发生单相接地故障。由于发电机定子单相接地并不会引起大的短路电流，不属于严重的短路性故障。

发电机定子的短路故障形成虽然比较复杂，但常与单相接地有关。短路故障的形成归纳起来主要有 5 种情况：发生单相接地，然后由于电弧引发故障点处相间短路；发生单相接地，然后由于电位的变化引发其他地点发生另一点的接地，从而构成两点接地短路；直接发生线棒间绝缘击穿形成相间短路；发电机端部放电构成相间短路；定子绕组同一相的匝间短路故障。

由于发电机容易发生绕组线棒和定子铁心之间绝缘的破坏，因此定子绕组单相接地是发电机常见的故障之一。尤其是采用水内冷的大型发电机，定子绕组发生接地故障的概率大于相间短路和匝间短路，占定子故障的 70%~80%。尽管发电机的中性点不直接接地，单相接地电流很小，但若不能及时发现，接地点电弧将进一步损坏绕组绝缘，扩大故障范围。电弧还可能烧伤定子铁心，给修复带来很大困难。由于大型发电机组定子绕组对地电容较大，当发电机机端附近发生接地故障时，故障点的电容电流比较大，影响发电机的安全运行；同时由于接地故障的存在，会引起接地弧光过电压，可能导致发电机其他位置绝缘的破坏，形成危害严重的相间或匝间短路故障。

显然，定子绕组绝缘损坏及铁心烧伤程度与接地电流大小及持续时间有关。表 7-2 列出了不同容量发电机的接地电流允许值。大型发电机定子铁心增加了轴向冷却通道，结构复杂检修很不方便。因此，其接地电流允许值较小。当发电机定子接地电流大于允许值，应采取补偿措施。在发电机接地电流不超过允许值的条件下，定子接地保护只动作于发信号，待负荷转移后再停机。

表 7-2　不同容量发电机的接地电流允许值

发电机额定电压/kV	发电机额定容量/MW	接地电流允许值/A
6.3	≤50	4
10.5	50~100	3
13.8~15.75	125~200	2[①]
18~20	300	1

① 对氢冷发电机接地电流允许值为 2.5A。

大型发电机由于造价昂贵、结构复杂、检修困难，且容量的增大使得其接地故障电流也随之增大，为了防止故障电流烧坏铁心，有的大型发电机装设了消弧线圈，通过消弧线圈的电感电流与接地电容电流的相互抵消，把定子绕组单相接地电容电流限制在规定的允许值之内。

发电机中性点采用高阻接地方式（即中性点经配电变压器接地，配电变压器的二次侧接小电阻）的主要目的是限制发电机单相接地时的暂态过电压，防止暂态过电压破坏定子绕组绝缘，但另一方面也人为地增大了故障电流。因此，采用这种接地方式的发电机定子绕组接地保护应选择尽快跳闸。

对于中小型发电机，由于中性点附近绕组电位不高，单相接地可能性小，故允许定子接地保护有一定的保护死区。对于大型机组，因其在系统中的地位重要、结构复杂、修复困难，尤其是采用水内冷的机组，中性点附近绕组漏水造成单相接地可能性大，所以，要求装设动作范围为100%的定子绕组单相接地保护。

一、发电机定子绕组单相接地时的基波零序电压和电流

发电机正常运行时三相电压及三相负荷对称，无零序电压和零序电流分量。假设 A 相绕组离中性点 α 处发生金属性接地故障，如图 7-13a 所示，进行近似估计时机端各相对地电动势为

$$\begin{cases} \dot{U}_{AD} = (1 - \alpha)\dot{E}_A \\ \dot{U}_{BD} = \dot{E}_B - \alpha\dot{E}_A \\ \dot{U}_{CD} = \dot{E}_C - \alpha\dot{E}_A \end{cases} \tag{7-8}$$

式中 α——中性点到故障点的绕组占全部绕组的百分数。

由相量图图 7-13b 可以求得故障零序电压为

$$\dot{U}_{k0\alpha} = \frac{1}{3}(\dot{U}_{AD} + \dot{U}_{BD} + \dot{U}_{CD}) = -\alpha\dot{E}_A \tag{7-9}$$

式（7-9）表明，零序电压将随着故障点位置 α 的不同而改变。当 $\alpha = 1$ 时，即机端接地，故障的零序电压 $\dot{U}_{k0\alpha}$ 最大，等于额定相电压。

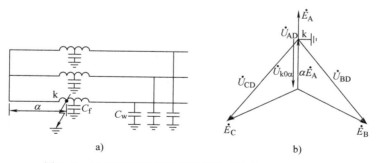

图 7-13 发电机定子绕组单相接地时的电路图和相量图
a）电路图 b）相量图

零序等效网络如图 7-14 所示，C_f 为发电机各相的对地电容，C_w 为发电机外部各元件对地电容，L 是代表中性点消弧线圈的电感。

当中性点不接地时，故障点的接地电流为

$$\dot{I}_{k\alpha} = -j3\omega(C_f + C_w)\alpha\dot{E}_A \tag{7-10}$$

当中性点经消弧线圈接地时，故障点的接地电流为

217

$$\dot{I}_{k\alpha} = j\left[\frac{1}{\omega L} - 3\omega(C_f + C_w)\right]\alpha\dot{E}_A \tag{7-11}$$

由式（7-11）可知，经消弧线圈接地可以补偿故障接地的容性电流。在大型发电机-变压器组单元接线的情况下，由于总电容为定值，一般采用欠补偿运行方式，即补偿的感性电流小于接地容性电流，这样有利于减小电力变压器耦合电容传递的过电压。

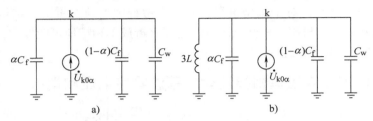

图 7-14　发电机定子绕组单相接地时的零序等效网络

a）中性点不接地　b）中性点经消弧线圈接地

当发电机电压网络的接地电容电流大于允许值时，不论该网络是否装有消弧线圈，接地保护动作于跳闸；当接地电流小于允许值时，接地保护动作于信号，即可以不立即跳闸，值班人员请示调度中心，转移故障发电机的负荷，然后平稳停机进行检修。

二、利用零序电压构成的发电机定子绕组单相接地保护

根据式（7-9）可以画出零序电压 $3U_0$ 随故障点位置 α 变化的曲线图，如图 7-15 所示。故障点越靠近机端，零序电压就越高，可以利用基波零序电压构成定子单相接地保护。图中，U_{0p} 为零序电压定子接地保护的动作电压。

零序电压保护常用于发电机-变压器组的接地保护。发电机-变压器组的一次接线及零序电压定子接地保护使用的零序电压的获取如图 7-16 所示。

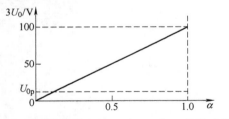

图 7-15　定子绕组单相接地时 $3U_0$ 与 α 的关系曲线

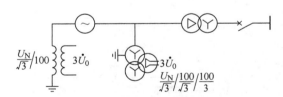

图 7-16　发电机单相接地保护接线原理图

图中的机端电压互感器电压比为 $\dfrac{U_N}{\sqrt{3}}\Big/\dfrac{100}{\sqrt{3}}\Big/\dfrac{100}{3}$，中性点单相电压互感器变压比为 $\dfrac{U_N}{\sqrt{3}}/100$。如果机端发生金属性单相接地故障，则从机端或者中性点电压互感器得到的基波零序电压二次值为 100V。距离中性点 α 处发生单相金属性接地故障时，基波零序电压二次值为 $\alpha \times 100$V。

零序电压可取自发电机机端 TV 的开口三角绕组或中性点 TV 二次侧（也可从发电机中性点接地消弧线圈或者配电变压器二次绕组取得）。当保护动作于跳闸且零序电压取自发电机机端 TV 开口三角绕组时，需要有 TV 一次侧断线的闭锁措施。

产生零序电压 $3U_0$ 不平衡输出的因素主要有：发电机的 3 次谐波电动势、机端三相 TV 各相间的电压比误差（主要是 TV 一次绕组对开口三角绕组之间的电压比误差）、发电机电压系统中三相对地绝缘不一致及主变压器高压侧发生接地故障时由变压器高压侧传递到发电机系统的零序电压。

由于发电机正常运行时，相电压中含有 3 次谐波，因此，在机端电压互感器接成开口三角的一侧也有 3 次谐波电压输出。因此为了提高灵敏度，保护需有 3 次谐波滤除功能。在发电机出口处发生单相接地时，$3U_0$ 电压为 100V；在中性点发生单相接地时，$3U_0$ 电压为 0V。因此，$3U_0$ 间接反应了接地故障点的位置。若 $3U_0$ 保护整定为 5V，则说明保护了从机端开始的 95% 定子绕组，死区仅为 5%。

目前 100% 定子接地保护一般由两部分组成：一部分是上述零序电压保护，能保护定子绕组的 85% 以上；另一部分需由其他原理（如 3 次谐波原理或叠加电源方式原理）的保护共同构成 100% 定子接地保护。

三、利用 3 次谐波电压构成的发电机定子绕组单相接地保护

1. 3 次谐波电压保护原理

由于发电机气隙磁通密度的非正弦分布和铁磁饱和的影响，在定子绕组中感应的电动势除基波分量外，还含有高次谐波分量。其中 3 次谐波分量是零序性质的分量，虽然在线电动势中被消除，但是在相电动势中依然存在。

如果把发电机的对地电容等效地看作集中在发电机的中性点 N 和机端 S，且每相的电容大小都是 $0.5C_f$，并将发电机端引出线、升压变压器、厂用变压器以及电压互感器等设备的每相对地电容 C_w 也等效在机端，并设 3 次谐波电动势为 E_3，那么当发电机中性点不接地时，其等效电路如图 7-17a 所示。这时中性点及机端的 3 次谐波电压分别为

$$U_{N3} = \frac{C_f + 2C_w}{2(C_f + C_w)} E_3 \tag{7-12}$$

$$U_{S3} = \frac{C_f}{2(C_f + C_w)} E_3 \tag{7-13}$$

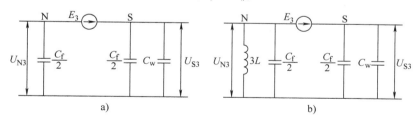

图 7-17 发电机 3 次谐波电动势和对地电容的等效电路图

a）中性点不接地 b）中性点经消弧线圈接地

发电机端的 3 次谐波电压 U_{S3} 与中性点侧的 3 次谐波电压 U_{N3} 之比为

$$\frac{U_{S3}}{U_{N3}} = \frac{C_f}{C_f + 2C_w} \tag{7-14}$$

由式（7-14）可见，在正常运行时，发电机中性点侧的 3 次谐波电压 U_{N3} 总是大于发电

机端的 3 次谐波电压 U_{S3}。当发电机孤立运行时，即发电机出线端开路，$C_w = 0$ 时，$U_{N3} = U_{S3}$。

当发电机中性点经消弧线圈接地时，其等效电路如图 7-17b 所示，假设基波电容电流被完全补偿，即

$$\omega L = \frac{1}{3\omega(C_f + C_w)} \tag{7-15}$$

此时发电机中性点侧对 3 次谐波的等效阻抗为

$$X_{N3} = \frac{3\omega(3L)\left(\dfrac{-2}{3\omega C_f}\right)}{3\omega(3L) - \dfrac{-2}{3\omega C_f}} \tag{7-16}$$

整理后得

$$X_{N3} = -\frac{6}{\omega(7C_f - 2C_w)} \tag{7-17}$$

发电机端对 3 次谐波的等效阻抗为

$$X_{S3} = -\frac{2}{3\omega(C_f + 2C_w)} \tag{7-18}$$

因此，发电机端 3 次谐波电压和中性点 3 次谐波电压之比为

$$\frac{U_{S3}}{U_{N3}} = \frac{X_{S3}}{X_{N3}} = \frac{7C_f - 2C_w}{9(C_f + 2C_w)} \tag{7-19}$$

式 （7-19） 表明，接入消弧线圈后，中性点的 3 次谐波电压 U_{N3} 在正常运行时比机端 3 次谐波电压 U_{S3} 更大。在发电机出线端开路后，即 $C_w = 0$ 时，则

$$\frac{U_{S3}}{U_{N3}} = \frac{7}{9} \tag{7-20}$$

在正常运行情况下，尽管发电机的 3 次谐波电动势 E_3 随着发电机的结构及运行状态而改变，但是其机端 3 次谐波电压与中性点 3 次谐波电压的比值总是符合以上关系的。

当发电机定子绕组发生金属性单相接地时，设接地发生在距中性点 α 处，其等效电路如图 7-18 所示，此时不管发电机中性点是否接有消弧线圈，总是有 $U_{N3} = \alpha E_3$ 和 $U_{S3} = (1-\alpha)E_3$，两者相比，得

$$\frac{U_{S3}}{U_{N3}} = \frac{1 - \alpha}{\alpha} \tag{7-21}$$

中性点电压 U_{N3} 和机端电压 U_{S3} 随故障点 α 的变化曲线如图 7-19 所示。因此，如果利用机端 3 次谐波电压 U_{S3} 作为动作量，而用中性点 3 次谐波电压 U_{N3} 作为制动量来构成接地保

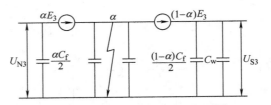

图 7-18 发电机单相接地时 3 次谐波电动势分布的等效电路图

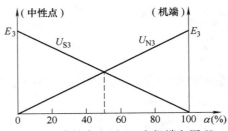

图 7-19 中性点电压 U_{N3} 和机端电压 U_{S3} 随故障点 α 的变化曲线

护，且当 $U_{S3} \geqslant U_{N3}$ 时作为保护的动作条件，则在正常运行时保护不可能动作，而当中性点附近发生接地时，则具有很高的灵敏性。利用此原理构成的接地保护，可以反映距中性点约 50% 范围内的接地故障。

2. 反映 3 次谐波电压比值的定子绕组单相接地保护

利用反映 3 次谐波电压比值 U_{S3}/U_{N3} 和基波零序电压可以构成 100% 定子绕组单相接地保护。反映 3 次谐波电压比值的定子绕组接地保护的动作判据为

$$|U_{S3}/U_{N3}| > \beta \tag{7-22}$$

式中　β——整定比值。

需要指出，发电机中性点不接地或经消弧线圈接地与发电机经配电变压器高阻接地，两者的整定比值 β 是有区别的。

目前广泛采用 3 次谐波电压比值与基波零序电压共同构成的 100% 定子绕组单相接地保护。3 次谐波电压保护可采用式（7-22）作为判据，将机端 3 次谐波电压 U_{S3} 作为动作量，中性点 3 次谐波电压 U_{N3} 作为制动量进行比较。可以反映发电机定子绕组中 $\alpha < 0.5$ 范围内的单相接地故障，并且当故障点越靠近中性点时，保护的灵敏性就越高；利用前述的基波零序电压接地保护，则可以反映 $\alpha > 0.15$ 范围内的单相接地故障，且当故障点越靠近发电机机端时，保护的灵敏性就越高。两部分共同构成了保护区为 100% 的定子接地保护。另外，基波零序电压元件取中性点零序电压，使装置可不考虑电压互感器断线的影响。

3. 改进的反映 3 次谐波电压比值的定子绕组单相接地保护

动作判据 $|U_{S3}/U_{N3}| > \beta$ 可以改写为 $|U_{S3}| > \beta|U_{N3}|$，即 U_{S3} 为动作量，U_{N3} 为制动量。该动作判据的 3 次谐波电压保护灵敏度不够高，尤其是当中性点经过渡电阻发生接地故障时，容易发生拒动。为提高大型机组 3 次谐波电压保护的灵敏度，改进的措施是增加调整系数 K_p，进一步减小动作量，这样也就能进一步减小制动量，即可减小制动系数 β，使 $\beta \ll 1.0$，从而可获得更高灵敏度和防误动能力。

改进的动作判据为

$$|U_{S3} - K_p U_{N3}| > \beta|U_{N3}| \tag{7-23}$$

当发电机发生单相接地时，若故障点在机端附近，则 U_{S3} 减小而 U_{N3} 增大；若故障点在中性点附近，则 U_{S3} 增大而 U_{N3} 减小。其结果是：故障点在中性点附近时组合动作量 $|U_{S3} - K_p U_{N3}|$ 显著增大，而此时制动量 $\beta|U_{N3}|$ 却比较小，保护可灵敏动作；即使在机端发生金属性接地故障，U_{N3} 虽会显著增大，但制动量 $\beta|U_{N3}|$ 不会很大（因为 $\beta \ll 1.0$），而此时动作量 $|U_{S3} - K_p U_{N3}| = |K_p U_{N3}|$，由于 K_p 接近 1.0，所以动作量 $|K_p U_{N3}|$ 很大，于是保护仍可灵敏动作。如果此动作判据调试合理，3 次谐波电压式定子绕组单相接地保护的灵敏度可得到大幅提高。

四、利用零序电压和叠加电源构成的发电机 100% 定子绕组单相接地保护

除上述利用故障分量反映定子绕组接地保护外，还可以利用叠加电源原理构成定子绕组接地保护。叠加电源方式的发电机 100% 定子绕组单相接地保护采用叠加低频电源，叠加电源频率主要是 12.5Hz 和 20Hz 两种，由发电机中性点变压器或发电机端 TV 开口三角绕组处注入一次发电机定子绕组。这种方式能够独立地检测接地故障，与发电机的运行方式无关；不仅在发电机正常运行的状态下可以检测，而且在发电机静止或是起动、停机的过程中同样

能够检测故障。更重要的是，这种方式对定子绕组各处故障检测的灵敏度相同。但需要增加专用设备，并存在一、二次回路直接连接安全性差等缺点。

五、发电机 100%定子绕组接地保护的构成

微机型发电机保护均设有 100%定子绕组接地保护功能，其保护原理一次接线示意图如图 7-20 所示。取发电机中性点零序电压，经数字滤波器滤除 3 次谐波电压分量，其动作判据为 $3U_0 > U_{0p}$。3 次谐波电压元件取发电机机端零序电压和中性点零序电压，经数字滤波器滤除基波电压，取得相应的 3 次谐波电压，其动作判据可采用式（7-22）或式（7-23）。100%定子绕组接地保护的构成框图如图 7-21 所示。

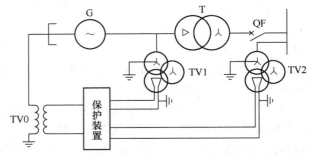

图 7-20　发电机 100%定子绕组接地保护一次接线示意图

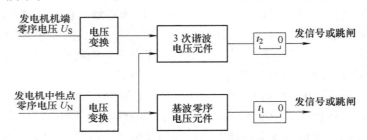

图 7-21　发电机 100%定子绕组接地保护构成框图

若发电机接地电流小于允许值，保护延时动作于信号；若大于允许值，保护延时动作于跳闸。一般在中性点附近接地，产生的接地电流小于允许值，故通常 3 次谐波电压元件出口发信号，仅将基波零序电压元件出口投跳闸。

图 7-22 为发电机典型基波零序电压定子绕组接地保护逻辑，图 7-23 为典型 3 次谐波电压定子绕组接地保护逻辑。基波零序电压保护设两段定值，一段为灵敏段，另一段为不灵敏段（高定值段）。灵敏段一般动作于信号，高定值段保护一般动作于跳闸。

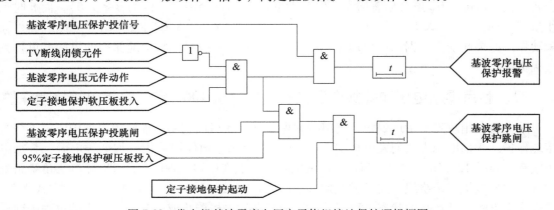

图 7-22　发电机基波零序电压定子绕组接地保护逻辑框图

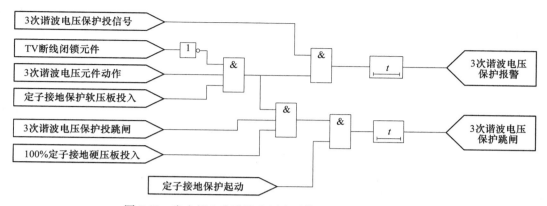

图 7-23 发电机 3 次谐波电压定子绕组接地保护逻辑框图

由于基波零序电压定子接地保护取自发电机中性点电压、机端开口三角零序电压，TV 断线时会导致保护拒动。因此在发电机中性点、机端开口三角 TV 断线时需发告警信号，在发电机中性点 TV 断线时闭锁 3 次谐波电压保护。

第四节 发电机负序电流保护

一、负序电流保护的作用

当电力系统中发生不对称短路或在正常运行情况下三相负荷不平衡时，在发电机定子绕组中将出现负序电流。此电流在发电机空气隙中建立的负序旋转磁场相对于转子为 2 倍的同步转速，因此将在转子绕组、阻尼绕组以及转子铁心等部件上感应出 100Hz 的倍频电流。该电流使得转子上电流密度很大的某些部位（如转子端部、护环内表面等），可能出现局部灼伤，甚至可能使护环受热松脱，从而导致发电机的重大事故。此外，负序气隙旋转磁场与转子电流之间以及正序气隙旋转磁场与定子负序电流之间所产生的 100Hz 交变电磁转矩，将同时作用在转子大轴和定子机座上，从而引起 100Hz 的振动，威胁发电机安全。

发电机负序电流将作为转子表层过热的保护，同时可作为区外不对称短路的后备保护。

负序电流在转子中所引起的发热量，正比于负序电流的二次方与所持续时间的乘积。在最严重的情况下，假设发电机转子为绝热体（即不向周围散热），则不使转子过热所允许的负序电流和时间的关系，可表示为

$$\int_0^t i_{2.*}^2 \, \mathrm{d}t = I_{2.*}^2 t = A \tag{7-24}$$

$$I_{2.*} = \sqrt{\frac{\int_0^t i_{2.*}^2 \, \mathrm{d}t}{t}} \tag{7-25}$$

式中 $i_{2.*}$——流经发电机的负序电流（以发电机额定电流为基准的标幺值）；

t——电流 $i_{2.*}$ 所持续的时间；

$I_{2.*}^2$——在时间 t 内 $i_{2.*}^2$ 的平均值（以发电机额定电流为基准的标幺值）；

A——与发电机型式和冷却方式有关的常数。

关于 A 的数值，应采用制造厂所提供的数据。其参考值如下：对于凸极式发电机或调相机，可取 $A=40$；对于空气或氢气表面冷却的隐极式发电机，可取 $A=30$；对于导线直接冷却的 $100\sim300MW$ 汽轮发电机，可取 $A=6\sim15$。

随着发电机组容量的不断增大，它所允许的承受负序过负荷的能力也随之下降（A 值减小）。例如，取 600MW 汽轮发电机 A 的设计值为 4，这对负序电流保护的性能提出了更高的要求。式（7-23）说明，在确保发电机安全运行情况下，负序电流越大，则允许其持续时间越短，呈反时限特性。A 值较大的发电机，其耐受负序电流影响的能力较强。

针对上述情况而装设的发电机负序过电流保护实际上是对定子绕组电流不平衡而引起转子过热的一种保护，因此应作为发电机的主保护之一。由于大机组的 A 值都比较小，承受负序电流的能力很小。因此，为防止发电机转子遭受负序电流的损坏，在 100MW 及以上、$A<10$ 的发电机上应装设能够模拟发电机允许负序电流曲线的反时限负序过电流保护。微机型的发电机保护均采用完善的反时限特性负序过电流保护，以保证发电机运行的安全。

二、反时限负序过电流保护

反时限负序过电流保护反映发电机定子的负序电流大小，防止发电机转子表面过热。该保护电流取自发电机中性点 TA 三相电流，这样可以兼作发电机并网前的内部短路故障的后备保护。

负序过电流保护由定时限负序过负荷和反时限负序过电流两部分组成。前者用以反映发电机负序过负荷，后者作为发电机转子表层过热的主保护及发电机区内、区外不对称短路的后备保护。

负序过电流保护特性如图 7-24 所示。定时限负序过负荷定值为 I_{2ms}，动作于较长延时 t_s 发信号。反时限过电流由上限定时限、反时限、下限定时限三部分组成。当发电机负序电流大于上限整定值 I_{2up} 时，则按上限定时限 t_{up} 动作；如果负序电流高于下限整定值 I_{2m}，但又不足以使反时限部分动作，或反时限部分动作时间太长时，则按下限定时限 t_1 动作；负序电流在上、下限整定值之间，则按反时限 $t=\dfrac{A}{I_2^2-K_2}$ 动作。

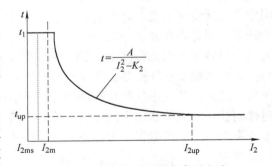

图 7-24　发电机反时限负序过电流
保护动作特性曲线

负序反时限特性能真实地模拟转子的热积累过程，并能模拟散热，即发电机发热后若负序电流消失，热积累并不立即消失，而是慢慢地散热消失，如此时负序电流再次增大，则上一次的热积累将成为该次的初值。

反时限部分的动作方程为

$$(I_{2*}^2-K_2)t\geqslant A \tag{7-26}$$

式中　I_{2*}——发电机负序电流标幺值；

　　　K_2——考虑发电机发热同时的散热效应系数（不考虑散热时取为 0）。

发电机反时限负序过电流保护逻辑图如图 7-25 所示。

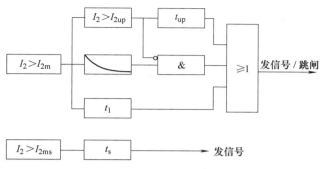

图 7-25 发电机反时限负序过电流保护逻辑图

三、负序过电流保护的整定

1. 负序定时限过负荷

负序定时限过负荷保护按发电机长期允许的负序电流下能可靠返回的条件整定，即

$$I_{2ms} = \frac{K_{rel}}{K_{re}} I_{2.\infty*} I_{GN} \tag{7-27}$$

式中 $I_{2.\infty*}$——发电机长期允许的负序电流标幺值；

I_{GN}——发电机额定电流；

K_{rel}、K_{re}——可靠系数、返回系数。

动作判据为

$$I_2 > I_{2ms} \tag{7-28}$$

保护动作后，经 t_s 延时动作于发信号。

2. 反时限负序过电流

上限定时限的动作电流通常可按躲过主变压器高压侧两相短路电流整定，即

$$I_{2up} = K_{rel} I_{k.T.h}^{(2)} \tag{7-29}$$

式中 $I_{k.T.h}^{(2)}$——主变压器高压侧两相短路电流。

反时限的动作电流按发电机短时承受负序电流的能力确定，即

$$I_{2.set} = \sqrt{\frac{A}{t} + K_2} I_{GN} \tag{7-30}$$

式中 A——与发电机型式和冷却方式有关的常数；

K_2——考虑发电机发热同时的散热效应系数；

下限定时限的动作电流即为反时限负序过电流保护的起动电流，按发电机能长时间（$t_m = 1000s$）承受的负序电流整定，即

$$I_{2m} = \sqrt{\frac{A}{1000} + K_2} I_{GN} \tag{7-31}$$

反时限负序过流保护的时限特性为

$$\begin{cases} t = t_{up} & I_2 > I_{2up} \\ t = \dfrac{A}{I_{2*}^2 - K_2} & I_{2up} \geq I_2 \geq I_{2.set} \\ t = t_1 & I_{2.set} \geq I_2 \geq I_{2m} \end{cases} \tag{7-32}$$

式中　　t_{up}——反时限特性上限动作时限；

　　　　t_1——反时限特性下限动作时限。

第五节　发电机失磁保护

一、发电机失磁运行及后果

发电机失磁故障是指发电机的励磁突然全部消失或部分消失。引起失磁的原因有转子绕组故障、励磁机（变）故障、自动灭磁开关误跳闸、半导体励磁系统中某些元件损坏或回路发生故障以及误操作等。各种失磁故障综合起来看，有以下几种形式：励磁绕组直接短路或经励磁电机电枢绕组闭路而引起的失磁、励磁绕组开路引起的失磁、励磁绕组经灭磁电阻短接而失磁、励磁绕组经整流器闭路（交流电源消失）失磁。

当发电机完全失去励磁时，励磁电流将逐渐衰减至零。由于发电机的感应电动势 E_d 随着励磁电流的减小而减小，因此，其电磁转矩也将小于原动机的转矩，因而引起转子加速，使发电机的功角 δ 增大。当 δ 超过静态稳定极限角时，发电机与系统失去同步。发电机失磁后将从电力系统中吸取感性无功功率。在发电机超过同步转速后，转子回路中将感应出频率为 f_g-f_s（其中，f_g 为对应发电机转速的频率，f_s 为系统的频率）的电流，此电流产生异步转矩。当异步转矩与原动机转矩达到新的平衡时，即进入稳定的异步运行。

当发电机失磁进入异步运行时，将对电力系统和发电机产生以下影响：

1）需要从电力系统中吸收很大的无功功率以建立发电机的磁场。所需无功功率的大小主要取决于发电机的参数（X_1、X_2、X_{ad}）以及实际运行时的转差率。汽轮发电机与水轮发电机相比，前者的同步电抗 X_d（$=X_1+X_{ad}$）较大，所需无功功率较小。假设失磁前发电机向系统送出无功功率 Q_1，而在失磁后从系统吸收无功功率 Q_2，则系统中将出现 Q_1+Q_2 的无功功率缺额。失磁前带的有功功率越大，失磁后转差率就越大，所吸收的无功功率也就越大，因此，在重负荷下失磁进入异步运行后，如不采取措施，发电机将因过电流使定子过热。

2）由于从电力系统中吸收无功功率将引起电力系统的电压下降，如果电力系统的容量较小或无功功率储备不足，则可能使失磁发电机的机端电压、升压变压器高压侧的母线电压或其他邻近的电压低于允许值，从而破坏了负荷与各电源间的稳定运行，甚至可能因电压崩溃而使系统瓦解。

3）失磁后发电机的转速超过同步转速，因此，在转子及励磁回路中将产生频率为 f_g-f_s 的交流电流，即差频电流。差频电流在转子回路中产生的损耗如果超出允许值，将使转子过热。特别是直接冷却的大型机组，其热容量的裕度相对降低，转子更易过热。而流过转子表层的差频电流还可能使转子本体与槽楔、护环的接触面上发生严重的局部过热。

4）对于直接冷却的大型汽轮发电机，其平均异步转矩的最大值较小，惯性常数也相对较小，转子在纵轴和横轴方向呈现较明显的不对称，使得在重负荷下失磁后，这种发电机的转矩、有功功率要发生周期性摆动。这种情况下，将有很大的电磁转矩周期性地作用在发电机轴系上，并通过定子传到机座上，引起机组振动，直接威胁机组的安全。

5）低励磁或失磁运行时，定子端部漏磁增加，将使端部和边段铁心过热。实际上，这一情况通常是限制发电机失磁异步运行能力的主要条件。

由于汽轮发电机异步功率比较大，调速器也较灵敏，因此当超速运行后，调速器立即关小汽门，使汽轮机的输出功率与发电机的异步功率很快达到平衡，在转差率小于0.5%的情况下即可稳定运行。故汽轮发电机在很小转差率下异步运行一段时间，原则上是完全允许的。此时，是否需要并允许异步运行，则主要取决于电力系统的具体情况。例如，当电力系统的有功功率供应比较紧张，同时，一台发电机失磁后系统能够供给它所需要的无功功率，并能保证电力系统的电压水平时，则失磁后就应该继续运行；反之，若系统没有能力供给失磁发电机所需要的无功功率，并且系统中有功功率有足够的储备，则失磁以后就不应该继续运行。

对水轮发电机而言，考虑到：①其异步功率较小，必须在较大的转差率（一般达到1%~2%）下运行，才能发出较大的功率；②由于水轮机的调速器不够灵敏，时滞较大，甚至可能在功率尚未达到平衡以前就大大超速，从而使发电机与系统解列；③其同步电抗较小，如果异步运行，则需要从电力系统吸收大量的无功功率；④其纵轴和横轴很不对称，异步运行时，机组振动较大，因此水轮发电机一般不允许在失磁以后继续运行。

在发电机上，尤其是在大型发电机上，应装设失磁保护，以便及时发现失磁故障，并采取必要的措施，如发出信号、自动减负荷、跳闸等，以保证发电机和系统的安全。

考虑失磁对电力系统和发电机本身的危害并不像发电机内部短路那样迅速地表现出来。另一方面，大型机组，特别是汽轮发电机，突然跳闸会给机组本身及其辅机造成很大的冲击，对电力系统也会加重扰动。因此，失磁后应首先采取切换励磁电源、切换厂用电源以及迅速降低原动机出力等措施，并随即检查造成失磁的原因并予以消除，使机组恢复正常运行，以避免不必要的事故停机。如果在发电机允许的时间内不能消除造成失磁的原因，则再由失磁保护或由人操作停机。

二、发电机失磁后的机端测量阻抗

发电机与无限大系统并列运行等效电路和相量图如图7-26所示。图中，$\dot{E}_d$ 为发电机的同步电动势；$\dot{U}_g$ 为发电机端的相电压；$\dot{U}_S$ 为无穷大系统的相电压；$\dot{I}$ 为发电机的定子电流；X_d 为发电机的同步电抗；X_S 为发电机与系统之间的联系电抗，$X_\Sigma = X_d + X_S$；φ 为受端的功率因数角；δ 为 $\dot{E}_d$ 和 $\dot{U}_S$ 之间的夹角（即功角）。根据电机学，发电机送到受端的功率 $S = P - jQ$（规定发电机送出感性无功功率时表示为 $P - jQ$）分别为

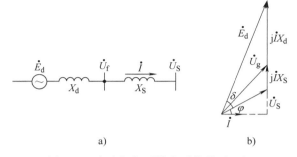

图7-26　发电机与无限大系统并列运行

a) 等效电路　b) 相量图

$$P = \frac{E_d U_S}{X_\Sigma} \sin\delta \qquad (7-33)$$

$$Q = \frac{E_d U_S}{X_\Sigma} \cos\delta - \frac{U_S^2}{X_\Sigma} \qquad (7-34)$$

在正常运行时，$\delta < 90°$；一般当不考虑励磁调节器的影响时，$\delta = 90°$，为稳定运行的极限；$\delta > 90°$后，发电机失步。

1. 发电机在失磁过程中的机端测量阻抗

发电机从失磁开始到进入稳态异步运行，一般可分为三个阶段：

（1）失磁后到失步前（等有功圆）

在此阶段中，转子电流逐渐减小，发电机的电磁功率 P 开始减小，由于原动机所供给的机械功率还来不及减小，于是转子逐渐加速，使 $\dot{E}_d$ 和 $\dot{U}_S$ 之间的功角 δ 随之增大，P 又要回升。在这一阶段中，$\sin\delta$ 的增大与 $\dot{E}_d$ 的减小相互补偿，基本上保持了 P 不变。

与此同时，无功功率 Q 将随着 $\dot{E}_d$ 的减小和 δ 的增大而迅速减小，按式（7-34）计算的 Q 值将由正变为负，即发电机变为吸收感性的无功功率。

在这一阶段中，发电机端的测量阻抗为

$$Z_g = \frac{\dot{U}_g}{\dot{I}} = \frac{\dot{U}_S + j\dot{I}X_S}{\dot{I}} = \frac{\dot{U}_S\hat{U}_S}{\dot{I}\hat{U}_S} + jX_S = \frac{U_S^2}{S} + jX_S$$

$$= \frac{U_S^2}{2P}\frac{P - jQ + P + jQ}{P - jQ} + jX_S = \frac{U_S^2}{2P}\left(1 + \frac{P + jQ}{P - jQ}\right) + jX_S$$

$$= \left(\frac{U_S^2}{2P} + jX_S\right) + \frac{U_S^2}{2P}e^{j2\varphi} \tag{7-35}$$

如上所述，式（7-35）中的 U_S、X_S 和 P 为常数，而 Q 和 φ 为变数，因此它是一个圆的方程式，表示在复阻抗平面上如图 7-27 所示。其圆心 O' 的坐标为 $\left(\frac{U_S^2}{2P},\ X_S\right)$，半径为 $\frac{U_S^2}{2P}$。

由于这个圆是在有功功率 P 不变的条件下作出的，因此称为等有功阻抗圆。由式（7-35）可见，机端测量阻抗的轨迹与 P 有密切关系，对应不同的 P 值有不同的阻抗圆，且 P 越大，圆的直径越小。

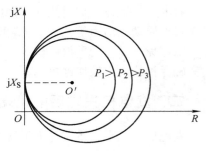

图 7-27　等有功阻抗圆

发电机失磁以前，向系统送出无功功率，φ 为正，测量阻抗位于第 I 象限，失磁以后，随着无功功率的变化，φ 由正值变为负值，因此测量阻抗也沿着圆周随之由第 I 象限过渡到第 IV 象限。

（2）临界失步点（静稳阻抗边界圆）

对汽轮发电机组，当 $\delta = 90°$ 时，发电机处于失去静态稳定的临界状态，故称为临界失步点。此时由式（7-34）可得输送到受端的无功功率为

$$Q = -\frac{U_S^2}{X_\Sigma} \tag{7-36}$$

式中 Q 为负值，表明临界失步时，发电机自系统吸收无功功率，且为一常数，故临界失步点也称为等无功点。此时机端的测量阻抗为

$$Z_g = \frac{X_d + X_S}{j2}(1 - e^{j2\varphi}) + jX_S = -j\frac{X_d + X_S}{2} + j\frac{X_d + X_S}{2}e^{j2\varphi} + jX_S$$

$$= -j\frac{X_d - X_S}{2} + j\frac{X_d + X_S}{2}e^{j2\varphi} \tag{7-37}$$

由式（7-37）可知，发电机在输出不同的有功功率 P 而临界失稳时，其无功功率 Q 恒为常数，φ 为变量，也是一个圆的方程，是以 jX_S 和 $-jX_d$ 两点为直径的圆，如图 7-28 所示。其圆心 O' 的坐标为 $\left(0, -\frac{X_d - X_S}{2}\right)$，半径为 $\frac{X_d - X_S}{2}$。这个圆称为临界失步圆，也称静稳阻抗圆或等无功圆。其圆周为发电机以不同的有功功率 P 而临界失稳时，机端测量阻抗的轨迹，圆内为静稳破坏区。

（3）静稳破坏后的异步运行阶段（异步阻抗圆）

静稳破坏后的异步运行阶段可用图 7-29 所示的等效电路来表示，按图 7-29 的电流正方向，机端测量阻抗应为

$$Z_g = -\left[jX_1 + \frac{jX_{ad}\left(\dfrac{R_2}{s} + jX_2\right)}{\dfrac{R_2}{s} + j(X_{ad} + X_2)}\right] \tag{7-38}$$

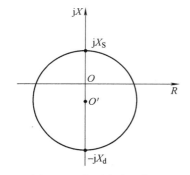

图 7-28　临界失步阻抗圆

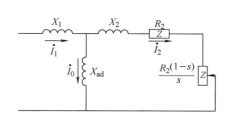

图 7-29　异步电机等效电路

当发电机空载运行失磁时，转差率 $s \approx 0$，$\dfrac{R_2}{s} \approx \infty$，此时机端测量阻抗为最大

$$Z_g = -jX_1 - jX_{ad} = -jX_d \tag{7-39}$$

当发电机在其他运行方式下失磁时，Z_g 将随转差率增大而减小，并位于第Ⅳ象限。极限情况是当 $f_g \to \infty$ 时，$s \to -\infty$，$\dfrac{R_2}{s} \to 0$，Z_g 的数值为最小。此时，有

$$Z_g = -j\left(X_1 + \frac{X_2 X_{ad}}{X_2 + X_{ad}}\right) = -jX_d' \tag{7-40}$$

综上所述，发电机失磁前在过励状态下运行时，其机端测量阻抗位于第Ⅰ象限（如图 7-30 中的 a 或 a' 点），失磁以后，测量阻抗沿等有功圆向第Ⅳ象限移动。当它与静稳阻抗圆（等无功阻抗圆）相交时（b 或 b' 点），表示机组运行处于静稳定的极限。越过 b（或 b'）点以后，转入异步运行，最后稳定运行于 c（或 c'）点，此时平均异步功率与调节后的原动机输入功率相平衡。

异步边界阻抗特性圆是以$-jX'_d/2$和$-jX_d$两点为直径的圆，如图 7-30 所示，进入圆内表明发电机已进入异步运行。异步边界阻抗圆小于静稳极限阻抗圆，完全落在第Ⅲ、Ⅳ象限。所以在同一工况的系统中运行，若失磁保护采用静稳极限阻抗元件，在失磁故障时一定比采用异步边界阻抗元件动作得更早。由于异步边界阻抗特性圆没有第Ⅰ、Ⅱ象限的动作区，采用异步边界阻抗元件有利于减少非失磁故障时的误动。

2. 发电机在其他运行方式下的机端测量阻抗

为了便于和失磁情况下的机端测量阻抗（如图 7-31 中的Z_{g4}）进行鉴别和比较，现对发电机在下列几种运行情况下的机端测量阻抗简要说明。

（1）发电机正常运行时的机端测量阻抗

当发电机向外输送有功功率和无功功率时，其机端测量阻抗Z_g位于第Ⅰ象限，如图 7-31 中的Z_{g1}，它与R轴的夹角φ为发电机运行时的功率因数角。当发电机只输出有功功率时，测量阻抗Z_{g2}位于R轴上。当发电机欠励运行时，向外输送有功功率，同时从电力系统吸收一部分无功功率（Q值变为负），但仍保持同步并列运行，此时，测量阻抗Z_{g3}位于第Ⅳ象限。

（2）发电机外部故障时的机端测量阻抗

当采用0°接线方式时，故障相测量阻抗位于第Ⅰ象限，其大小和相位正比于短路点到保护安装地点之间的阻抗Z_k，如图 7-31 中的Z_{g5}。如继电器接于非故障相，则测量阻抗的大小和相位需经具体分析后确定。

（3）发电机与系统间发生振荡时的机端测量阻抗

根据图 7-32 所示系统振荡时机端测量阻抗的变化及其对保护影响的分析，当假定机端母线为无限大母线，即认为$E_d = U_S$时，振荡中心位于$\frac{1}{2}X_\Sigma$处。当$X_S \approx 0$时，振荡中心即位于$\frac{1}{2}X'_d$处，此时机端测量阻抗的轨迹沿直线OO'而变化，如图 7-32 所示。当$\delta = 180°$时，测量阻抗的最小值$Z_g = -j\frac{1}{2}X'_d$。

系统发生振荡时，即使$X_S \approx 0$，振荡阻抗轨迹均不会进入异步边界阻抗圆，采用异步边界阻抗判据的失磁保护不可能误动。

（4）发电机自同步并列时的机端测量阻抗

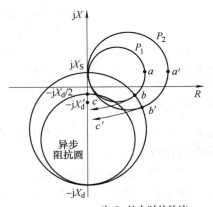

$a \longrightarrow b \longrightarrow c$ 为P_1较大时的轨迹
$a' \longrightarrow b' \longrightarrow c'$ 为P_2较小时的轨迹

图 7-30　发电机失磁后机端
测量阻抗的变化轨迹

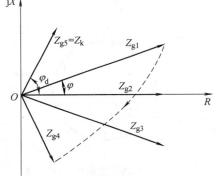

图 7-31　发电机在各种运行
情况下的机端测量阻抗

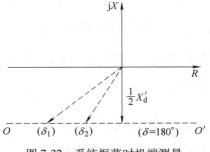

图 7-32　系统振荡时机端测量
阻抗的变化轨迹

在发电机接近于额定转速，不加励磁而投入断路器的瞬间，与发电机空载运行时发生失磁的情况实质是一样的。但由于自同步并列的方式是在断路器投入后立即给发电机加上励磁，因此，发电机无励磁运行的时间极短。对此情况，应该采取措施防止失磁保护的误动作。

三、失磁保护转子判据

由各种原因引起的发电机失磁，其转子励磁绕组电压 u_f 都会出现降低，降低的幅度随失磁方式而不同。失磁保护的转子判据，便是根据失磁后 u_f 初期下降（以至到负）的特点来判别失磁故障的。转子判据有整定值固定的转子判据和整定值随有功功率改变的转子判据两种整定方式。

整定值随有功功率改变的转子励磁电压判据的整定值自动随发电机有功功率变化。其表达为

$$U_{fd} \leq K_{set}(P - P_t) \tag{7-41}$$

式中　K_{set}——整定系数；

　　　P——发电机有功功率；

　　　P_t——发电机凸极功率。

上述变励磁电压判据能在导致发电机失步的初始阶段动作，与静稳边界阻抗元件相比，具有提前预测失磁失步的功能，显著提高机组减出力的效果。

整定值固定的转子判据能在机组空载运行或 $P<P_t$ 轻载运行时出现全失磁情况下可靠动作，其表达为

$$U_{fd} < U_{fd.set} \tag{7-42}$$

式中　$U_{fd.set}$——给定励磁电压整定值。

以上两判据构成"或"门，输出发"失磁"信号和"切换励磁"命令。

四、失磁保护的构成逻辑

大型发电机失磁后，当电力系统或发电机本身的安全运行遭到威胁时，应将故障的发电机切除，以防止故障的扩大。完整的失磁保护通常由发电机机端测量阻抗判据、转子低电压判据、变压器高压侧低电压判据和定子过电流判据构成。一种比较典型的发电机失磁保护构成的逻辑图如图 7-33 所示。

通常取机端阻抗判据作为失磁保护的主判据。一般情况下，阻抗整定边界为静稳边界圆，故也称为静稳边界判据，但也可以为其他形状。当定子静稳判据和转子低电压判据同时满足时，判定发电机已失磁失稳，经与门 Y3 和延时 t_1 后出口切除发电机。若因某种原因，造成失磁时转子低电压判据拒动，定子静稳判据也可单独出口切除发电机，此时为了单个元件动作的可靠性，增加了延时 t_4 才出口。

转子低电压判据满足时发出失磁信号，并发出切换励磁命令。此判据可以预测发电机是否因失磁而失去稳定，从而在发电机尚未失去稳定之前及早地采取措施（如切换励磁等），防止事故的扩大。转子低电压判据满足并且静稳边界判据满足，则经与门 Y3 电路也将迅速发出失稳信号。此信号表明发电机由失磁导致失去了静稳，将进入异步运行。

汽轮机在失磁时一般可允许异步运行一段时间，此期间由定子过电流判据进行监测。若

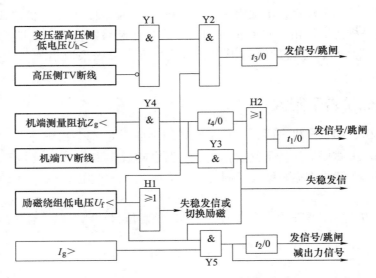

图 7-33　发电机失磁保护构成的逻辑图

定子电流大于 1.05 倍的额定电流，表明平均异步功率超过 1.05 倍的额定功率，发出减出力命令，减小发电机的输出功率后，允许汽轮机继续稳定异步运行一段时间。稳定异步运行一般允许 2~15min（即 t_2），经过 t_2 之后再发出跳闸命令。这样，在 t_2 期间运行人员可有足够的时间去排除故障，以图重新恢复励磁，避免跳闸，这对安全运行具有很大意义。如果出力在 t_2 内不能压下来，而过电流判据又一直满足，则发出跳闸命令以保证发电机本身的安全。

对于无功储备不足的系统，当发电机失磁后，有可能在发电机失去静稳之前，高压侧电压就达到了系统崩溃值。所以转子低电压判据满足并且高压侧低电压判据（低电压定值一般取 $0.85U_N$）满足时，说明发电机的失磁已造成了对电力系统安全运行的威胁，经与门 Y2 和短延时 t_3 发出跳闸命令，迅速切除发电机。

另外，为了防止电压互感器回路断线时造成失磁保护误动作，设有 TV 断线闭锁元件。TV 断线闭锁元件分为变压器高压侧 TV 断线闭锁元件和机端 TV 断线闭锁元件，高压侧 TV 断线闭锁元件输出闭锁高压侧低电压元件，并发出高压侧 TV 断线信号，机端 TV 断线判别元件输出闭锁机端测量阻抗元件，并发出机端 TV 断线信号。

第六节　发电机失步保护

一、装设失步保护的必要性

中小机组通常都不装设失步保护。当系统发生振荡时，由运行人员来判断，然后利用人工增加励磁电流、增加或减少原动机出力、局部解列等方法来处理。对于大机组，这样处理将不能保证机组的安全，通常需要装设专门的用于反映振荡过程的失步保护。

一般认为失步带来的危害有以下方面：

1）对于大机组和超高压电力系统，发电机装有快速响应的自动调整励磁装置，并与升压变压器组成单元接线。由于输电网的扩大，系统的等效阻抗值下降，发电机和变压器的阻抗值相对增加，因此振荡中心常落在发电机机端或升压变压器的范围以内。由于振荡中心落在机端附近，使振荡过程对机组的危害加重。机炉的辅机都由接在机端的厂用变压器供电，机端电压周期性地严重下降，将使厂用机械工作的稳定性遭到破坏，甚至使一些重要电动机制动，导致停机、停炉。

2）振荡过程中，当发电机电动势与系统等效电动势的夹角为 $180°$ 时，振荡电流的幅值将接近机端三相短路时流过的短路电流的幅值。如此大的电流反复出现，有可能使定子绕组端部受到机械损伤。

3）由于大机组热容量相对下降，对振荡电流引起的热效应的持续时间也有限制，因为时间过长有可能导致发电机定子绕组过热而损坏。

4）振荡过程常伴随短路故障出现。发生短路故障和切除故障后，汽轮发电机轴系可能发生扭转振荡。当故障切除后，若随即发生电气参数的振荡过程，则加到轴系上的制动转矩是一脉振转矩，从而可能加剧轴系的扭转振荡，使大轴遭受机械损伤，甚至造成严重事故。

5）在短路伴随振荡的情况下，定子绕组端部先遭受短路电流产生的应力，相继又承受振荡电流产生的应力，使定子绕组端部出现机械损伤的可能性增加。

对于电力系统来说，一台发电机与系统之间失步，如不能及时和妥善处理，可能扩大到整个电力系统，导致电力系统的崩溃。

由于上述原因，对于大机组，特别是大型汽轮发电机，需要装设失步保护，用以及时检出失步故障，迅速采取措施，以保障机组和电力系统的安全运行。由于失步会带来上述危害，因此通常要求发电机失步保护在振荡的第一、二个振荡周期内能够可靠动作。

二、失步保护原理

要求失步保护只反映发电机的失步情况，能可靠躲过系统短路和同步摇摆，并能在失步开始的摇摆过程中区分加速失步和减速失步。目前，实用的失步保护主要基于反映发电机机端测量阻抗变化轨迹的原理。这里介绍一种数字保护中应用的具有双遮挡器动作特性的失步保护原理。

如图 7-34 所示（图中忽略了电阻），假定振荡中心落在机端保护安装处 M。$R_1 \sim R_4$ 将阻抗平面分为 $0 \sim 4$ 共 5 个区，加速失步时测量阻抗轨迹从 $+R$ 向 $-R$ 方向变化，$0 \sim 4$ 区依次从右到左排列；减速失步时测量阻抗轨迹从 $-R$ 向 $+R$ 方向变化，$0 \sim 4$ 区依次从左到右排列。当测量阻抗从右向左穿过 R_1 时判断为加速失步，当测量阻抗从左向右穿过 R_4 时判断为减速失步。然后当测量阻抗穿过 1 区进入 2 区，并在 1 区及 2 区停留的时间分别大于 t_1 和 t_2 后，对于加速过程发加速失步信号，对于减速过程发减速失步信号。加速失步信号或减速失步信号作用于降低或提高原动机出力。若在加速或减速信号发出后，没能使振荡平息，测量阻抗继续穿过 3 区进入 4 区，并在 3 区及 4 区停留的时间分别大于 t_3 和 t_4 后，进行失步周期（也称滑极）计数。当失步周期累计达到一定值，失步保护出口跳闸。

若测量阻抗在任一区内永久停留，则判定为短路。无论在加速过程还是在减速过程，测量阻抗在任一区（$1 \sim 4$ 区）内停留的时间小于对应的延时时间（$t_1 \sim t_4$）就进入下一区，则判定为短路。若测量阻抗轨迹部分穿越这些区域后以相反的方向返回，则判断为可恢复的摇摆振荡。

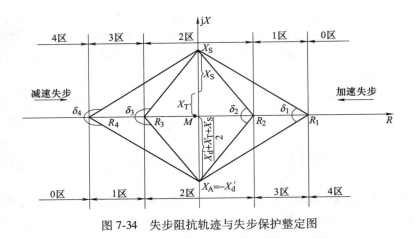

图 7-34　失步阻抗轨迹与失步保护整定图

第七节　发电机励磁回路接地保护

发电机励磁回路（包括转子绕组）绝缘破坏会引起转子绕组匝间短路和励磁回路一点接地故障以及两点接地故障。发电机励磁回路一点接地故障很常见，而两点接地故障也时有发生。励磁回路一点接地故障，对发电机并未造成危害，如果发生两点接地故障，则将严重威胁发电机的安全。

当发电机励磁回路发生两点接地故障时，由于故障点流过相当大的故障电流而烧伤转子本体；由于部分绕组被短接，励磁电流增加，可能因过热而烧伤励磁绕组；同时，部分绕组被短接后，使得气隙磁通失去平衡，从而引起转子振动，特别是多极发电机会引起严重的振动，甚至会造成灾难性的后果。此外，汽轮发电机励磁回路两点接地，还可能使轴系和汽轮机磁化。因此，应该避免励磁回路的两点接地故障。

过去，水轮发电机都装设一点接地保护，动作于信号，不装设两点接地保护。中小型汽轮发电机只装设可供定期检测用的绝缘检查电压表和正常不投入运行的两点接地保护，不装设一点接地保护。当用绝缘检查电压表检出一点接地故障后，再把两点接地保护装置投入。两点接地保护动作后，经延时停机。

现在，大型汽轮发电机均装设一点接地保护，一般一点接地保护动作于信号，装设两点接地保护动作于跳闸。也有采用一点接地保护动作于停机。最常用的转子接地保护有切换采样式一点接地保护和定子 2 次谐波电压两点接地保护。

一、切换采样式发电机励磁回路一点接地保护

切换采样式转子一点接地保护是利用轮流对不同采样点分别进行独立采样测量的原理构成的，微机型转子一点接地保护切换采样原理如图 7-35 所示。图中，S1、S2 是两个由微机控制的电子开关，保护工作时按一定的时钟脉冲频率轮流开、合，即 S1 闭合时，S2 断开，S1 断开时，S2 闭合。两者交替开、合，如同打乒乓球，故该保护简称为乒乓式转子一点接地保护。

设发电机转子绕组在 k 点经过渡电阻 R_{f} 接地，负极至接地点 k 的绕组匝数与总匝数的比值为 α。U_{fd} 为励磁电压，则转子负极与 k 点之间的励磁电压为 αU_{fd}，k 点与转子正极之间的

电压为 $(1-\alpha)U_{fd}$。保护装置中的 4 个分压电阻的电阻值均为 R。R_1 为测量电阻，保护装置通过测量不同状态 R_1 两端的电压可计算出接地电阻 R_t 的大小和 α 值。

在第一采样时刻（S1 闭合，S2 断开），保护测量并读取 R_1 两端的电压 U_1 和励磁电压 U_{fd1}，由采样等效电路可知

$$U_1 = \frac{(3\alpha - 1)U_{fd1}}{2R + 3R_t + 3R_1}R_1 \qquad (7\text{-}43)$$

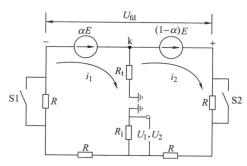

图 7-35　转子一点接地保护切换采样原理

在第二采样时刻（S1 断开，S2 闭合），保护测量并读取 R_1 两端的电压 U_2 和励磁电压 U_{fd2}，且有

$$U_2 = \frac{(3\alpha - 2)U_{fd2}}{2R + 3R_t + 3R_1}R_1 \qquad (7\text{-}44)$$

考虑到因励磁电压的波动可能使两次采样时刻测量的励磁电压不等，为消除由此引起的计算误差，计算中引入系数 $K = U_{fd1}/U_{fd2}$。令 $\Delta U = U_1 - KU_2$，并将式（7-43）、式（7-44）代入，得

$$\Delta U = \frac{U_{fd1}}{2R + 3R_t + 3R_1}R_1 \qquad (7\text{-}45)$$

由式（7-45）解得

$$R_t = \frac{U_{fd1}}{3\Delta U} - R_1 - \frac{2}{3}R \qquad (7\text{-}46)$$

将式（7-45）代入式（7-43），整理得

$$\alpha = \frac{U_1}{3\Delta U} + \frac{1}{3} \qquad (7\text{-}47)$$

保护装置按式（7-46）、式（7-47）计算出 R_t 和 α，将 R_t 与整定值比较来判断转子绕组的接地程度。

转子一点接地保护的程序逻辑框图如图 7-36 所示。保护由两段组成，高定值 Ⅰ 段和低定值 Ⅱ 段。

Ⅰ 段的动作判据为

$$R_t < R_{set.h} \qquad (7\text{-}48)$$

式中　$R_{set.h}$——高接地电阻整定值，一般 $R_{set.h} \geq 10k\Omega$。

高定值段延时动作发信号，动作时限 $t_1 = 4 \sim 10s$。

Ⅱ 段的动作判据为

$$R_t < R_{set.l} \qquad (7\text{-}49)$$

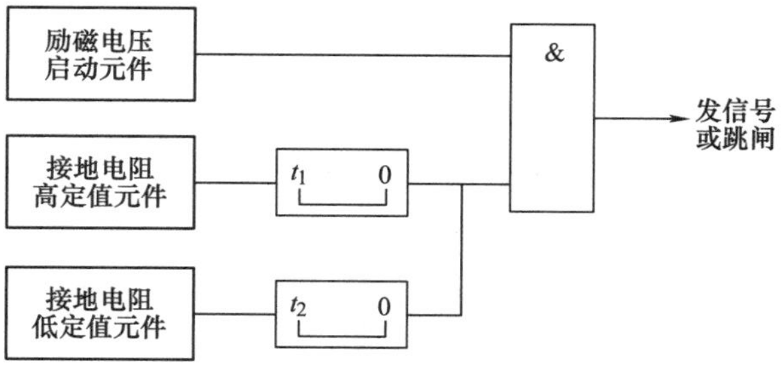

式中　$R_{set.l}$——低接地电阻整定值，一般 $R_{set.h} < 10k\Omega$。

低定值段延时动作发信号，动作时限 $t_1 = 1 \sim 4s$。

为防止励磁电压下降及计算溢出引起保护误动作，装置设置了启动元件，动作判据为

图 7-36　切换采样一点接地保护程序逻辑框图

$$U_{\text{fd}} > 50\text{V} \tag{7-50}$$

保护装置将实时计算出的 R_t 和 α 值记忆储存，并在单元管理机上实时显示出来，供值班人员掌握发电机转子绝缘状况和一点接地位置。同时还将 α 值提供给转子两点接地保护，方便地实现转子两点接地故障的识别。

切换采样原理构成的转子绕组一点接地保护具有灵敏度高、误差小、动作无死区，动作特性不受励磁电压波动及转子绕组对地电容的影响，灵敏度不因故障点位置的变化而变化。同时在启、停机时也能够实施保护，并且原理简单、调试方便、易于实现。目前，国产大型机组的微机型发变组保护广泛采用这一算法。

二、反映发电机定子电压 2 次谐波分量的励磁回路两点接地保护

这种发电机转子两点接地及匝间短路保护基于反映发电机定子电压 2 次谐波分量的原理。当发电机转子绕组两点接地或匝间短路故障时，气隙磁通分布的对称性遭到破坏，出现偶次谐波，发电机定子绕组每相感应电动势也就出现了偶次谐波分量。因此利用定子电压的 2 次谐波分量，就可以实现转子两点接地及匝间短路保护。

通过分析可以发现转子侧发生两点接地或匝间短路故障在定子侧形成的 2 次谐波电压的相序和发电机外部不对称短路产生的负序电流所形成的定子 2 次谐波电压相序相反。利用此特征可以实现灵敏度更高的转子两点接地保护。

2 次谐波电压转子两点接地保护的程序逻辑框图如图 7-37 所示。

保护从发电机机端电压互感器取三相电压，由软件滤取 2 次谐波电压分量，将其与整定值比较来判别转子两点接地故障。保护的动作判据为

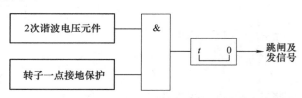

图 7-37　2 次谐波电压转子两点接地保护程序逻辑框图

$$U_{2\omega} > U_{\text{set}} \tag{7-51}$$

动作电压按躲过额定运行情况下机端 2 次谐波电压值整定，即

$$U_{\text{set}} = K_{\text{rel}} \, U_{2\omega.\,\text{unb.\,N}} \tag{7-52}$$

式中　K_{rel}——可靠系数，一般取 2.5～3；

　　$U_{2\omega.\,\text{unb.\,N}}$——发电机额定负荷时，机端 2 次谐波电压实测值。

为防止误动作，保护受转子一点接地保护闭锁，当转子绕组发生一点接地后，自动将转子两点接地保护投入工作。

保护经一定延时后动作于跳闸，以躲过外部短路暂态过程的影响和瞬时转子绕组两点接地短路，延时时间 t 一般取 0.5～1.0s。

三、反映接地位置变化的转子绕组两点接地保护

发电机转子绕组出现一点接地后，当另一点又发生接地时，改变了转子绕组的电压分布，即转子负极至接地点的有效匝数与全绕组有效匝数的比值 α 发生了变化，如图 7-38 所示。k1 点接地时，$\alpha_1 = \dfrac{N_1}{N_1 + N_2}$；当 k2 点再接地时，$\alpha_2 = \dfrac{N_1'}{N_1' + N_2}$。显然有 $\Delta\alpha = |\alpha_2 - \alpha_1| > 0$，被短接的匝数越多，$\Delta\alpha$ 越大。利用测量 $\Delta\alpha$ 的大小即可构成反映接地位置变化的转子绕组

两点接地保护。

该保护与切换采样式转子一点接地保护配合使用，可共享一点接地保护测得的接地位置数据 α。两点接地保护由连续测得的即时值 α_2 与前一次测得并记忆的值 α_1 计算出变化量 $\Delta\alpha = \alpha_2 - \alpha_1$，并与整定值比较，以确定保护是否动作。保护的动作判据为

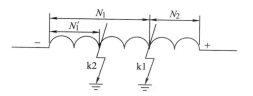

图 7-38　转子绕组两点先后接地
匝数变化示意图

$$|\Delta\alpha| > \alpha_{\text{set}} \tag{7-53}$$

式中　α_{set}——转子绕组两点接地位置变化整定值。

反映接地位置变化的转子两点接地保护的动作时限按躲过瞬时出现的两点接地故障整定，一般取 $t = 0.5 \sim 1.0\text{s}$。

本 章 小 结

本章主要介绍了发电机的故障、不正常运行状态及保护方式；发电机定子绕组相间短路的纵联差动保护、纵向零序电压匝间短路保护；利用零序电压和 3 次谐波电压构成的 100% 定子绕组单相接地保护；反映转子过热的负序电流保护；同步发电机失磁保护和失步保护；转子绕组一点接地及两点接地保护等。

由于计算机技术的发展，计算速度与存储量大幅度提高，使发电机及发变组保护的整体性能大大提高，许多能够充分发挥计算机优势的保护新原理得到开发应用，如故障分量原理被广泛用于改进传统的纵联差动保护，采用自适应原理跟踪发电机运行工况变化的定子接地保护方案等。计算机及其相关技术的发展使继电保护的开发有着广阔的前景，使得发电机保护在原理上和实现上将比传统保护有更多的创新和进展，使保护性能得到极大的提高。

 复习思考题

1. 发电机完全纵联差动保护为何不反映匝间短路故障？

2. 试分析发电机不完全纵联差动保护的特点和不足。

3. 发电机定子绕组匝间短路有何危害？常采用哪些匝间短路保护方案？

4. 什么是纵向零序电压？零序电压式匝间短路保护能否反映定子回路的单相接地？为什么？

5. 发电机的零序电压保护为什么存在死区？如何提高零序电压保护的灵敏度？

6. 如何构成双频式定子接地保护？试说明实现 100% 定子接地保护区的原理。

7. 发电机反时限负序电流保护有何优点？为什么可将其作为发电机转子过热的主保护？

8. 发电机失磁对系统和发电机本身有什么影响？试说明失磁保护静态稳定边界的物理概念。

9. 发电机励磁回路为什么要装设一点接地和两点接地保护？

第八章
其他电气主设备的继电保护

第一节 异步电动机保护

一、异步电动机的故障和不正常运行状态

异步电动机的故障有定子绕组相间短路故障（包括引线电缆的相间短路故障）、绕组的匝间短路故障和单相接地故障。

定子绕组的相间短路故障对电动机来说是最严重的故障，不仅引起绕组绝缘损坏、铁心烧毁，甚至会使供电网络电压显著降低，破坏其他设备的正常工作，所以应装设反映相间短路故障的保护。功率在 2MW 以下的电动机装设电流速断保护（保护宜采用两相式）；功率在 2MW 及以上或功率小于 2MW 但电流速断保护灵敏度不满足要求的电动机装设纵联差动保护。保护装置动作于跳闸。

定子绕组的匝间短路破坏电动机的对称运行。理论分析表明，电动机匝间短路故障时，由于负序电流的出现，电动机出现制动转矩，转差率增大，使定子电流增大；与此同时，电动机的热源电流增大，使电动机过热。当然，短路匝数很小时，产生的负序电流也很小，定子电流增大以及过热也是不大的。但是，故障点电弧会损坏绝缘甚至烧坏铁心。因此，电动机绕组的匝间短路故障是一种较为严重的故障。然而到目前为止，还没有简单完善的反映匝间短路的保护装置。

定子绕组单相接地对电动机的危害程度取决于供电网络中性点接地方式以及单相接地电流的大小。在 380/220V 三相四线制供电网络中，由于供电变压器中性点是直接接地的，所以电动机应装设单相接地保护，动作于跳闸。对高压电动机，供电变压器中性点可能不接地或经消弧线圈接地，视具体情况单相接地保护装置动作于跳闸或信号；当供电变压器中性点经电阻接地时，单相接地保护装置动作于跳闸。

异步电动机的不正常运行状态有如下几种：

1）电动机机械过负荷。这将引起电动机定子电流增大，容易引起发热。

2）供电电压降低和频率降低时，电动机转速下降引起过负荷。

3）电动机堵转。

4）电动机起动时间过长。

5）电动机运行过程中三相电流不平衡或运行过程中发生两相运行。

6）电动机的供电电压过低或过高。电压过低时，电动机的驱动转矩随电压的二次方降低，电动机吸取电流随之增大，供电网络阻抗上压降相应增大，为保证重要电动机的运行，在次要电动机上装设低电压保护。不允许自起动的电动机也应装设低电压保护。低电压保护动作于跳闸。

此外，电动机在投入运行时可能出现相序错的情况；运行中的电动机也可能出现轴承温度过高等异常情况。

上述异步电动机的异常运行状况，导致电动机过负荷（不平衡运行还会出现负序电流），较长时间过负荷的直接后果是使电动机温升超过允许值，加速绕组绝缘的老化、降低寿命甚至将电动机烧坏。

运行中的异步电动机有时还会出现转子鼠笼断条的故障。转子鼠笼断条后，转子绕组失去平衡，电动机运行不平稳。

二、异步电动机保护

数字式异步电动机保护装置，除保护功能外，还有遥测、遥控、遥信功能，与保护装置综合成一体，构成异步电动机保护测控（一体化）装置。遥测量有各相电流、各相电压、有功功率、无功功率、功率因数、有功电能、无功电能和脉冲电能等。在实时监控系统中，遥测量可通过通信接口直接上传给上位机，遥控可实现电动机的跳闸和合闸，遥信功能通过无源开关量输入，可实时观察到断路器位置状态、控制回路是否断线。通过温度变送器开关量的输入，还可观察电动机轴承温度是否越限或者对应开关柜温度是否过高等状态。此外，还具有跳/合闸次数统计、事件记录、故障录波等功能。某些装置还可以反映电动机电流、有功功率的 4~20mA 输出，供集散控制系统（DCS）之用。

电动机保护测控装置目前有两种形式，其区别在于反映相间短路故障的保护方式不同。一种是采用电流速断保护的方式应用在功率小于 2MW 的异步电动机上，另一种是采用电流纵联差动保护的方式应用在功率 2MW 及以上或重要的异步电动机上。在功率 2MW 及以上的异步电动机上，可用前述第一种保护测控装置再加装一套独立的纵联差动保护装置。以下介绍其保护功能。

1. 电流纵联差动保护和电流速断保护

（1）电流纵联差动保护

电流纵联差动保护主要应用在大功率电动机上；但当电流速断保护灵敏度不足时也应用，作为电动机定子绕组及电缆引线相间短路故障的保护。电动机功率在 5MW 以下时，采用两相式接线；5MW 以上时采用三相式接线，以保证一点接地在保护区内另一点接地在保护区外时纵联差动保护的快速动作，跳开电动机。

图 8-1 示出了电动机纵联差动保护接线（两相式），机端电流互感器与中性点侧电流互感器型号相同，具有相同电流比。规定机端电流 I_A、I_B、I_C 流入电动机，中性点侧电流 I'_A、I'_B、I'_C 流入电动机（从中性点 N 流入电动机）为电流正方向，则纵联差动保护的动作电流 I_d、制动电流 I_{res} 的表示式为

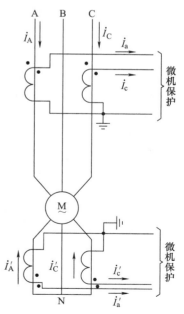

$$I_d = |\dot{I}_a + \dot{I}'_a|、\quad I_d = |\dot{I}_c + \dot{I}'_c| \qquad (8-1)$$

$$I_{res} = \frac{1}{2}|\dot{I}_a - \dot{I}'_a|、\quad I_{res} = \frac{1}{2}|\dot{I}_c - \dot{I}'_c| \qquad (8-2)$$

图 8-1　电动机纵联差动
保护接线（两相式）

式中 $\dot{I}_a$、$\dot{I}_c$ 与 $\dot{I}'_a$、$\dot{I}'_c$——互感器二次侧电流，方向同 I_A、I_C 与 I'_A、I'_C 一致，如图 8-1 所示。

图 8-2 示出了纵联差动保护的比率制动特性，其中图 8-2a 为两折线特性，最小制动电流（拐点电流）$I_{res.\,min}$ 一般取等于额定电流，斜率 K 在 $0.2 \sim 0.5$ 之间调整；图 8-2b 为三折线特性，拐点电流 $I_{res\,1}$ 一般取 $0.5I_{2N}$（I_{2N} 为额定电流），$I_{res\,2}$ 取 $2.5I_{2N}$，斜率 K_1 在 $0.2 \sim 0.5$ 之间调整，斜率 K_2 在 $0.5 \sim 1$ 之间调整。图 8-2a、b 动作特性的判据与第七章变压器差动保护的动作特性相同。需要指出，应用三折线特性容易提高电动机内部相间短路故障灵敏度。

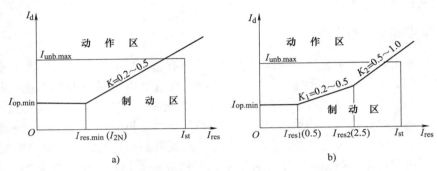

图 8-2　电动机纵联差动保护的比率制动特性
a）两折线特性　b）三折线特性

制动特性参数的设置应躲过电动机全电压下起动时差动回路最大不平衡电流，如图 8-2 所示；同时应躲过外部三相短路电动机向外供给短路电流时差动回路的不平衡电流；最小动作电流 $I_{d.\,min}$ 应躲过电动机正常运行时差动回路的不平衡电流。

与变压器纵联差动保护相同，TA 二次回路断线应闭锁保护出口并同时发出 TA 二次回路断线告警。因不考虑两个 TA 二次回路同时断线，所以 TA 二次回路断线判据如下：

1）两侧 TA 的二次电流中有一个小于最小动作电流（起动电流）$I_{d.\,min}$（或取更小的值），其他 3 个电流均大于此值或保持不变。

2）差动回路电流大于 $I_{d.\,min}$，但小于 1.3 倍额定电流。

当上述两个条件同时满足时，判断 TA 二次回路断线。

纵联差动保护中还设有差动电流速断保护，动作电流一般可取 $3 \sim 8$ 倍额定电流。

（2）电流速断保护

电流速断保护应用在较小功率的电动机上，也作为电动机定子绕组及其引线电缆相间短路故障的保护，保护动作于跳闸。

电流速断保护在电动机起动时不应动作，同时为兼顾保护灵敏度，所以电流速断保护有高、低两个定值，其中低定值电流速断保护在电动机起动结束后才投入。电流速断保护的动作判据为

$$\begin{cases} I_{max} = \max\{I_a,\ I_c\} \\ I_{max} \geq I_{set.\,H}（起动过程中投入）\\ I_{max} \geq I_{set.\,L}（起动结束后投入）\end{cases} \tag{8-3}$$

式中　$I_{set.\,H}$——电流速断保护整定电流高值；

　　　$I_{set.\,L}$——电流速断保护整定电流低值。

$I_{\text{set.H}}$ 应躲过电动机的最大起动电流。$I_{\text{set.L}}$ 应躲过外部短路故障切除电压恢复时电动机的最大自起动电流；还应躲过外部三相短路故障电动机向外供出的最大反馈电流。

当电动机采用熔断器加高压接触器（F-C）回路控制时，电流速断保护应设有延时以与熔断器配合，延时时间应大于熔断器熔断时间并有一定的裕度。

2. 负序电流保护（不平衡保护）

负序电流保护作为电动机匝间短路、断相、相序反以及供电电压较大不平衡的保护，对电动机的不对称短路故障也起后备保护作用。负序电流保护动作于跳闸。

各类保护装置的负序电流保护差别较大。某些保护装置设Ⅰ、Ⅱ、Ⅲ段，其中Ⅰ、Ⅱ段为定时限负序电流保护，Ⅱ段为灵敏段，Ⅲ段负序电流保护为反时限特性（也可设定为定时限特性）。某些保护装置设Ⅰ、Ⅱ段，其中的Ⅰ段负序电流保护为定时限特性，Ⅱ段负序电流保护可设定为反时限特性，也可选择设定为定时限特性或固定为定时限。某些保护装置在上述两段式负序电流保护基础上，还有Ⅲ段告警段（可设定为反时限运行，也可设定为定时限运行）。还有的保护装置只设一段负序电流保护，动作特性是带最大和最小定时限的反时限曲线。需要指出，三段式负序电流保护因整定比较灵活，所以可取得较好的保护效果。另外，对有关负序电流保护两个问题说明如下：

（1）区内、外两相短路故障时流入电动机的正、负序电流问题

对电动机内部 BC 相间短路故障的理论分析表明：

1）电动机内部相间短路故障时，流入电动机的负序电流总是小于流入的正序电流，即使电动机空载不计负荷电流也总是如此。计及故障点过渡电阻后，也不改变这一结果。

2）电动机外部两相短路故障时，电动机流入负序电流和正序电流，并且负序电流要比正序电流大得多。这一结果不受电动机负荷电流大小、故障点过渡电阻大小的影响。

因此，当电动机的负序电流大于正序电流（如 $I_2 > 1.5I_1$）时，可判定为外部发生两相短路；当负序电流小于正序电流时，可判定为内部发生两相短路。可见，借助正序、负序电流的比较，可以明确区分出两相短路故障在内部还是在外部。

（2）负序电流保护的动作值问题

电动机较严重的故障和不对称运行，负序电流数值较大，而在较少匝数短路、中性点附近相间短路故障时，负序电流较小。因此，电动机的负序电流随故障类型、严重程度有很大的变化。

控制高压电动机的开断、接通，有真空断路器、少油断路器、SF$_6$ 断路器，还有熔断器-高压接触器。断路器不可能出现使电动机两相运行的情况，后者则可能出现熔断器熔断一相且高压接触器未能三相联跳造成电动机两相运行的情况。

1）作为电动机相序反、较多匝数短路以及相间短路故障的后备保护时，负序电流保护动作值较大，可取额定电流的 80% ~ 100%。

2）作为断相保护以及匝间短路保护时，负序动作电流可取额定电流的 30% ~ 60%，其中低值对应负荷较轻时，高值对应接近额定负荷时的运行方式。

3）作为较少匝数的短路以及中性点附近相间短路保护，负序电流的动作值较小，可按躲过正常运行时最大负序不平衡电流整定，可取 0.2 ~ 0.3，动作后发告警信号或用于跳闸。

对于负序电流保护的动作时限，当采用判别区内外两相短路故障的措施时，动作时限不必与外部保护配合；当没有采取判别区内外两相短路故障的措施时，应根据外部短路故

障的位置，与相应保护配合，以获得负序电流保护的选择性。

3. 起动时间过长保护

电动机起动时间过长会造成电动机过热，当测量到的实际起动时间超过整定的允许起动时间时，保护动作于跳闸。

保护的动作判据为

$$t_m > t_{st.set} \tag{8-4}$$

式中　$t_{st.set}$——整定的允许起动时间，可取 $t_{st.set} = 1.2t_{st.max}$，其中 $t_{st.max}$ 为实测的电动机最长的起动时间；

　　　　t_m——测量到的实际起动时间，或称计算起动时间。

当电动机三相电流均从零发生突变时，认为电动机开始起动，起动电流达到 10% 额定电流时开始计时，起动电流过峰值后下降到 112% 额定电流时停止计时，所测得的时间即为 t_m 值。

需要指出，t_m 值与电动机负荷大小、起动时的电压高低有关，而式（8-4）中的 $t_{st.set}$ 整定后保持不变。为使电动机起动时间过长保护更符合实际情况，应使 $t_{st.set}$ 随实际起动电流发生变化，注意到电动机发热与电流的二次方成正比，故较为合理的 $t_{st.set}$ 应为

$$t_{st.set} = \left(\frac{I_{st.N}}{I_{st.max}}\right)^2 t_{yd} \tag{8-5}$$

式中　$I_{st.N}$——电动机的额定起动电流；

　　　　$I_{st.max}$——本次电动机起动过程中的最大起动电流；

　　　　t_{yd}——电动机的允许堵转时间。

起动时间过长保护在电动机起动完毕后自动退出。

4. 堵转保护和正序过电流保护

当电动机在起动过程中或在运行中发生堵转，因为转差率 $s=1$，所以电流将急剧增大，容易造成电动机烧毁事故。堵转保护采用正序电流构成，有些保护装置还引入转速开关触点。堵转保护动作于跳闸。

（1）不引入转速开关触点时

不引入转速开关触点的堵转保护，与正序过电流保护是同一保护，在电动机起动结束后自动投入，即起动时间过长保护结束后自动计算正序电流。正序电流的动作值一般取 1.3 ~ 1.5 倍额定电流；动作时限即允许堵转时间应躲过电动机自起动的最长起动时间，可取

$$t_{yd} = 1.2t_{st.max} \tag{8-6}$$

式中　$t_{st.max}$——电动机的最长起动时间。

正序过电流保护也作为电动机的对称过负荷保护。

当电动机在起动过程中堵转时，由起动时间过长保护起堵转保护作用。

（2）引入转速开关触点时

图 8-3 所示为引入转速开关触点构成的电动机堵转保护逻辑框图。电动机在运行中堵转，转速开关触点闭合，构成了堵转保护动作条件之一；另一动作条件是正序（或取最大相电流）过电流。因为引入了转速开关触点，所以堵转保护的动作时间可以较短，对电动机是十分有利的。正序电流动作值可取 1.5 ~ 2 倍额定电流，动作时间可取起动时间。

此时的正序过电流保护可作为过负荷保护（有些保护装置不设正序过电流保护，直接

采用过负荷保护），动作电流按躲过电
动机的正常最大负荷电流 $I_{\text{loa. max}}$ 整定，
即（K_{rel} 取 $1.15 \sim 1.2$），

$$I_{1.\text{set}} = K_{\text{rel}} I_{\text{loa. max}} \qquad (8\text{-}7)$$

动作时限按式（8-6）整定。保护
在电动机起动结束后投入，对重要电
动机可作用于信号，对不重要电动机
可作用于跳闸。

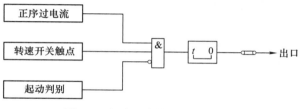

图 8-3　电动机堵转保护逻辑框图

5. 过负荷保护

电动机的过负荷保护动作电流可按式（8-7）整定，动作时限与电动机允许的过负荷时
间相配合。动作后一般发信号。有些过负荷保护设两段时限，较短时限动作于信号，较长时
限可动作于跳闸。有些保护装置中，以正序过电流保护取代过负荷保护。

6. 过热保护

任何原因引起定子正序电流增大、出现负序电流均会使电动机过热。过热保护有过热告
警、过热跳闸、过热禁止再起动构成。图 8-4 所示为电动机过热保护逻辑框图。图中，H_{R} 是
过热积累告警值，H_{T} 是过热积累跳闸值，H_{B} 是过热积累闭锁电动机再起动值，只有 $H < H_{\text{B}}$，
电动机才能再次起动，KG1、KG2 为投入过热告警、过热跳闸的控制字。热复归按钮闭合
时，过热积累强迫为零。电动机过热保护模型为

$$H = \left[I_{\text{eq}}^2 - (1.05 I_{2\text{N}})^2 \right] t > I_{2\text{N}}^2 \tau \qquad (8\text{-}8)$$

$$H_{\text{T}} = I_{2\text{N}}^2 \tau \qquad (8\text{-}9)$$

$$H > H_{\text{T}} \qquad (8\text{-}10)$$

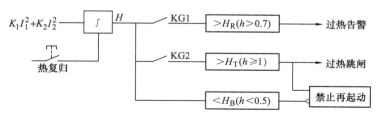

图 8-4　电动机过热保护逻辑框图

说明电动机过热积累超过允许值，所以 H_{T} 为过热积累跳闸值。通常过热积累用过热比
例 h 表示，h 表示式为

$$h = H/H_{\text{T}} \qquad (8\text{-}11)$$

可见，当 $h \geqslant 1$ 时过热保护动作，电动机跳闸。

为了提示运行人员，过热比例通常在 $h = 0.7 \sim 0.8$ 时告警，如取 $h = 0.7$，则过热积累告
警值为

$$H_{\text{R}} = h H_{\text{T}} \qquad (8\text{-}12)$$

即电动机的过热积累达到 $70\% H_{\text{T}}$ 时就发出过热告警信号。

电动机被过热保护跳闸后，禁止再起动回路动作，使跳闸继电器处动作保持状态，电动
机不能再起动。由于电动机已跳闸，故 H 值以散热时间常数 τ' 衰减，H 值逐渐减小，当减

小到 H_B 值以下时，禁止再起动回路解除，电动机可以起动，当然起动时电动机过热积累不会超过允许值。通常 H_B 值取 $50\%H_T$，即 $h = 0.5$。在紧急情况下，如在 h 较高时需起动电动机，则可人为按热复归按钮，人为清除记忆的过热积累。注意，实际的过热积累是存在的，并非为零。

7. 接地保护

电动机中性点不接地，而供电变压器的中性点可能不接地，也可能经消弧线圈接地或经电阻接地。而在 380/220V 三相四线制供电网络中，供电变压器中性点是直接接地的。

当供电变压器中性点不直接接地时，电动机可以看作一个元件（相当于一条线路），单相接地的检测与小电流接地系统的线路单相接地检测方法相同。

需要指出，当采用零序电流互感器获取零序电流时，为防止在起动电流下零序不平衡电流引起的误动，可采用最大相电流进行制动。动作特性如图 8-5 所示，动作特性表示式为

$$I_0 \geqslant I_{set} \qquad (I_{max} \leqslant 1.05\, I_{2N}) \tag{8-13}$$

$$I_0 > \left[1 + \frac{1}{4}\left(\frac{I_{max}}{I_{2N}} - 1.05\right)\right] I_{set}(I_{max} > 1.05\, I_{2N}) \tag{8-14}$$

式中　I_{2N}——电动机额定电流；

I_{set}——零序电流动作值；

I_{max}——最大相电流，$I_{max} = \max\{I_a,\ I_c\}$。

虽然引入了最大相电流的制动措施，但正常运行时并不降低接地保护的灵敏度。

对 380V 供电的电动机，因供电变压器中性点直接接地，所以电动机单相接地时，接地相的相电流较大，很容易检出接地故障的电动机。

当供电变压器中性点经小电阻接地时，如 6kV 系统，接地电流限制在 300A（接地电阻为

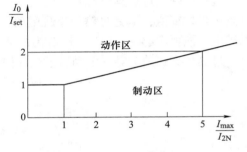

图 8-5　带最大相电流制动的接地保护特性

12Ω）。接地零序保护按灵敏度大于 2 整定，即可取零序保护定值为 140A，保护有较高的灵敏度。

8. 低电压保护

当供电电压降低或短时中断后，为防止电动机自起动时使供电电压进一步降低，以致造成重要电动机自起动困难，所以在一些次要电动机或不需要自起动的电动机上装设低电压保护。

图 8-6 示出了低电压保护逻辑框图。可以看出，当三个相间电压均低于整定值时，保护延时动作。保护经低电流闭锁、TV 断线闭锁和开关跳闸闭锁。

TV 断线判据如下：

1）电动机三相均有电流而无负序电流，

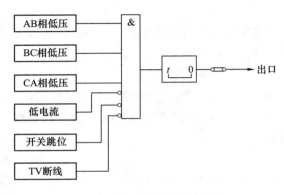

图 8-6　低电压保护逻辑框图

但有负序电压,其值大于 8V。

2)无正序电压而三相均有电流。

条件 1)判为 TV 单相断线或两相断线;条件 2)判为 TV 三相断线。

需要指出,重要厂用电动机的低压保护动作时限,应躲过发电厂与系统发生振荡时的最长振荡周期。

9. 过电压保护

供电电压过高时,会引起电动机铜损和铁损的增大,使电动机温升增大。为此,电动机可设有过电压保护。当三个相间电压均大于整定值时,保护经延时动作。

第二节　电力电容器保护

电网系统以及用户侧均广泛应用并联电容器实现对无功功率的补偿,用以提高功率因数和进行电压调节。与同步调相机相比,并联电容器投资省、安装快、运行费用低。随着高压大容量电力电子技术的发展和微机电容器自动投切装置的应用,并联电容器的调节特性大大改善,电容器补偿得到更加广泛的应用。电容器的安全运行对保证电网的安全、经济运行有重要作用。

一、电容器的故障及其危害

1. 内部故障

由于制造方面的原因,通常将许多单个电容元件先并联后串联装于同一箱壳中组成电容器。电力电容器组的每一相又是由许多电容器串并联组成的。运行中由于涌流、系统电压升高或操作过电压等原因,电容器中绝缘比较薄弱的电容元件有可能首先击穿,并使与之并联的电容元件被短路,导致与它们串联的电容元件上电压升高,并可能引起联锁反应造成更多电容元件的相继击穿。同时,由于部分电容器的击穿使电容器的电流增大并持续存在,电容器内部温度将增高,绝缘介质将分解产生大量气体,导致电容器外壳膨胀变形甚至爆炸。有的电容器内部在电容元件上串有熔断器,元件损坏时将被熔断器切除。在电容器的外部一般也装有熔断器,电容器内部元件严重损坏时,外部熔断器将电容器切除。不论内部或外部熔断器,它切除故障部分,保证无故障电容元件和电容器继续运行。但是当其切除部分电容时,必将造成其他电容上电压和电流的重新分配,发展到一定程度其他电压过高和电流过大的电容也将损坏,由此可能发展成为严重故障,因此除熔断器保护外,电容器组必须装设内部故障保护。电容器内部故障是电容器组最常见的故障,它是电容器保护的主要目标。

2. 端部故障

在变电站中,电容器被连接成单星形、双星形或三角形等电容器组接入一次系统。在电容器组的回路中相应的一次设备有断路器、隔离开关、串联电抗器、放电线圈、避雷器、电流互感器和电压互感器等,这些设备的绝缘子套管以及相互连接的引线由于绝缘的损坏将造成相间短路,产生很大的短路电流,在短路回路中产生很大的力和热的破坏作用。

3. 系统异常

系统异常是指过电压、失电压和系统谐波。IEC 标准和我国国家标准规定,电容器长期运行的工频过电压不得超过 1.1 倍额定电压。电压过高将导致电容器内部损耗增大(电容器的损耗与电压的二次方成正比）并发热损坏。严重过电压还将导致电容器的击穿。系统失电压本身不会损坏电容器，但是在系统电压短暂消失或供电短时中断时，可能发生下列现象使电容器发生过电压和过电流而损坏：

1）电容器组失电压后放电未完毕又随即恢复电压（如有源线路的自动重合闸或备用电源自动投入）使电容器组带剩余电荷合闸，产生很大的冲击电流和瞬时过电压，使电容器损坏。

2）变电站失电压后恢复送电时若空载变压器和电容器同时投入，LC 电路空载投入的合闸涌流将使电容器受到损害。

3）变电站失压后恢复送电时可能因母线上无负荷而使母线电压过高造成电容器过电压。

在电网系统中，电容器组还常常受到谐波的影响。由于容抗与频率成反比，对谐波电压而言，电容器的容抗较小，较小的谐波电压可产生较大的谐波电流，它与基波电流一起形成电容器的过负荷，长期的作用可能使电容器温升过高、漏油甚至变形。为了减小电容器组合闸时的涌流，通常在电容器组的一次回路中接入一个串联电抗器，在工频下，其感抗比电容的容抗小得多，特殊情况下，某次谐波有可能在电容器组和串联电抗器回路中产生谐振现象，产生很大的谐振电流，它使电容器过负荷、振动和发出异声，使串联电抗器过热，产生异响，甚至烧损。

二、电容器的保护配置

规程要求并联补偿电容器组应装设下列保护：

1）对电容器组和断路器之间连接线的短路，可装设带有短时限的电流速断和过电流保护，动作于跳闸。

2）对电容器内部故障及其引出线短路，宜对每台电容器分别装设专用的熔断器。

3）当电容器组中故障电容器切除到一定数量，引起电容器端电压超过 110% 额定电压，保护应将断路器断开，对不同接线的电容器组，可采用不同的保护方式。

4）电容器组的单相接地保护。

5）对电容器组的过电压应装设过电压保护，带时限动作于信号或跳闸。

6）对母线失电压应装设低电压保护，带时限动作于信号或跳闸。

7）对于电网中出现的高次谐波有可能导致电容器过负荷时，电容器组宜装设过负荷保护，带时限动作于信号或跳闸。

采用微机电容器保护，其保护的配置和参数的设定都可在装置上方便地设置。保护功能分为外部和内部两种。

三、电容器外部故障的保护

1. 电流速断保护

电流速断保护反应电容器组引接母线、电流互感器、放电线圈电压互感器、串联电抗器等回路发生相间短路，或者电容器本身内部元件全部击穿形成相间短路。电流速断保护应保证在电容器端部发生相间短路时可靠动作，同时应避免电容器投入瞬间的涌流造成误动。规程规定，速断保护的动作电流应按最小运行方式下电容器端子上发生两相短路时有足够的灵敏系数来整定，灵敏系数大于或等于 2.0。为了可靠地避免合闸涌流产生误动，电流速断保护应增设约 0.2s 的延时。

2. 过电流保护

过电流保护是电流速断保护的后备保护。它应按躲过电容器组长期容许的最大工作电流整定。电容器组容许在 1.3 倍额定电流下长期工作，并考虑电容器组的电容量可容许+10%的偏差。

过电流保护可以采用定时限或反时限，当采用定时限时，为了可靠躲过涌流，过电流保护的动作时间应比速断保护更长。当采用反时限时，可参照所用电容器组的过电流损坏特性与所选微机保护装置的反时限特性确定。

实际应用中，保护装置的过电流保护一般是两段式或三段式。当为两段式时，Ⅱ段兼作过负荷保护用，通常为定时限特性。当为三段式时，Ⅲ段为定时限特性，Ⅲ段可设为定时限特性，也可设为反时限特性，其中Ⅱ、Ⅲ段兼作过负荷保护用。当然，三段式更容易满足灵敏度要求，特别是为适应调压要求电容器组容量变化较大的场合。

电容器组的过电流保护用于保护电容器组内部短路及电容器组与断路器之间引起的相间短路，采用两段式，每段一个时限的保护方式。保护逻辑框图如图 8-7 所示。其中，H1 和 t_1 构成Ⅰ段，H2 和 t_2 构成Ⅱ段，分别反映 A、B、C 三相电流。

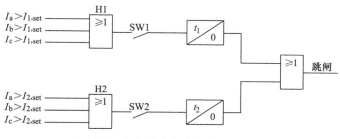

图 8-7 电容器过电流保护逻辑框图

3. 电容器的过电压、失电压保护

电容器有较大的承受过电压的能力。我国标准规定，电容器容许在 1.1 倍额定电压下长期运行，在 1.15 倍额定电压下运行 30min，在 1.2 倍额定电压下运行 5min，在 1.3 倍额定电压下运行 1min。过电压保护原则上可以按此标准规定进行整定，但为了可靠起见，可以选择在 1.1 倍额定电压时动作于信号，1.2 倍额定电压经 5~10s 动作跳闸。此时限是为了防止因电压波动而引起误动。过电压保护的电压元件可以取放电电压互感器的二次电压（这样可以直接反映电容器承受的电压），也可取母线电压互感器二次电压（当三相电容不平衡时，它不能确切反映各相电容器的电压）。在微机保护中一般用后者，因为这样可以同时满足过电压、失电压保护和测量所需的电压采样。但采用此接法时应注意，需由电容器组的断路器或隔离开关的辅助触点闭锁电压保护，使断路器断开时保护能自动返回。当有串联电抗器时，电抗器会使电容器上的电压升高。电容器电压保护主要用于防止系统稳态过电压和欠电压。过电压和欠电压保护均通过延时来鉴别稳态过电压和欠电压。

过电压保护采用母线的线电压，取母线电压是为了防止母线电压过高时损坏电容器，且切除电容器可降低母线电压。为防止电容器未投时误发信号或保护动作后装置不复归，过电压保护中加有断路器位置判据。另外，当变电所有电压无功自动调整装置投入运行时，电容器的过电压保护可以退出运行。微机电容器过电压保护的逻辑框图如图 8-8 所示，过电压保护动作带时限发信号或跳闸。断路器在跳闸位置时要闭锁过电压保护的 Y2 和 Y3，使电容器保护自动退出运行。

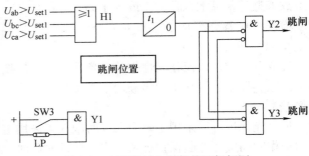

图 8-8 电容器过电压保护逻辑框图

当供电电压消失时，电容器组失去电源，开始放电，其上电压逐渐降低。若残余电压未放电到 10% 额定电压就恢复供电，则电容器组上将承受高于 1.1 倍额定电压的合闸过电压，导致电容器组的损坏，因而需装设低电压保护。可取三相线电压失电压的与逻辑或三相电压的正序电压失电压作为失电压判据。在母线电压低于定值后带时延切除电容器组，待电荷放完后才能再投入。图 8-9 示出了电容器组低电压保护逻辑框图。由图 8-9 可见，只有当三相电压同时降低到低电压动作值时，保护才可动作；考虑

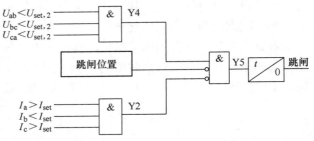

图 8-9 电容器低电压保护逻辑框图

到供电电压消失时电容器组无电流，低电压保护经过电流闭锁（Y2），以防止 TV 断线造成低电压保护误动。在系统故障或低压电容器保护动作跳闸后，为了使保护能立即复位，要求保护在跳闸位置时能自动退出运行，用断路器跳闸位置闭锁低电压保护（Y5），待母线电压恢复正常后断路器可重新投入运行。低电压保护的动作时间应小于供电电源重合闸的最短时间。

在微机保护中，电容器的失电压保护可以和过电压保护用同一个电压元件。其整定值既要保证在失电后电容器尚有残压时能可靠动作，又要防止系统电压瞬间下降时误动作。动作电压可整定为 30% ~ 60% 电网额定电压。动作时间既不可太短也不可太长，应满足下列要求：

1）大于同级母线上其他出线故障时的保护切除时间。

2）当电源线失电后重合时，在重合前失电压保护应先将电容器回路切除。

3）当备用电源自投装置投入备用电源前，失电压保护应先将电容器回路切除。在微机保护中，电源线失电后，重合及备用电源自投装置投入备用电源，也可以由重合闸装置和备用自投装置在合闸前先发出联跳电容器的命令来实现。

4. 单相接地保护

规程规定，电容器组应装设单相接地保护，至于是装设接地电流保护或是方向接地保护或是绝缘监察装置等，这要根据变电站中性点接地方式、出线回路的多少、接地电容电流的大小等条件来决定。可配置两段式零序过电流保护，用于单相接地保护。

5. 串联电抗器的保护

为了限制电容器接通电源时的涌流以及抑制高次谐波对电容器的影响，通常在电容器回路中接入一个串联电抗器，上述过电流保护和速断保护的保护范围均已包括串联电抗器，不需另设保护。但按照运行情况，油浸式铁心串联电抗器类似于油浸变压器，有关标准建议0.18MVA 及以上的油浸铁心串联电抗器应设置气体保护，以保护其内部故障。对于微机保护装置，只需将气体继电器触点接入保护装置的一个信号输入口，再由保护装置出口跳闸。

6. 过负荷保护

电容器组过负荷是由系统过电压及高次谐波所引起。按规定，电容器应能在 1.3 倍额定电流下长期运行，对于电容量具有最大正偏差（10%）的电容器，过电流允许达到 1.43 倍额定电流。

注意到电容器组必须装设反映稳态电压升高的过电压保护，而且大容量电容器组一般装设抑制高次谐波的串联电抗器，在这种情况下可不装设过负荷保护。仅当系统高次谐波含量较高或实测电容器回路电流超过允许值时，才装设过负荷保护。保护延时动作于信号。为与电容器过载特性相配合，宜采用反时限特性过负荷保护。一般情况下，过负荷保护与过电流保护结合在一起。

7. TV 断线告警

1）三相线电压均小于 16V，某相电流大于 0.2A，判为三相断线。

2）三相电压和大于 8V，最大线电压小于 16V，判为两相 TV 断线。

3）三相电压和大于 8V，最大线电压与最小线电压差大于 16V，判为单相 TV 断线。

待电压恢复正常，异常告警自动复归。

四、电容器组内部故障保护

大容量的电容器组是由许多单台电容器串并联组成的。单台电容器故障时由其专用的熔断器切除。一般情况下，切除个别电容器时电容器组的外部电流变化不是很大，在故障未发展到很严重时，过电流和速断保护很难反应，由于电容器有一定的过载和过电压能力，此时电容器组仍可继续运行。当被切除的电容器达到一定数量时，就可能发生联锁反应导致更多电容器的损坏，所以规程规定必须设置专门的保护，当部分电容器被切除后引起其他电容器端电压超过 110% 额定电压时，保护应带延时断开电容器组。根据电容器组接线的不同，可采用以下保护。

1. 零序电压保护

单星形联结的电容器组的中性点是不接地的，部分电容器损坏时，中性点产生位移电压。将放电器的一次绕组和单星形联结的每相电容器并联，三相放电器的二次绕组接成开口三角形，保护装置检测开口三角形上的电压。图 8-10 示出了电容器组的零序电压保护接线，电压互感器 TV 开口三角形上的电压反映的是电容器组端点对中性点 N 的零序电压。电压互感器 TV 的一次绕组兼作电容器组的放电线圈。

这种保护方式的好处是不受系统单相接地故障和电压不平衡的影响，也不受 3 次谐波的影响，灵敏度高，安装简单，是国内中小容量电容器组常用的一种保护方式。也可以利用接于电容器中性点与地之间的电压互感器来检测位移电压（见图 8-11）。

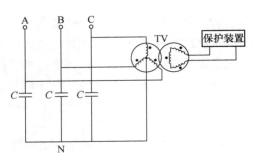

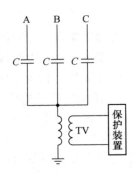

图 8-10　单星形联结开口三角电压保护　　　　图 8-11　单星形接线零序电压保护

2. 电压差动保护

单星形联结电容器组，当电容器组每相由两个电压相等的串联段组成时（特殊情况两个串联段的电压可以不相等），将放电器的两个一次绕组与两段电容器分别并联，放电器的两个二次绕组按差电压接线接至保护装置即构成电压差动保护。图8-12示出了电容器组的电压差动保护接线。正常运行时，电容器组两个串联段上的电压相等，可认为差电压为零（实际存在很小的不平衡电压），保护不动作；当某相多台电容器切除后（每台电容器具有专用熔断器），两串联段上电压不相等，该相出现差电压，保护动作。这种保护方式不受系统单相接地故障和电压不平衡的影响，动作也较灵敏，并可判断出故障相别，缺点是使用设备较复杂，当两个串联段中有程度相同的故障时保护拒动。

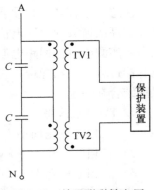

图 8-12　单星形联结电压
差动保护

3. 不平衡电流保护

对于双星形联结的电容器组，可以通过小电流比的电流互感器和保护装置检测两个星形的中性点间由位移电压产生的不平衡电流，来反应电容器的内部故障。图8-13示出了中性线不平衡电流保护接线。当多台电容器被切除后，中性线中有电流，保护即可动作。当电容器组出现部分元件击穿但尚未引起全部击穿短路时，将其从系统断开。

4. 不平衡电压保护

上述不平衡电流保护也可以改为在两个星形的中性点之间接电压互感器，其二次侧接至保护装置。图8-14为中性点不平衡电压保护接线，当多台电容器被切除后，两组电容器的

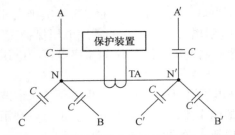

图 8-13　双星形联结中性点不平衡电流保护

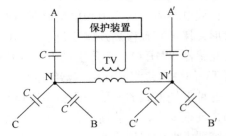

图 8-14　双星形接线中性点不平衡电压保护

中性点 N、N′电压不再相等，出现差电压 U_0 保护动作。可配置两段不平衡电压保护。

5. 桥差电流保护

三相桥差电流保护为反映桥式接线电容器组中电容器内部短路而设置，也称电流平衡保护。当电容器组为双星形联结且星形的每一边是由若干段（偶数）串联而成的，则可以在每相的中部接入电流互感器构成桥形接线。图 8-15 示出了电容器组桥式差电流保护的接线。正常运行时，桥式差电流几乎为零（实际是不平衡电流），保护不动作；当某相多台电容器切除后（每台电容器具有专用熔断器），电桥平衡被破坏，桥差电流增大，保护装置就动作。也可以检测桥路的不平衡电压组成电桥原理电压平衡保护，称桥差电压保护。这种保护可直接判定是哪一相电容损坏，但需用的保护元件较多，工程中较少应用。

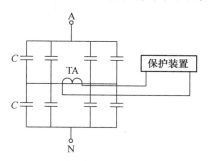

图 8-15 单星形联结电桥原理电流平衡保护

以上几种方式在电力系统微机保护的实际应用中，大量应用的是单星形联结的开口三角电压保护（见图 8-10）和双星形联结的不平衡电流保护（见图 8-13）。

第三节 母 线 保 护

变电所的母线是电网中的一个重要组成元件，当母线上发生故障时，将使连接在故障母线上的所有元件在修复故障母线期间，或转换到另一组无故障的母线上运行以前被迫停电。此外，在电网中枢纽变电所的母线上故障时，还可能引起系统稳定的破坏，造成严重的后果。

母线上发生的短路故障可能是各种类型的接地和相间短路故障。母线短路故障类型的比例与输电线路不同。在输电线路的短路故障中，单相接地故障占故障总数的 80% 以上。而在母线故障中，大部分故障是由绝缘子对地放电所引起的，母线故障开始阶段大多表现为单相接地故障，而随着短路电弧的移动，故障往往发展为两相或三相接地短路。

一般来说，不采用专门的母线保护，而利用供电元件的保护装置就可以把母线故障切除。例如图 8-16 所示的降压变电所，其低压侧的母线正常时分开运行，若接于低压侧母线上的线路为馈电线路，则低压母线上的故障就可以由相应变压器的过电流保护使变压器（低压侧或高压侧）断路器跳闸予以切除；当利用供电元件的保护装置切除母线故障时，故障切除的时间一般较长。超高压枢纽变电站母线联系着各个地区系统，母线发生短路直接破坏了各部分系统之间的同步运行，严重影响电网的安全供电。虽然母线短路概率比输电线短路低得多，但一旦发生，后果特别严重。因此对那些威胁电力系统稳定运行、使发电厂厂用电及重要负荷的供电电

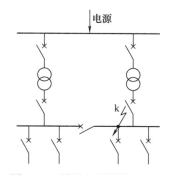

图 8-16 利用变压器的过电流保护切除低压母线故障

压低于允许值（一般为额定电压的 60%）的母线故障，必须装设有选择性的快速母线保护。在下列情况下，应装设专门的母线保护：

1）在 110kV 及以上的双母线和分段单母线上，为保证有选择性地切除任一组（或段）母线上发生的故障，而另一组（或段）无故障的母线仍能继续运行，应装设专用的母线保护。

2）110kV 及以上的单母线，重要发电厂的 35kV 母线或高压侧为 110kV 及以上的重要降压变电所的 35kV 母线，按照装设全线速动保护的要求必须快速切除母线上的故障时，应装设专用的母线保护。

在专用母线保护中，最主要的是母差保护。就其作用原理而言，所有母线差动保护均是反映母线上各连接单元 TA 二次电流的向量和的。当母线上发生故障时，一般情况下，各连接单元的电流均流向母线；而在母线之外（线路上或变压器内部）发生故障，各连接单元的电流有流向母线的，有流出母线的。母线上故障母差保护应动作，而母线外故障母差保护应可靠不动作。目前，微机型母差保护在我国电网中已得到了非常广泛的应用。

一、母线差动保护基本原理

比率制动原理的母线差动保护，采用一次侧的穿越电流作为制动电流，以克服区外故障时由于电流互感器（TA）误差而产生的差动不平衡电流，在高压电网中广泛应用。

1. 动作电流与制动电流的取得方式

目前，国内微机型母线差动保护一般采用完全电流差动保护原理。完全电流差动，指的是将母线上的全部连接元件的电流按相均接入差动回路。决定母线差动保护是否动作的电流量是动作电流和制动电流。制动电流是指母线上所有连接元件电流的绝对值之和。动作电流是指母线上所有连接元件电流相量和的绝对值，即

$$I_{\mathrm{d}} = \left| \sum_{j=1}^{n} \dot{I}_{j} \right| \tag{8-15}$$

式中　$\dot{I}_{j}$——各元件电流二次值（相量）；

　　　I_{d}——动作电流幅值；

　　　n——出线条数。

$$I_{\mathrm{res}} = \sum_{j=1}^{n} \left| \dot{I}_{j} \right| \tag{8-16}$$

式中　I_{res}——制动电流幅值。

对于单母线接线，$\frac{3}{2}$ 断路器接线的母线差动保护动作电流的取得方式很简单，考虑范围是连接于母线上的所有元件电流。双母线接线方式却比较复杂，以下分析在我国广泛使用的双母线接线差动保护的电流量取得方式。

对于双母线接线的母线差动保护，采用总差动作为差动保护总的启动元件，反映流入 Ⅰ、Ⅱ 母线所有连接元件电流之和，能够区分母线故障和外部短路故障。在此基础上，采用 Ⅰ 母分差动和 Ⅱ 母分差动作为故障母线的选择元件，分别反映各连接元件流入 Ⅰ 母线、Ⅱ 母线电流之和，从而区分出 Ⅰ 母线故障还是 Ⅱ 母线故障。因总差动的保护范围涵盖了各段母线，因此总差动也常被称为"总差动"或"大差动"；分差动因其差动保护范围只是相应的一段母线，常被称为"分差动"或"小差动"。下面以动作电流为例说明总差动（大差动）与分差动（小差动）的电流取得方法。

（1）双母线接线

一次接线如图 8-17 所示，以 $\dot{I}_1$、$\dot{I}_2$、$\cdots$、$\dot{I}_n$ 代表连接于母线的各出线二次电流，以 $\dot{I}_C$ 代表流过母联断路器二次电流（设极性朝向 Ⅱ 母线）；以 S_{11}、S_{12}、$\cdots$、S_{1n} 表示各出线与 Ⅰ 母线所连隔离开关位置，以 S_{21}、S_{22}、$\cdots$、S_{2n} 表示各出线与 Ⅱ 母线所连隔离开关位置，以 S_C 代表母联断路器两侧隔离开关位置，"0"代表分，"1"代表合；则差动电流可表示为

总差动：
$$I_d = \dot{I}_1 + \dot{I}_2 + \cdots + \dot{I}_n \tag{8-17}$$

Ⅰ 母线分差动：
$$I_{d \cdot Ⅰ} = \dot{I}_1 S_{11} + \dot{I}_2 S_{12} + \cdots + \dot{I}_n S_{1n} - \dot{I}_C S_C \tag{8-18}$$

Ⅱ 母线分差动：
$$I_{d \cdot Ⅱ} = \dot{I}_1 S_{21} + \dot{I}_2 S_{22} + \cdots + \dot{I}_n S_{2n} + \dot{I}_C S_C \tag{8-19}$$

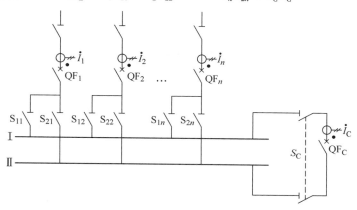

图 8-17 双母线接线

（2）母联兼旁路形式的双母线接线

一次接线如图 8-18 所示，当 S_4 闭合，S_3 打开时，母联由双母线形式中的母线联络作用改作旁路断路器。以 Ⅱ 母线带旁路运行为例，假设 S_{1C} 打开、S_{2C} 闭合，则差动电流可表示为

总差动：
$$I_d = \dot{I}_1 + \dot{I}_2 + \cdots + \dot{I}_n + \dot{I}_C \tag{8-20}$$

Ⅰ 母线分差动：
$$I_{d \cdot Ⅰ} = \dot{I}_1 S_{11} + \dot{I}_2 S_{12} + \cdots + \dot{I}_n S_{1n} \tag{8-21}$$

Ⅱ 母线分差动：
$$I_{d \cdot Ⅱ} = \dot{I}_1 S_{21} + \dot{I}_2 S_{22} + \cdots + \dot{I}_n S_{2n} + \dot{I}_C \tag{8-22}$$

当 S_4 打开、$S_{2C} = S_3$ 闭合时，又变成双母线接线，差电流如式（8-17）~式（8-19）所示，式中，$S_C = 1$。

（3）旁路兼母联形式的双母线接线

一次接线如图 8-19 所示，跨条接于 Ⅰ 母线，当 S_4、S_3、S_{2C} 闭合时，QF_C 作为母联断路器，其差电流如式（8-17）~式（8-19）所示，式中 $S_C = 1$；如跨条接于 Ⅱ 母线（图中虚线），当 S_4、S_3、S_{1C} 闭合时，由于母联电流互感器的极性朝向 Ⅰ 母线，差动电流可表示为

总差动：
$$I_d = \dot{I}_1 + \dot{I}_2 + \cdots + \dot{I}_n \tag{8-23}$$

Ⅰ 母线分差动：
$$I_{d \cdot Ⅰ} = \dot{I}_1 S_{11} + \dot{I}_2 S_{12} + \cdots + \dot{I}_n S_{1n} + \dot{I}_C \tag{8-24}$$

Ⅱ 母线分差动：
$$I_{d \cdot Ⅱ} = \dot{I}_1 S_{21} + \dot{I}_2 S_{22} + \cdots + \dot{I}_n S_{2n} - \dot{I}_C \tag{8-25}$$

2. 复式比率差动母线保护的动作判据

在复式比率制动的差动保护中，差动电流的表达式仍为式（8-25）。而制动电流采用复

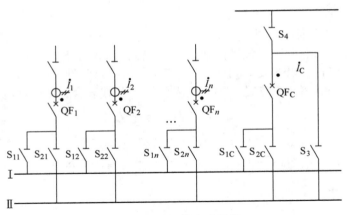

图 8-18　母联兼旁路接线

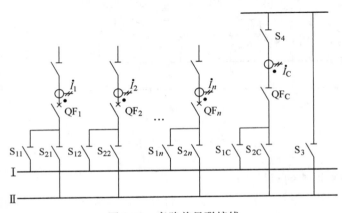

图 8-19　旁路兼母联接线

合制动电流

$$|I_{res} - I_d| = \left| \sum_{j=1}^{n} |\dot{I}_j| - \left| \sum_{j=1}^{n} \dot{I}_j \right| \right| \tag{8-26}$$

由于在复式制动电流中引入了差动电流，使得该元件在发生区内故障时 $I_d \approx I_{res}$，复合制动电流 $|I_{res} - I_d| \approx 0$，保护系统无制动量；在发生区外故障时 $I_{res} \gg I_d$，保护系统有极强的制动特性。所以，复式比率制动系数 K_{res} 变化范围理论上为 $0 \sim \infty$，因而能十分明确地区分内部和外部故障。复式比率差动母线保护差动元件由分相复式比率差动判据和分相突变量复式比率差动判据构成。

（1）分相复式比率差动判据

复式比率差动其动作特性如图 8-20 所示，动作表达式为

$$\begin{cases} I_d > I_{d.set} \\ I_d > K_{res}(I_{res} - I_d) \end{cases} \tag{8-27}$$

式中　$I_{d.set}$——差动电流门槛值；

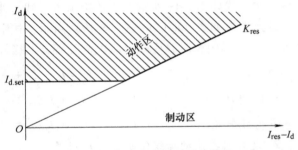

图 8-20　复式比率差动动作特性

254

K_{res}——复式比率制动系数。

可见，在拐点之前，动作电流大于整定的最小动作电流时，差动即动作，而在拐点之后，差动元件的实际动作电流是按 $(I_{res}-I_d)$ 成比例增加的。

（2）分相突变量复式比率差动判据

根据叠加原理，将母线短路电流分解为故障分量及负荷电流分量，其中故障分量电流有以下特点：①母线内部故障时，母线各支路同名相故障分量电流在相位上接近相等（即使故障前系统电源功角摆开）；②理论上，只要故障点过渡电阻不是无穷大，母线内部故障时故障分量电流的相位关系不会改变。利用这两个特点构成的母线差动保护原理能迅速对母线内部故障做出正确反应。相应动作电流及制动电流为

$$\Delta I_d = \left| \sum_{j=1}^{n} \Delta \dot{i}_j \right| \tag{8-28}$$

式中　ΔI_d——故障分量动作电流；

　　　$\Delta \dot{i}_j$——各元件故障分量电流相量；

　　　n——出线条数。

$$\Delta I_{res} = \sum_{j=1}^{n} \left| \Delta \dot{i}_j \right| \tag{8-29}$$

式中　ΔI_{res}——故障分量制动电流。

差动保护动作判据为

$$\begin{cases} \Delta I_d > \Delta I_{d.\,set} \\ \Delta I_d > K_{res}(\Delta I_{res} - \Delta I_d) \\ I_d > I_{d.\,set} \\ I_d > 0.5(I_{res} - I_d) \end{cases} \tag{8-30}$$

式中　$\Delta I_{d.\,set}$——故障分量差动的最小动作电流定值；

　　　K_{res}——故障分量比率制动系数；

　　　I_d——由式（8-15）决定的差动电流；

　　　I_{res}——由式（8-16）决定的制动电流；

　　　$I_{d.\,set}$——最小动作电流定值。

由于电流故障分量的暂态特性，突变量复式比率差动判据只在差动保护启动后的第一个周波内投入，并使用比率制动系数为 0.5 的比率制动判据加以闭锁。

3. 母线差动保护的动作逻辑

母线差动保护的整组逻辑关系如图 8-21 所示。

大差动元件与母线小差动元件各有特点。大差动的差动保护范围涵盖了各段母线，大多数情况下不受运行方式的控制；小差动受运行方式控制，其差动保护范围只是相应的一段母线，具有选择性。

对于固定连接式分段母线，如单母分段、$\frac{3}{2}$ 断路器等主接线，由于各个元件固定连接在一段母线上，不在母线段之间切换，因此大差动电流只作为启动条件之一，各段母线的小差动既是区内故障判别元件，也是故障母线选择元件。

对于双母线、双母线分段等主接线，差动保护使用大差动作为区内故障判别元件；使用

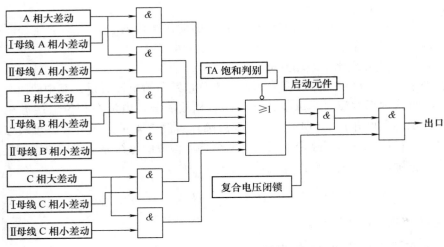

图 8-21　母线差动保护动作逻辑

小差动作为故障母线选择元件。即由大差动比率元件是否动作来区分区内还是区外故障；当大差动比率元件动作时，由小差动比率元件是否动作决定故障发生在哪一段母线上。这样可以最大限度地减少由于刀开关辅助触点位置不对应造成的母线差动保护误动作。

考虑到分段母线的联络开关断开的情况下发生区内故障，非故障母线段电流流出母线，影响大差动比率元件的灵敏度，因此，大差动比率差动元件的比率制动系数可以自动调整。

母联开关处于合位时（母线并列运行），大差动比率制动系数与小差动比率制动系数相同（可整定）；当联络开关处于分位时（母线分列运行），大差动比率差动元件自动转用比率制动系数低值（也可整定）。

二、断路器失灵保护

电力系统中，有时会出现系统故障、继电保护动作而断路器拒绝动作的情况。这种情况可导致设备烧毁，扩大事故范围，甚至使系统的稳定运行遭到破坏。因此，对于较为重要的高压电力系统，应装设断路器失灵保护。

运行实践表明，发生断路器失灵故障的原因很多，主要有：断路器跳闸线圈断线、断路器操作机构出现故障、空气断路器的气压降低或液压式断路器的液压降低、直流电源消失及操作回路故障等。其中发生最多的是气压或液压降低、直流电源消失及操作回路出现问题。

断路器失灵保护是一种能解决断路器拒动的近后备保护。它是防止因断路器拒动而扩大事故的一项重要措施。例如在图 8-22a 所示的网络中，线路 L1 上发生短路，断路器 QF_1 拒动，此时断路器失灵保护动作，以较短的时限跳开 QF_2、QF_5 和 QF_3，将故障切除。虽然，也可由 L2 和 L3 的远后备保护来动作跳开 QF_6、QF_7，将故障切除，但延长了故障切除时间，扩大了停电范围甚至有可能破坏系统的稳定，这对于重要的高压电网是不允许的。

规程对于 220~500kV 电网和 110kV 电网中的个别重要部分，装设断路器失灵保护都做了规定：

1）线路保护采用近后备方式时，对 220~500kV 分相操作的断路器，可只考虑断路器单相拒动的情况时；

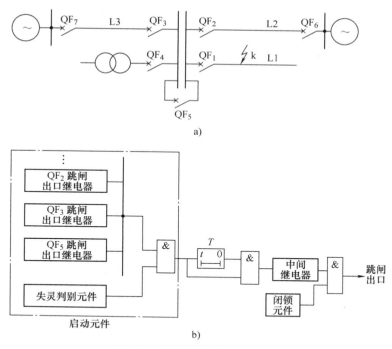

图 8-22　断路器失灵保护说明图

a）失灵事故说明　b）失灵保护原理框图

2）线路保护采用远后备方式时，由其他线路或变压器的后备保护切除故障将扩大停电范围，并引起严重后果时；

3）如断路器与电流互感器之间发生故障，不能由该回路主保护切除，而由其他断路器和变压器后备保护切除，又将扩大停电范围并引起严重后果时。

断路器失灵保护的工作原理是，当线路、变压器或母线发生短路并伴随断路器失灵时，相应的继电保护动作，出口中间继电器发出断路器跳闸脉冲。由于短路故障未被切除，故障元件的继电保护仍处于动作状态。此时利用装设在故障元件上的故障判别元件，来判别断路器仍处于合闸位置的状态。如故障元件出口中间继电器触点和故障判别元件的触点同时闭合时，失灵保护被启动。在经过一个时限后失灵保护出口继电器动作，跳开与失灵的断路器相连的母线上的各个断路器，将故障切除。断路器失灵保护原理框图如图 8-22b 所示。

保护由启动元件、时间元件、闭锁元件和出口回路组成。为了提高保护动作的可靠性，启动元件必须同时具备下列两个条件才能启动：

1）故障元件的保护出口继电器动作后不返回。

2）在故障保护元件的保护范围内短路依然存在，即失灵判别元件启动。

当母线上连接元件较多时，失灵判别元件可采用检查母线电压的低电压元件，动作电压按最大运行方式下线路末端短路时保护应有足够的灵敏度整定；当母线上连接元件较少时，可采用检查故障电流的电流元件，动作电流在满足灵敏性的情况下，应尽可能大于负荷电流。

由于断路器失灵保护的时间元件在保护动作之后才开始计时，所以延时 t 只要按躲开断路器的跳闸时间与保护的返回时间之和整定，通常取 0.3~0.5s。

为防止失灵保护误动作，在失灵保护接线中加设了闭锁元件。常用的闭锁元件由负序电压、零序电压和低压元件组成。通过与门构成断路器失灵保护的跳闸出口回路。

本 章 小 结

本章主要介绍了异步电动机可能的故障及其保护原理，包括相间短路的电流纵联差动保护和电流速断保护，匝间短路、断相等故障的负序电流保护，堵转保护，过热保护，低电压保护等保护类型；电力电容器外部故障的电流速断保护，过电流保护，过电压、失电压保护等保护原理；电力电容器内部故障的零序电压保护、不平衡电流保护、不平衡电压保护等；母线保护的方式及微机型母线差动保护的原理。

按差动原理构成母线差动保护时，要将母线上所有的引出元件都予以考虑，构成大差动和分段差动（小差动）。母线上所连接的元件会随运行方式变化时的倒闸操作而改变，如双母线改为单母线运行，双母线并列运行改为双母线分段运行，线路、变压器等元件从一段母线切换到另一段母线等。因此母线差动保护的范围应随母线倒闸操作而变化，需要用到隔离开关的状态信息。

 复习思考题

1. 电动机可能发生的故障和异常运行状态有哪些？一般应配置哪些保护？
2. 试分析负序电流保护在电动机保护中的重要性。
3. 电动机配置低电压保护的作用是什么？
4. 电力电容器可能的故障有哪些？对应要配置哪些保护？
5. 电力电容器组内部故障的保护有哪几种？各适用于何种接线？
6. 母线保护的方式有哪些？
7. 利用供电元件的保护切除母线故障的使用条件是什么？
8. 双母线复式比率制动母线差动保护是如何构成的？
9. 试分析双母线保护母联断路器与电流互感器之间发生故障时，母线保护的动作行为？
10. 什么是断路器失灵保护？在什么情况下要安装断路器失灵保护？断路器失灵保护的动作判据和动作时间如何确定？

参 考 文 献

［1］ 高亮. 电力系统微机继电保护［M］. 2版. 北京：中国电力出版社，2018.

［2］ 高亮. 发电机组微机继电保护及自动装置［M］. 2版. 北京：中国电力出版社，2015.

［3］ 张保会，尹项根. 电力系统继电保护［M］. 2版. 北京：中国电力出版社，2010.

［4］ 徐丙垠，等. 配电网继电保护与自动化［M］. 北京：中国电力出版社，2017.

［5］ 刘健，董新洲，陈星莺，等. 配电网故障定位与供电恢复［M］. 北京：中国电力出版社，2012.

［6］ 黄少锋. 电力系统继电保护［M］. 北京：中国电力出版社，2015.

［7］ 邰能灵，范春菊，胡炎. 现代电力系统继电保护原理［M］. 北京：中国电力出版社，2012.

［8］ 韩笑. 电力系统继电保护［M］. 2版. 北京：机械工业出版社，2015.

［9］ 江苏省电力公司. 电力系统继电保护原理与实用技术［M］. 北京：中国电力出版社，2006.

［10］ 南京南瑞继保电气有限公司技术部. RCS-9000系列C型保护测控装置技术和使用说明书［Z］. 南京：南京南瑞继保电气有限公司，2011.

［11］ 南京南瑞继保电气有限公司技术部. RCS-941系列高压输电线路成套保护装置技术和使用说明书［Z］. 南京：南京南瑞继保电气有限公司，2010.

［12］ 南京南瑞继保电气有限公司技术部. RCS-901系列超高压线路成套保护装置技术和使用说明书［Z］. 南京：南京南瑞继保电气有限公司，2010.